U0245973

雄激素

关于冒险、竞争与赢

[美]
(Carole Hooven)
卡罗尔·胡文 著

吴勐 译

TESTOSTERONE

The Story of

The Hormone that
Dominates and Divides Us

中信出版集团 | 北京

图书在版编目（CIP）数据

雄激素：关于冒险、竞争与赢 /（美）卡罗尔·胡
文著；吴勐译 . -- 北京：中信出版社，2024.10.
ISBN 978-7-5217-6876-3

Ⅰ . Q579.1

中国国家版本馆 CIP 数据核字第 2024TK4941 号

雄激素：关于冒险、竞争与赢
著者：　　［美］卡罗尔·胡文（Carole Hooven）
译者：　　吴勐
出版发行：中信出版集团股份有限公司
　　　　　（北京市朝阳区东三环北路 27 号嘉铭中心　邮编　100020）
承印者：　北京通州皇家印刷厂

开本：880mm×1230mm　1/32　　印张：11.5　　　字数：355 千字
版次：2024 年 10 月第 1 版　　　印次：2024 年 10 月第 1 次印刷
京权图字：01-2024-4336　　　　　书号：ISBN 978-7-5217-6876-3
　　　　　　　　　　　　　　　　定价：59.00 元

献给格里芬

CONTENTS

目　录

CHAPTER 1

STARTING
OUT

第一章
启程：
性激素与性别差异探究

◇"追猩"之旅

当黑猩猩睡醒时，我们如果没等在它们的窝底下，就接不到它们的尿——测定黑猩猩体内睾酮浓度的关键。为此，天还没亮我就已经做好深入丛林的准备了。和黑猩猩相处的 8 个月里，我差不多每个早晨都是这么过的。

太阳向地球发出光（和热），我们感受到了，就会开启新的一天，这是进化驱使我们形成的习惯。所有的昼行性动物（白天活动的动物），包括人类，都根据地球的 24 小时自转周期调整了自己的睡眠觉醒周期。当视网膜上的感光细胞感知到清晨的阳光时，神经信号就会被传导到松果体，这是一个位于大脑中心深处的器官，体积很小，形似松果。收到信号后，松果体就会少分泌"睡眠激素"褪黑素，促使我们做出特定的行为——醒来。[1]

至少在适应人工光源之前，我们就是这么醒来的。但既然黑猩猩还在坚持以前的作息习惯，我就只能在褪黑素作用正强的时候努力爬起来。醒来后，我在营地的丙烷气炉上用雨水煮了杯咖啡，然后赶紧服下了这一剂咖啡因，对抗睡眼惺忪的状态。

接着，我套上长筒雨靴，带上手电筒和一把 1 英尺^① 来长的砍刀（用来砍掉树枝）。这双雨靴可是我的"武器"，能保护我不受行军蚁、泥水坑、黑曼巴蛇之类的困扰。整理好行装，我就动身去找我那乌干达当地的野外研究助理了——又是"追猩"的一天。在乌干达西部的基巴莱森林，我们尾随黑猩猩，记录它们的生活和行为。

跋涉约一个小时之后，我坐在一棵树下休息。这棵树上有黑猩猩过夜，它们会在前一天晚上把窝搭在高高的树冠之上。我坐在那儿，用心感受着密林夜间发生的剧变的每一个细节。鸟儿的鸣啭和猿猴的叫声越来越响，盖过了欢快的虫鸣声。露珠紧紧抱着绿色的叶片，一

---

① 1 英尺 = 0.304 8 米。——编者注

缕缕阳光穿过林下的灌木，给露珠染上了金黄的光泽。而我等待的是一种特殊的声音，是从上方传来的树木枝叶的沙沙响声，那是黑猩猩苏醒的动静，也是我准备行动的信号。

黑猩猩早晨起床之后的需求和人类没什么两样，它们也得撒尿。不过我们是跌跌撞撞地爬下床，走到卫生间，黑猩猩却是直接把屁股挪到窝的一侧。我尽了最大努力，想站远一点儿，保护自己不被从 9 米多高穿过树叶浇下来的尿液淋湿，但又不能站得太远，因为我还得接尿呢（然而经常失败）。我用的工具是一根一端分叉的长木棍，我在分叉的一端绑了个塑料袋。[2]

通过这种方式，我为基巴莱黑猩猩项目[①]的科学家贡献了一小部分行为学和生理学的数据。这个项目的研究数据是个宝藏，能帮助科学家进一步探究一切动物行为的起源。不过我的兴趣在于性、攻击和支配，这些行为都受本书的主题——睾酮影响，业内人士称之为"T"。如果面对的是人类被试，我们大可以直接让他们把唾液吐进管子里，但野生黑猩猩没这么听话，我们只好去测定它们尿液（或粪便）中的睾酮浓度了。

最后，我小心地用滴管把用塑料袋收集的少量尿液转移到试管中，以便带回营地，留待后续送至哈佛大学的内分泌学实验室。树上的沙沙声又持续了几分钟，然后逐渐消失，黑猩猩爬下树干，开始一天的活动。我和几名研究助理紧紧跟随。

◇ **种群里的"家暴男"**

黑猩猩都是群居的，一般一个种群里有 50 只左右。在某种程度

---

① 基巴莱黑猩猩项目是一个针对灵长目动物的长期野外研究项目，开始于 1987 年，以乌干达境内的野生黑猩猩种群为主要的研究对象，研究方向包括行为、生理、生态等，旨在保护濒危的灵长目物种及其生境。——译者注

上，一个黑猩猩种群就像是居住在一个小镇里的一群人，小镇边界清晰，戒备森严，与邻近的小镇相互敌对。坎亚瓦拉就是基巴莱森林里的一个"小镇"，"镇长"名叫伊莫索，也就是种群的首领。位于乌干达和刚果（金）两国交界处的基巴莱森林一望无际，里面有很多这样的黑猩猩种群。伊莫索暴躁易怒、独断专行——领导嘛，总是威严大过和蔼的。每天，坎亚瓦拉种群里的黑猩猩都会几只几只地聚成更小的群体，一起活动。这时候，我就选一个小群儿来跟踪。如果我跟到了伊莫索参与的小群儿，我就绝对能看到它嘟囔、尖叫、怒吼，甚至威胁同伴、掌掴下属、拖拽和投掷树枝、捶打胸口。要是小群儿里混进了正在发情的雌性，那可就更有意思了。交配是少不了的，小群儿里的气氛也会更加剑拔弩张，因为雄性都在争夺和异性交配的权利。

不过，也不是每天都这么高潮迭起，更多的时候，小群儿的成员都在安逸地养孩子、玩耍。小黑猩猩相互依偎、抱在一起，有的和兄弟姐妹或者"发小"翻滚、追逐，有的安静地趴在妈妈背上，被妈妈从一个觅食地背到另一个觅食地。如果小群儿里没有成年的雄黑猩猩，它们的一天就是这种光景。

1月的一天，伊莫索比平时平静许多。它破天荒地只和一只雌黑猩猩及其两个孩子出去玩儿。那天，我背靠着一棵高高的无花果树，打开笔记本准备记录。它们去了一片空地，空地上有棵倒下的树，雌黑猩猩乌坦巴和伊莫索就坐在这棵树上。乌坦巴熟练地扒拉着伊莫索后背浓密的黑色毛发，把伊莫索的毛发分开又抚平，寻找着污物和寄生虫，把发现的污物拿掉，然后灵巧地把美味的小虫子塞进嘴里。两个孩子——幼崽基里米和她稍大一些的姐姐滕克雷在一旁的草丛里嬉闹着。赤道地区正午的烈日炙烤着大地，鸟叫声和虫鸣声不绝于耳。

就在这时，乌坦巴刺耳的尖叫声一下子就把我从这片祥和中惊醒了，让我心跳加速。我挺直了身体。只见伊莫索跳了起来，站在倒下的树上就开始对乌坦巴拳打脚踢。乌坦巴一个趔趄摔在地上，小基里米赶紧跑过去，跳进了妈妈怀里。乌坦巴伸出双臂，把孩子护进臂弯里，拿后背对着施暴者。我在笔记本上准确地记录着眼前的一切，谁打了谁，打了多久（还好我有一位经验丰富的助手陪着。他名叫约翰·巴沃格扎，我看漏的细节他都能详细地汇报给我）。这场"家暴"已经持续了好几分钟，是我见过的时间最长、打得最狠的。可伊莫索还没停手，反而拿起一根粗木棍，开始打乌坦巴的脑袋和后背。另一只小黑猩猩滕克雷彼时不过三岁，还不到两英尺高，在眼前的"巨人"对妈妈施暴的时候，它挥舞着小拳头，在"巨人"周围快速绕圈并击打对方。伊莫索没有停手的意思，反而想出了新招儿——它双手抓住一根树枝，两脚悬空，前后摇摆，借势用更大的力量对乌坦巴又踩又踢。整整过了 9 分钟，这场虐待才终于停了下来。

乌坦巴臀部娇嫩、无毛的皮肤被打得血肉模糊，好在孩子们都安然无恙，它们还能结伴逃跑。

我知道其他科学家还观察过时间更长的暴行，真的有往死里打的，我还是第一次见。这种虐待看得我揪心，但作为科学家，我同时又感到毛骨悚然、不解。当然，在黑猩猩种群中，大块头的雄性殴打成年雌性的案例并不鲜见，但我过去见过的一般都比较温和，持续的时间也不会这么长。

哈佛大学的灵长类动物学家理查德·兰厄姆那个星期正好在营地。这个营地就是兰厄姆开发的，他也负责运营，在全世界很有名。我跑了大约 2 英里[①]，穿越密林跑回野外工作站就是想给他讲这件事，跑到营地的时候我已经上气不接下气了。我连珠炮似的激动地问他问题，结果他最初的反应竟然只是和我握了握手。后来，兰厄姆和我说，我是第一个在野外观察到非人灵长目动物使用武器的研究人员。《时代》周刊为此还专门刊发过一篇报道，标题为《基巴莱森林里的"家暴

---

① 1 英里约为 1.61 千米。——编者注

· 006 ·　　　　　　　　　　　　　　　　雄激素：关于冒险、竞争与赢

男"》，配着我和兰厄姆还有那根棍子的大幅照片（木棍是研究助理从空地上捡回来的，现在已经很有名了）。[3] 这么拟人化的标题让我有点儿不舒服，但我必须承认，伊莫索的恶行和人类的家庭暴力并没有区别。它为什么要这么做，当时的我并不知道，但从那个营地发展起来的关于睾酮和繁殖的研究，在日后将为我们揭开谜底。

◇ 雄性暴力

我并不是一开始就想去乌干达做研究的。上大学时，我觉得人类行为有意思，于是读了心理学专业。我喜欢弗洛伊德与荣格的心理学，也喜欢变态心理学、人格与个体差异这些课程。但直到大四那年，我才真正找到那种兴奋感，那种眼睛从书上挪不开，激动得简直想跳起来的兴奋感。我永远忘不了，那时候我上的课是生物心理学，教授是约瑟芬·威尔逊，她讲的是神经元的作用和神经递质的浓度如何影响种种行为。我还记得她站得笔直，手举过头顶，手指不停扭动着，模仿神经元及其树突——神经元间交流用的小突起。就在那一刻，我找到了一种了解行为起源的强有力的新方法。我高兴极了，想要在这条路上走下去，但毕业在即，而我连工作都没找到。

取得心理学学士学位之后，我找了一份财务软件方面的工作。（其实就是想找个能用电脑的工作罢了，毕竟当时是 1988 年。）我当时想的是先工作几年，等想好更大的人生计划之后再做改变。结果发现工作中也有很多东西要学，而且那份工作本身舒适又轻松，所以我一干就干了 10 年。10 年里，我抽时间回学校补上了许多过去落下的课程，像分子生物学、遗传学之类的。这才逐渐发现，与我早期上学时的印象相反，我真正爱的其实是生物学。后来，我到处旅行，去过以色列、坦桑尼亚、哥斯达黎加、中国，对全球文化和生态系统多样性的起源产生了兴趣。"行万里路"的同时,我也读了许多科普书,比如理查德·道金斯的《自私的基因》。这些书回答了我许多问题,告诉了我进化是如何塑造生命的。

这些经历让我更加坚定了决心,我要找到对人类行为最本质、最有力的解释,并集中在一个问题上:进化如何塑造人性。

后来我读到了一本书,找到了寻求答案的方法。那本书叫《雄性暴力:猿类与人类暴力的起源》。[4]确切地说,吸引我的并不是暴力问题,而是两位作者面对人性本质这种大问题时使用的研究方法。我决定做第一作者所做的,那就是通过研究黑猩猩,来增进对人类自己和人类进化起源的了解,于是辞了工作,着手申请做他的研究生。

你们可不要学我按这个顺序工作、求学。

那本书的第一作者就是理查德·兰厄姆。他在哈佛大学任教,而哈佛大学正好就在我的家乡——马萨诸塞州的剑桥。我急切地把入读他所在的系的专业(当时叫生物人类学)的申请表寄了出去,结果被拒了。我失望得很,但现在来看倒也不意外。我是个门外汉,没有相关领域的科研经验,怎么可能被录取。不过有的时候,天真也有好处——我一次又一次地申请,理查德(现在我们已经熟到我可以直呼其名了)终于同意给我一次机会。他让我去乌干达的基巴莱黑猩猩项目工作一年。1987年,理查德在当地开发了一个科研营地,专门研究野生黑猩猩的行为、生理和生态。我负责管理营地的日常工作,同时学会做一些自己的研究。我简直不敢相信,赶紧应承了下来。

◇ 两种灵长目动物的性与暴力

1999年1月,我能在森林里接黑猩猩的尿,还能看到一只"大块头"雄黑猩猩殴打另一只块头较小的雌黑猩猩,而后者努力保护着自己的孩子，就是因为以上经历。它们的互动鲜明地体现了黑猩猩两性间天差地别的行为模式——相对来说，雌性爱好和平、举止文雅，而雄性争强好胜，痴迷于维护地位和交配权。我对此很感兴趣。

我观察到成年雄黑猩猩会在不同情况下出于不同目的对同类使用暴力，但我们只为部分情况找到了合理的解释。比如，黑猩猩会用这种方式来展示领导权，要求同类给予尊重。没有得到足够的尊重就意味着支配地位没有得到尊重，"打一顿"可能就会让"下属"未来对雄性首领"恭恭敬敬"了。再比如，两个地位相近的雄性，很可能会为了争夺交配机会大打出手，谁赢了，谁就能和充满性吸引力的雌性交配。在种群中，处于发情期、能够怀孕的雌性永远是雄性关注的焦点。除了"抢伴侣"，雄性也会靠打斗来驱赶雌性身边的其他雄性，这种行为叫作保卫配偶。不过，这么说的话，伊莫索为什么要打乌坦巴呢？当时后者根本不在发情期。这是因为这种攻击行为往往可以增加雌性在未来交配时的顺从性，实验数据证明了这一点。雄性倾向于选择处于最佳繁殖状态的雌性作为目标，而雌性则优先与对它们特别有攻击性的雄性交配并生育后代。[5] 当然，我必须强调，这并不意味着人类男性对人类女性的家暴是"祖上传下来"的，更不意味着这种行为是无法避免或可以原谅的。无论如何，其他动物，包括具有不同社会体系的其他灵长目动物，都可以为人类行为的进化起源提供线索。

这一切并不是说雄性黑猩猩都是恶霸，至少它们不会每时每刻都这么暴力。它们也有不同的性格，有的害羞，有的体贴，有的野蛮。即便是伊莫索这样魁梧的雄性，也有温柔、耐心的一面。它们也会和幼崽玩耍，动作轻缓地和幼崽摔跤、撕咬，玩困了的时候，还能让幼崽拿它们的身体当攀爬架。雄性黑猩猩会花大量时间在种群里和雌性、幼崽及其他雄性游荡、休息、吃饭、梳洗，少有或根本没有暴力行为。我也不是没见过雌性的攻击行为（虽然很少），有时还很激烈。

人类社会中的成年男性也是如此。男人可以做出英雄主义、温柔、慷慨的行为，也有暴力、残忍的一面。在非洲，我是一群当地男人中孤单的女性，每天长时间地和他们待在一起，把命都托付给了他们。但就在同一时间、同一地区，其他男人却在对无辜平民施加残暴的行为。

我每晚都听BBC（英国广播公司）的国际频道，能上新闻头条的一般是地球上的男性首领，比如时任美国总统克林顿。克林顿冒着身败名裂的风险，和白宫年轻的实习生莫妮卡·莱温斯基搞了婚外情——许多男人，无论是在他之前，还是在他之后，总免不了干这种事。不过，这种花边新闻对我来说其实是种干扰，我真正想仔细听的是刚果（金）境内的动乱，我想知道有没有人朝营地而来。[6] 刚果（金）就在我们附近，当时正在内战，成了政治暴力的温床。我能听到可怕的袭击事件，比如有男人拿砍刀砍掉村民的手脚或头了，强奸女性了，连小孩儿都不放过。西方人也常常受到威胁，尤其是斩首的威胁。我觉得自己就是他们唾手可得的目标。夜里，我独自一人躲进小平房，砍刀就藏在枕头底下，给我些许安慰。

同年3月，一场恐怖袭击的发生让大多数西方人逃离了这几个国家，连维和部队都撤离了。卢旺达的叛乱分子袭击了乌干达的一个国家公园，杀死了公园的4名工作人员，还绑架了15名游客，把他们掳进了山里。那个公园也在刚果（金）边境，在我们南边400多千米。最终，叛乱分子拿砍刀和棍棒杀害了8名来自英国、美国和新西兰的游客，至少有1名女性身上留有遭受严重性侵的痕迹。[7]

那次袭击之后，我还在营地多待了几个月。但由于叛乱分子持续朝营地挺进，再加上西方人遭受的安全威胁日益严重，美国大使馆还是把我们带走了。

在乌干达的经历让我立志更多地了解人类和非人动物的共同生物学特征，如何帮助解释雄性和雌性为什么如此不同。说实话，我渴望

雄激素：关于冒险、竞争与赢

了解男人，而睾酮似乎是那种解释的关键，因此我再次向哈佛大学递交了申请。这次成功了，我开始攻读生物人类学博士，我努力吸收着一切相关知识。

◇ 睾酮是什么

睾酮存在于我们的血液中，含量很低。男性和女性都会分泌睾酮，但男性的睾酮含量是女性的 10～20 倍。虽然含量低，但睾酮却名声在外，魅力比人体内的其他化学物质高得多。毕竟睾酮是雄激素的一种，如果说 Y 染色体成就了男性性别，睾酮就成就了"男性雄风"，至少在公众的观念里是这样的。人们猜测克林顿一定睾酮"爆表"，而特朗普更是把真实数据都公开了。

在 2016 年美国总统大选之前，特朗普做客奥兹医生 ① 的电视节目。在节目中，特朗普公开了自己近期的体检报告。体重、胆固醇、血压、血糖……奥兹医生一项项读着，边读边说这些数字一切正常，但一直读到"441（纳克每分升）"的时候，观众才真正提起兴趣。[8] 想必观众热烈的掌声表明，他们已经认定特朗普从精神到肉体都具备了成为强有力的男性领袖的条件，他的睾酮水平就是科学证据。大多数人虽然都没兴趣了解睾酮本身的分子结构（它的化学式是 $C_{19}H_{28}O_2$），但对其背后所谓的男性力量却饶有兴趣。不过这种力量却是亦正亦邪的。

作家安德鲁·沙利文在《纽约杂志》的一篇文章中写道，他每两周注射一次睾酮，并从中体会到了什么是"真正的男人"。他说真正的男人"精力充沛、孔武有力、思维清晰、志向远大、勇往直前、行事急躁，而且时刻性欲满满"[9]。《今日心理学》杂志发文指出："女

---

① 奥兹医生是美国心脏手术领域的知名专家，后放弃从医，主持全国性的电视节目《奥兹医生秀》，帮助无数人获得了健康的生活方式。——译者注

人总是会被'致命的男子汉'表型吸引……这些男人表现出的行为模式能够提升他们的社会等级，捍卫他们的地位不受侵犯，这些都与睾酮有关。"[10] 左翼的《赫芬顿邮报》认为，特朗普的领导"由睾酮驱动"，后果"极其危险"，可能引发战争。[11] 但右翼的《美国观察家》则相反，认为问题不在于特朗普"睾酮太多"，而在于许多著名的保守派"睾酮太少"："在如今的'主流'媒体中也充斥着一种浅薄的保守主义，显得'睾酮水平很低'……这才孕育出了迈克尔·格尔森、乔治·威尔、大卫·布鲁克斯① 这些生不出孩子的软蛋。"用《美国观察家》的话说，在第一次总统竞选期间，特朗普在"四处征战"，而他们"只会品茶"。[12]《今日心理学》还发表过另一篇文章，介绍了一个新的概念，叫"睾酮诅咒"，即睾酮含量高能够"诱发一种生理性冲动，这种冲动迟早需要表达出来"[13]。文章表示，哈维·韦恩斯坦、比尔·科斯比等男性名人的性侵行为固然不可原谅，但我们应该明白，"男人就是动物，在睾酮的影响下，男人很容易只把女性当成满足淫欲的对象"。

话说回来，睾酮的影响不仅让有权有势的男人深陷"睾酮诅咒"，男子气概过头，驱使他们去宣战、去强奸，还让很多女人情不自禁地喜欢这样的人！显然，睾酮过量，男人变坏；睾酮不够，男人变弱；只有适量的睾酮，才能带来活力和成功。

这些说法都是对的吗？还是说，这一切都只是民间流传的带有性别歧视色彩的荒诞说法呢？要回答这个问题，我得写一整本书——正是你手里拿着的这本。

毫无疑问，睾酮主宰着男人的繁衍，但它是否还负有更多的职责，一直以来都存在争议（我们在下文也会讨论）。学术界一致认为，睾酮的主要作用是在身体构造、生理和行为方面增强雄性的繁殖能力，至少在非人动物中是这样的。男性也不例外，睾酮帮助男性繁衍，将能

---

① 三者均为美国知名的保守派专栏作家、政论撰稿人。——译者注

雄激素：关于冒险、竞争与赢

量引导到对交配权的争夺中。睾酮如何达到这些目的？这就是本书的主题。

◇ 性别差异与性激素

性别差异的定义很简单，就是在人类、黑猩猩或其他物种中雄性和雌性之间的差异。要注意，这里所说的差异指的只是现象，并不指明原因。有些性别差异很小，或无足轻重，至少与本书想要研究的无关，比如女性在进行数学计算（像是将一列数字相加这样的计算）方面，比男性略胜一筹，再比如女性的名字通常和男性的名字不同。而其他性别差异则既显著又有意义。男性比女性更有可能被女性吸引，而且不管在什么地方、在什么年龄段，男性的身体攻击性都远比女性强。[14] 举例来说，美国有约 70% 的致人死亡的交通事故和 98% 的大规模枪击事件是男性造成的，放眼全世界，有超过 95% 的凶杀案，以及绝大多数的暴力犯罪（包括性侵犯）由男性造成。借助这些数据，我也要说明，几乎所有的性别差异特征，都不是某种性别独有的。男人也可以叫"雪莉"（说实话，几百年前这还真是个男人的名字），女人里也有杀人犯、强奸犯，女人间也可以发生性行为，很多女人在计算家庭预算的时候也不如大多数男人算得快、准。

我们再来分析一个更明显、毫无争议的性别差异——身高。在美国，女性的平均身高比男性的平均身高低约 14 厘米。和许多其他性别差异一样，男性和女性的身高差异也不是绝对的，有的女性比大多数男性高，也有男性比大多数女性矮。我们如果随机抽选几百名男性和女性，记录他们的身高，那么得到的身高分布就会如图 1-1 所示。纵轴（y 轴）代表样本中，属于每一个身高类别（单位为英寸①）的人数，

① 1 英寸 = 2.54 厘米。——编者注

横轴（x 轴）标明了每一个身高类别。柱状图画好后（图中只画出了一部分柱子），数据还是不够清晰，于是我们又根据每一根柱子的高度画了条曲线。它虽然不够精确（这是肯定的），但可以让混乱的数据呈现出清晰的图形。深色的柱子为女性的数据，浅色的柱子为男性的数据。观察最高的深色柱子，我们可知，身高为 65 英寸的女性略少于 60 人。通过看图，我们还可以发现，身高为 70 英寸的女性有 20 多人，女性的平均身高（深色曲线顶点对应的横坐标，大约为 65 英寸）明显低于男性的平均身高（浅色曲线顶点对应的横坐标，大约为 70 英寸），但男性和女性的身高有大片重叠。

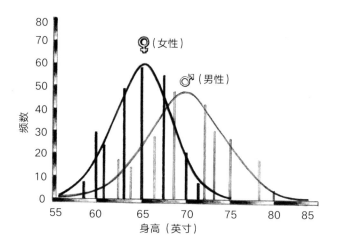

图 1-1　身高的性别差异：平均值不同，变异程度不同

男性身高的分布范围也比女性更广。由图可见，相比男性，女性身高更加"聚拢"于平均值，也就是男性身高的变异程度大于女性。这意味着处于极端身高（很高或很矮）的男性更多，而女性相对来说普遍更接近平均身高。

性别差异有可能只体现在平均值上（正如我们在一些阅读能力测试中看到的，女性得分较高），有可能只体现在变异程度上（如智商，

雄激素：关于冒险、竞争与赢

男性的变异程度较大），也可能两者都有差异，如上文所述的身高。[15]
前两种情况如图 1-2、图 1-3 所示。

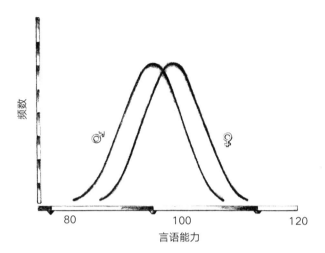

图 1-2　本组的差异：平均值不同，变异程度相同

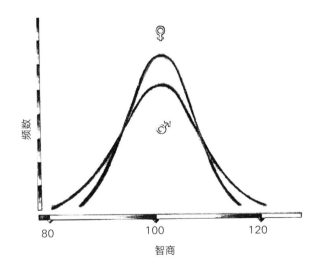

图 1-3　本组的差异：平均值相同，变异程度不同

性别差异无处不在，有的显著，有的细微，有的无趣，有的则引人注目，需要解释。两性有一个巨大的性别差异就是一生中体内睾酮浓度的差异。如果有的话，男性和女性体内不同浓度的睾酮会引起其他什么性别差异呢？睾酮有个公认的作用，就是给男性增高，拉开与女性的身高差距（然而，在下一章中，我们会看到，在青春期到来前切除男孩的睾丸，也能增加他的身高），不过真正值得讨论的是它在复杂行为（如暴力行为）方面引起的性别差异。2019年，女性研究和性学教授丽贝卡·乔丹-扬及文化人类学家卡特里娜·卡尔卡齐斯，在《睾酮外传》一书中对睾酮主导两性行为差异的观点表示怀疑。她们认为，"睾酮让人具有攻击性"的观点是一个"僵尸事实"———一个一次次被"杀死"，却能一次次复活的假说。乔丹-扬还在其他地方写道，揭露这一荒诞的说法，对"将暴力非自然化，并展现我们可以追求甚至想象的补救措施"[16]至关重要。

如果睾酮不是人类产生暴力行为的原因，那么一个可以想见的备择假设就是，男性的攻击性更强主要缘于社会化。美国心理学会就曾说："性别角色的社会化要求男性表现出支配行为和攻击行为，其主要目的就是维护父权制的行为规范。"[17]看看下面这则漫画（见图1-4），它相当于用大白话把这种观点阐释了一遍。这则漫画其实是健美教练查尔斯·阿特拉斯的力量训练法广告，虽然创作于20世纪40年代，但其主题今天仍然具有现实意义，而且是个很好的例子，说明男性可以通过一种机制被社会化为具有攻击性的人。

◇ 保持冷静，检查证据

读博第一年，我参加过一个研讨会，这是我读博路上遭遇的第一个坎儿。研讨会的主题是"性行为的演变"。我们每周开一次组会，有

图 1-4 父权制的行为规范（《嘿，小瘦子！你瘦得肋骨都凸出来了！》[18]，电子漫画）

一周讨论的是动物的"强迫交配"这一话题。当时，布置的阅读材料之一是生物学家兰迪·桑希尔的一篇论文。在论文中，桑希尔提出了强奸行为的演变理论，还拿雄性蝎蛉举了例子。他说，雄性蝎蛉能用"腹钳"夹住雌性蝎蛉的翅膀，强迫雌性完成受精。根据论文的标题《蝎蛉的强奸行为和一般强奸假说》，这就是活脱脱的强奸。根据蝎蛉和其他物种的这种行为，桑希尔推测出了人类强奸行为的起源：

> 有些物种的雄性要为雌性提供繁殖所需的重要资源，经过自然选择，这些物种的雄性应该是最有可能实施强奸的……强奸是那些无法提供资源的雄性繁殖的唯一选择，因为其无法骗过雌性，让雌性相信其有交配资质……我假设，在人类的进化史上，体形较大的男性更受青睐，因为如果他们未能抢到交配所需的资源，强奸的成功率更高。[19]

哇。桑希尔是在说，男人的体形进化得比女人大，是为了在没能力为女人提供足够资源的时候，把女人压倒，强奸女人，就像雄性蝎蛉一样。

这篇论文让我反胃。在研讨会上，轮到我发言的时候，我只能用尽全力整理思绪。最后，我眼泪汪汪地向小组里的其他人总结了我深思熟虑后的观点："这家伙真浑蛋！"当时那种渺小、无力又愤怒的感觉，我至今记忆犹新。我说完话，组里其他人都盯着我，等着我说下去。有个女同学坐在我旁边，我看向她，希望她能肯定我（当然不能指望男人理解我了），结果压根儿没人安慰我。不但没人安慰，教授（男性）还冷静地敦促我对论文里的数据和论点做出回应。我心想：大家都怎么了？就没人生气吗？但他不断地让我把注意力转移到论文的证据和推理上。最终我成功克服了自己的反感，尽量在不受情绪妨碍的情况下评估了这篇论文。

这很不容易，情绪不会凭空消失，我到今天依然很愤慨，觉得作者在用一种事不关己的态度写这么敏感的话题。但我现在已经有了客观评价证据的能力，即便假设让我感到不爽，这本身就是掌控力的增强。（顺便说一句，读博那几年我短暂地见过桑希尔几面，他人看上去倒是真的很好。）

我的学生也经常落入我当年的那种处境，遭遇令人不快的论点或者研究。有的人会很情绪化，当时就把项目拒了。这种反应很好理解——情绪，不管是积极情绪还是消极情绪，都会影响动物（包括人类）对眼前事物的评估。[20] 如果我在浴缸里看见一只毛茸茸的大蜘蛛，我绝对会大惊失色，就算我明知道长成那样的蜘蛛对人无害，但这种刺激依然能在我体内唤起一种不愉快的感觉，因此我会觉得蜘蛛是坏东西。当我们对刺激（无论是来自节肢动物、人、无生命的物体，还是来自科学假设）产生强烈的情绪或身体反应时，我们常常会不理智地将我们的反应投射到刺激本身上，这可能导致我们根据直觉做出糟糕的决定，而不是基于对证据的恰当评估做出合理的决定。在不知不觉间，我们就躲开了令人难以接受的结论。

对人类和其他动物的睾酮研究得越深入，我就越确信社会化不是男性和女性产生性别差异的全部原因。我逐渐认识到睾酮才是这个问题的核心，它能带来的性别差异也绝不只有生理特征的差异这么简单。但很快我发现，表达这种观点本身就存在风险。

◇ **萨默斯和达莫尔**

2005 年 1 月，我刚刚取得生物人类学的博士学位，从哈佛大学的研究生变为哈佛大学的讲师。我的教学经验其实不少，但我过去当的都是助教，工作就是把学生分成小组，每周开一次会，讨论教授课上讲过的内容。能有机会给学生讲自己的课，我很兴奋，于是忙不迭地为第一堂课备课。那门课主要基于我的博士论文，其重点已经不再是黑猩猩了，而是睾酮在解释我们思考、学习、感知世界、解决问题的方式中的性别差异方面的作用。课程的名字就叫"人类性别差异的演变"，形式是 12 人的研讨班。

你可能听说过劳伦斯·萨默斯这个人，他那时是哈佛大学的校长。你听说过他，可能是因为他当过克林顿总统的财政部长，也可能是因为他当过世界银行的首席经济学家，但更有可能的是，你会有这样的印象，他说过很离谱的话——女生生理上就不适合数学和科学。

实际情况其实不是这样的。就在我开课的几周前，萨默斯参加过一场小规模的会议，并做了演讲，主题是如何让更多的女性投身 STEM（科学、技术、工程、数学）领域。他提出了好几个假设，想解释为什么 STEM 领域里见不到几个女性。萨默斯提出了第一个假设——社会化程度的不同以及性别歧视的存在。这个假设几乎没有激怒任何人。然后提出了第二个假设——男性天赋的变异程度更大（一如男性的身高），导致天赋极高（或极低）的男性多于女性：

> 所以，为了激起你的兴趣，关于这背后的原因，我认为最有可能的猜测，就是人们对组建合法家庭的愿望与工作对高能力、高强度的要求之间的普遍冲突。[21] 在理工科的特殊情况下，男女的差异还涉及内在天赋的问题，尤其是天赋的变异性，在社会化和长期的性别歧视等较小因素的影响下，这些因素得到加强。当然，我肯定希望有人能证明我是错的，因为我最希望每个人都了解这些问题，并努力解决它们。

萨默斯曾希望自己的发言能引发讨论，至少他成功让麻省理工学院的一位在场的生物学家的胃难受了。这位生物学家站起身，径直离开了会场。后来，她告诉记者，如果当时不走，她"要么会晕倒，要么会呕吐"。很快，媒体就开始炮轰萨默斯搞性别歧视，哈佛大学的捐赠者也不再捐钱了，学校的各个角落都有人议论纷纷。最后，教职工认为他在任上本就多有争议，加上最后这根稻草，就直接搞了一次不信任投票，迫使萨默斯辞职了。[22]

就因为这件事，我那预计只收 12 人的研讨班，一下子涌进来 100 多人！而且这场闹剧还没结束。

在"萨默斯丑闻"还在发酵的时候，我就已经意识到自己站错队了。我对进化、睾酮、性别差异的拥护反倒让我在道德上受到怀疑。我理所当然地认为，要解决任何问题，不管是女性在 STEM 领域"隐身"的问题、性侵犯的问题，还是其他问题，我们都必须追根溯源，但溯源的前提就是学术氛围要自由、开放，也就是说我们能对一切合理、严谨的假设进行研究、探讨、辩论，而不感到羞耻，不会遭到谴责。在我的观念里，这是搞科研、搞学术的根本。我也向哈佛大学的学生报刊《哈佛深红报》的记者表达过这种观点，以回答他对萨默斯言论的质疑。但现在必须承认，那时我太天真了，没意识到我的一些同事不仅不同意性别差异有生物学基础，更不同意这类问题能拿出来讨论和研究。我们学校的一位物理学教授对《纽约时报》如是说："认为男女生来就有差异——标准差上的差异，真是疯了。男女体现的统计学差异都是社会化导致的。我们的社会把女孩训练得甘于平凡，而把男孩训练得一往无前。"[23] 这位教授绝不是唯一表达这种观点的人。萨默斯提出的假设似乎就不该拿出来传播，因为这种"危险的想法"可能会让女性灰心，妨碍性别平等的实现。

那时候我感受到的大部分阻力都来自男教授，他们直接给这件事定性，认为女性在 STEM 领域"隐身"就是因为区别对待和性别歧视社会化，但我研究的结果却不是这样的。可我是个新入职的女讲师，还没拿到终身教职，我不知道他们如何看待我的观点和能力，这些身居象牙塔顶端的前辈使我紧张。最终，我放弃了对这一问题的研究，转而全身心投入了教学工作。我热爱教学，但事后再看，我也确实怀疑当时的环境影响了我的决定。

快进到 2017 年。我有门课叫"激素与行为"，每年我都会更新这门课的教学大纲。我总会在第一堂课上讲"生理性别、社会性别和性别差异"，把重点放在睾酮在胎儿发育中的作用，它如何引导男性胎儿的身体和大脑发育与女性胎儿不同。等学生掌握这些基础知识之后，我就会把"萨默斯丑闻"当成引子，给他们讲性别差异在行为上的体现。我会提出一系列问题：萨默斯说过什么？媒体是怎么报道的？有没有证据支持他的观点？他到底应不应该提出女性不理想的工作状况可能缘于生物学上的差异这样的观点？我考虑过不再拿萨默斯举例子，因为 2005 年时，大多数学生可能才十几岁，从未听说过他。幸好詹姆斯·达莫尔此时出现了，成了新的范例。

达莫尔就是那种典型的软件工程师：男性，有点儿呆。2016 年年中，他写了那篇让他背上骂名的内部备忘录《谷歌的意识形态回声室》。那时候，谷歌约 80% 的软件工程师是男人。他说谷歌推行性别平等的方向就是错误的，反而造成了对男性的反向歧视。达莫尔洋洋洒洒写了 3 000 字，他写道："在一定程度上，由于生物学原因，男性与女性的偏好和能力有所不同，所以在科技领域和领导层，女人才不像男人那么多，我想说的就是这么简单。"[24] 同时他暗示，睾酮正是这些差异背后的生物学原因。

这篇备忘录被疯传，达莫尔也就成了下一个萨默斯。一名谷歌员工说他的观点"很有攻击性"，还说自己再也不会和他合作了。一些认知科学家研究过达莫尔的观点，似乎找到了支持他的证据[25]，而另一些人则持批判态度[26]。但性别差异的相关事实完全盖不过宣泄情绪的声浪，也没能阻止谷歌几个月之后以"助长有害的性别刻板印象"为由辞退了达莫尔。[27]

对达莫尔本人来说，被辞退无疑是不幸的。他随后就把谷歌给告了，说谷歌"公开敌视保守思想，还有严重的种族歧视、性别歧视"[28]。不过至少我有更新的例子拿来讲课了。我还在教学大纲里更新了许多性别差异方面的最新论文，它们反映了自"萨默斯丑闻"以来科学界取得的进步。然而，虽然科学进步了，但我们直面令人不爽的科学观点的能力却依然止步不前。

◇ 女性主义者的反击

我完全可以大声呼吁他人控制情绪，冷静地评估科学假设，但说实话，女性也确实有充分的理由对性别差异背后所谓的生物学原因表示怀疑。历史上的科学家、哲学家大多数是男人，他们向来毫不掩饰地阐述女性"低劣"的所谓生物学基础。[29] 我很遗憾地说，罪魁祸首就是史上最伟大的生物学家达尔文。在他的第二本著作《人类的由来及性选择》（出版于 1871 年）中，达尔文为男人更强大的"智力"摆出了证据：

> 两性在智力上的主要区别体现在，不管从事什么工作——无论是需要强大逻辑思维、推理能力或想象力的工作，还是仅仅运用感官和双手的工作——男性都能比女性取得更高的成就。如果你列出两份名单，在诗歌、绘画、雕塑、音乐（包括作曲和演奏）、历史、科学、哲学等领域最杰出的男性和女性，每个领域列出 6 位，那么这两份名单根本就不可同日而语……如果男性在如此众多的学科上都明显超越女性，那么男性的平均智力肯定就高于女性。[30]

达尔文观察到的现象确实不假，在那个时代的杰出思想家和艺术家的名单上，男性的比例很高，但似乎连他都无法摆脱英国维多利亚时代的文化范式。从今天更加开明的角度回看当时，我们完全可以提出一个备择假设：女性只是被主要由当时社会施加的限制束缚，并不是她们天生就智力比较低。在维多利亚时代，尽管英国女王自己是女人，但普通女性基本上是不能受教育的。直到《人类的由来及性选择》出版的几年前，伦敦大学才破天荒录取了女学生（首批仅录取 9 人），而且就算录取了，最后发给她们的也不是正式的学位，而是"结业证书"。如今，就在达尔文自己所在的生命科学领域，女博士的人数已经以微弱的优势超过了男博士。[31] 可见，就算学术成就伟大如达尔文，也会犯重大的错误。

你可能意识到了，劳伦斯·萨默斯的观点其实和达尔文的观点异曲同工，只不过萨默斯说的是男性的"智力"的变异程度大于女性，而不是平均值大于女性。萨默斯的立场比达尔文坚定，但科学家也和其他人一样，容易受成见和文化偏见的影响，因此对待观点时必须谨慎。人们驳斥了萨默斯的观点，因为他的结论激起了强烈的负面情绪，但我们不应该忽视这样一种可能，即萨默斯本人，或者他引证的那些科学家，可能过于热衷于寻找支持男性中心主义现状的解释了。偏见是双向的。

每个人的思维与工作方式都免不了受偏见的侵蚀。从古至今，文化范式都在或多或少地影响着性别差异的科学解释，从而支持那些将性别差异"粉饰"成"天注定"的假说。举例来说，直到 20 世纪初，女性一直出于"科学的"原因被排除在职业体育之外。1898 年，德国《体育教育杂志》的一篇文章写道："身体的剧烈运动能使子宫移位、松弛，甚至脱垂、出血，从而导致不孕，让女性无法孕育强壮的孩子，无法达成其人生真正的使命。"[32] 这种歪曲科学以达到邪恶目的的行为，可谓由来已久。再举美国"优生运动"一例：1931 年，美国 29 个州颁布法律，允许人们对"基因不合适"的人进行强制绝育。哈佛大学前校长查尔斯·威廉·艾略特宣称，优生法案至关重要，能免除各州政府在强制别人绝育的时候在道德上的后顾之忧。在该法案被废除之前，美国有将近 7 万人被推上了手术台。[33]

另一方面，女性主义者对性别差异的科学解释大加批评，很可能出于一种担忧，害怕生物学被用于把女性捆绑在家务上，为父权制添一把火。这种担忧可能有其合理之处，但它并不应该影响我们去探究这些科学假设的真实性。然而，具体到睾酮是否会造就性别差异这一实例时，这种影响却让研究者无端遭受了许多批评。

如果问题行为是由于社会化而产生的，那么它们必然也可以被社会化摧毁。但是反过来想，如果问题行为根植于睾酮，因此是"天生的"，我们该怎么办？总不能阉割地球上一半的人类吧？

◇ 令人不安的观点

你可能在想，好希望这些关于睾酮的论断都是错的，但我想强调的其实是，这些论断正确与否都无所谓。如果你觉得一个科学假设让你不爽，请你在脑子里绷紧这根弦：你很可能会低估支持这个假设的证据。这句话听起来好像和没说一样，但我花了很长时间，下了很大功夫才真正理解。

现在的大众和过去一样，热衷于相信人类身体、行为、制度的性别结构几乎完全不受生物学（尤其是睾酮的作用）影响。这类意见的一位领袖名叫科迪莉亚·法恩，她是一名心理学家，在 2017 年出版了著作《荷尔蒙战争》。法恩认为，睾酮决定男性行为这种论调早就被证据压垮了，用她的话说，"复活这只恐龙"既没用又危险，还会"粉碎男女平等的希望"[34]。如果你相信"生理性别是推动人类走上不同道路的基本力量"，那你就陷入了"老生常谈"，即"两性之间的差异由过去的进化压力塑造，女性更加谨慎，注重生儿育女，而男性则永远在寻求更高的地位，以吸引更多伴侣"[35]。

《荷尔蒙战争》获得了英国皇家学会科学图书奖，该奖项很有影响力。一名评委为这本书写了这么一句评语："这本书出色地说明了每个人，无论是男性还是女性，生来就有能力拥有任何一种生活。"[36]《荷尔蒙战争》指出，如果相信关于进化、激素的"性别歧视"论调，那我们就是在对自己能取得的成就横加限制。法恩等人表示，若要消除这些限制，就得驳斥两性之间有生物学差异这种"根深蒂固的迷思"，尤其是睾酮的迷思。[37]

人们普遍相信，性别差异的生物学解释必然会让人对进步悲观，并接受性别社会规范的宿命论。神经科学家吉娜·里彭在2019年出版的《大脑的性别》一书中就这么说过："对生物学的信仰让我们形成了一种特定思维倾向，认为人类能进行的活动是固定的、不可改变的，从而忽视许多新的可能。我们灵活的大脑与其可调节的世界，在很大程度上密不可分地联系着。"[38]

《睾酮外传》《荷尔蒙战争》，还有无数流行杂志、报纸上的文章……没有这方面知识储备的读者如果读完了这份精心遴选的清单，一定会疑惑，我们在这儿大惊小怪地讨论，到底是为了什么。如果科学上真有这么大的缺陷，那"男性性激素"睾酮的迷思一开始是如何产生的？科学记者安杰拉·萨伊尼在她的畅销书《低人一等：科学如何误导女性，以及改写故事的新研究》中回答了这个问题。在她看来，是科学史上明显又真实的性别歧视把我们引入了歧途，只有揭露科学中的偏见和性别歧视，我们才能看到真正的证据。在这本书的开头，萨伊尼问道："性激素平衡的影响能否超越性器官并深入我们的思想和行为，让男人和女人产生明显差异呢？"[39]她的答案很明确："两性在心理上差异很小，我们看到的差异也不源于生物学，很大程度上是文化塑造的。"[40]

　　带有性别歧视意味的假设能够影响科研，在这一点上我认同萨伊尼，但我不能认同她对上述问题的回答。科学研究已经明确证实性别差异确实有生物学来源了，在许多重要的方面，睾酮能让男性和女性的心理、行为产生差异。

　　在接下来的章节里，你将看到睾酮为了促进繁衍，是如何影响我们的身体、大脑和行为的。了解这种影响不是什么坏事，而是对我们的一种赋能。我们了解睾酮或性别差异，绝不意味着我们接受目前程度的性侵犯、性骚扰、性胁迫或性别歧视。恰恰相反，社会的进步有赖于科学的进步[41]，了解驱动我们的优先事项和行为的力量，以及基因、激素和环境如何相互作用，有助于我们与本性中阴暗的一面对抗。没有必要低估睾酮在我们体内发挥的作用。了解世界运作的方式、直面真相的确有可能令人不适或不安，但我希望这个过程总体上能让你满意，给你力量，要是你能觉得有趣就更好了，因为这些就是我有过的感受。

CHAPTER 2

INTERNAL SECRETIONS

第二章

内分泌学：
睾酮从何而来

◇ 体外、体内哪种好？

　　想象几种不同的动物，都是雄性：一只青蛙跳出池塘，一头大象在非洲大草原上吃草，一只海鸥在你头顶上方盘旋。此时，再想象一个男人在大街上遛狗，男人也是全裸的，和其他动物一样。在以上五种动物里，你能看到哪种动物的睾丸呢？你肯定没见过青蛙和鸟类的睾丸裸露在外，所以这两种动物肯定不能选。大象的呢？我估计你的脑海中现在就浮现了大象的睾丸"挂"在大象下身的画面，但其实不是这样的，你还真看不见大象的睾丸。和大多数其他脊椎动物（包括青蛙、海鸥）一样，大象的睾丸是藏在体内的。再想想裸男和狗，这两种哺乳动物的睾丸确实悬在体外。人类和狗的睾丸位于腹股沟处，悬垂在体外。睾丸，精密又珍贵的器官，精子和睾酮的"制造厂"，就这么被装在一个"小袋子"里悬挂着，看起来很脆弱。

　　假如我在看橄榄球赛，球赛很精彩，一名球员此时突然倒在地上，面露痛苦之色，蜷缩成胎儿的姿势，扭动着，呻吟着，可作为一个女人，我只能无助地看着他。"蛋蛋"被踢、被打、被球击中的时候一定很疼吧！如果下次再发生这种情况，或许知道进化带来的疼痛是有原因的，你就没那么难过了：疼死了吧，下次你就能更加小心，别再出这种事儿了！和你把身上的钱都放进一个包里，然后把包留在门外一样，你肯定很想要一个令人信服的解释，进化一开始就把如此重要的器官放在体外一定是有原因的。为什么睾丸不像心脏、大脑那样总是被藏在身体内部呢？

　　在胚胎发育期，所有哺乳动物的睾丸的发育都是从腹内开始的，位置在肾脏附近。到孕后期，在睾酮的作用下，大多数哺乳动物（包括人类）的睾丸就会坠入阴囊。但大象，还有金毛鼹（长得有点儿像仓鼠和小刺猬的结合体）、海豹、鲸鱼、海豚等少数哺乳动物，其睾丸自始至终留在腹内，就像女性的卵巢。我觉得这样合理多了。所以到底为什么会有这种区别呢？

近几年的遗传学研究表明，最早的哺乳动物的睾丸是悬在体外的，但随着哺乳动物的进化树逐渐开枝散叶，一部分门类的哺乳动物进化出了体内睾丸。[1]科学界还没研究清楚为什么这些动物走上了与祖先不同的道路，但体外睾丸肯定是有好处的，不然进化早就把长有体外睾丸的动物给淘汰干净了。

每一个男人肯定知道，阴囊绝不只是个装着睾丸的无作用的"袋子"。当男人走进冷水时，阴囊上部的一块肌肉（提睾肌）就会收缩，让睾丸靠近温暖的身体——有时候提得太猛，还会疼。而如果男人把烫的电脑放在腿上，提睾肌就会放松，把睾丸位置放低，让它们远离身体。由此可知，阴囊能够起调节内部"气候"的作用，让睾丸一直处于最适宜产生精子的温度下（比体温低约4摄氏度）。（你如果想让精子处在最健康的状态，就别穿紧身牛仔裤，也别骑太长时间的自行车！）[2]但我们也发现，长有体内睾丸的哺乳动物，也有其他方法使睾丸保持在最佳温度，因此，阴囊的这一功能还不足以帮我们解答睾丸特征的物种多样性之谜。[3]

如果你想研究激素和"男性雄风"的关系，那你应该庆幸许多动物的睾丸是长在体外的，让我们无须杀死实验对象就能摘除睾丸，还能轻松观察实验对象身上发生的变化。正因为睾丸相对容易获取，两千多年来，人们早已发现睾丸对雄性动物的外表、行为和繁殖能力有着巨大的影响。行为内分泌学这门现代学科，就根植于人们自古以来对睾丸能力的认识，研究的就是激素如何影响行为。

在这一章，我们将追溯人们基于对睾丸的认识，是如何发展出一系列奇特的（以现代的眼光看）社会实践，并为19—20世纪导致睾酮被发现的实验奠定了基础。激素塑造了我们的大脑和身体，帮助我们存活于世、繁衍生息。在这一章，我们就先看看睾丸本身，准备探索睾酮如何施展"魔力"吧。

早在公元前 4 世纪，亚里士多德就注意到了阉割（切除睾丸）给动物带来的变化。在著作《动物史》中，他指出，"完整的"动物和被阉割的动物，就像处在不同生命阶段（少年、壮年或老年）的男人，就像健康的动物和不育的动物，就像春天的鸟和秋天的鸟，一个吵闹、多彩，一个压抑、沉静。被阉割的动物表明，睾丸能够让雄性动物的身体进行特殊的发育，维持特定的雄性身体和行为特征。

> 有些动物，其外形和性格不仅会随着年龄和季节的变化而改变，还会由于阉割而改变……鸟类被阉割的部位是交配时两性相交之处，位于尾部。若用热熨斗烧灼两到三次，在鸟儿发育完全的情况下，它的羽冠就会变为灰黄色，且它不再啼叫，丧失性欲。如果在鸟儿还小的时候就阉割，这些雄性特征或倾向则根本不会随着成长而出现。男性亦如此。如果在童年被阉割，那么后天长出的毛发便不会长出，嗓音也不会改变，始终保持高亢的音调……先天长出的毛发也不会脱落，因为宦官永不秃头。[4]

宦官，指的就是被阉割的男人，或者更具体地说，就是在古代皇帝的后宫中充当仆役或守卫的人。

不管是为了惩罚敌人或强奸犯、防止"精神不健全"的人生孩子、保留青春期前男孩高亢的嗓音、凸显女性的特征，还是为了打造不近女色的仆从，阉割在人类历史上都是普遍的做法，跨越了文化，超越了时代。

◇ 阉人歌手

2017 年一则标题为《西斯廷教堂打破 500 年性别禁令，欢迎女高音加入唱诗班》的报道，说的是历史上第一名进入西斯廷教堂献唱的女歌手（至少得到了教皇的准许）。报道援引意大利著名歌剧演唱家塞西莉亚·巴尔托利的话说，当她获准在西斯廷教堂唱诗班和 15 名男歌手合唱一晚上时，她感觉简直像上了天堂。这到底有什么值得如此大惊小怪的呢？[5]

罗马教廷从没允许过女性进入教堂歌唱。巴尔托利的表演打破了性别的藩篱，让女性的歌声第一次响彻西斯廷教堂。

此后，一切照常，西斯廷教堂唱诗班至今依然完全由男性组成。那么，没有女歌手唱高音，唱诗班靠谁来唱女高音的部分呢？靠的是那些睾丸还没开始产生睾酮（或精子）的男性，也就是还没进入青春期的男孩。要不了几年，这些男孩体内睾酮的浓度就会飙升，睾酮作用于声带，他们的嗓音就会"遭到破坏"，从此变得低沉。虽然也有少数例外，但当男孩变成男人之时，他们基本上就告别天使般的高音了。不过，有这么一种方法，不但能让男孩成年之后依然保持高亢的嗓音，而且随着他们的双肺逐渐强健，能使他们的演唱能力"更上一层楼"。

16 世纪中叶，歌剧院和合唱团开始利用这种方法，招收阉人歌手来唱女高音。阉人歌手，指的就是睾丸在青春期前就被手术摘除的男歌手，这样他们的嗓音就永远不会改变。

虽然教皇也曾下令禁止阉割，但到 18 世纪中叶，意大利每年竟有多达 4 000 个男孩惨遭这种恐怖、危险、痛苦的手术（现代麻醉剂还要约 100 年才问世）。虽然存在风险，但阉割为一些家庭铺平了赚钱之路，这些人挤破头也要为自己的儿子抢一个当阉人歌手的机会。[6] 有少数阉人歌手确实因此声名显赫，赚得盆满钵满，在欧洲各地的歌剧院巡回演出，但其余的都前景黯淡，泯然众人。

阉人歌手因为缺少睾丸和睾酮而注定无法结婚和生育，以不受当时社会欢迎的方式改变了自己的身体。如果男孩在进入青春期前就遭到阉割，其身体的变化只会更异乎寻常。你可能知道，睾酮浓度升高是男孩从青春期开始突然长高的原因，但其实男孩停止长高靠的也是它。进入青春期后，睾酮（或女孩的雌激素）浓度升高，使手臂和双腿的长骨加速生长。在青春期快结束时，睾酮（或女孩的雌激素）浓度达到峰值，便可令长骨停止生长（关于其是如何起作用的，我们将在第五章详细讨论）。如果进入青春期后，睾酮浓度没有升高，男孩就会错失这段长骨加速生长的时间，转而通过延长"童年期"生长时间来弥补本应在青春期进行的发育。一般男孩到 18 岁时基本上能长到成人身高，但被阉割的男孩到此时也不会停止长高。最终，这些孩子都变成了大高个儿，四肢的长骨普遍较长，一个个看起来瘦高瘦高的。

不论何时被阉割，没有睾酮的成年男性都会比正常男性长得更胖，体质更虚弱，皮肤也更光滑，因为正常男性的睾酮水平能减少脂肪、增加肌肉、增强骨骼强度，还能催生体毛（详见第五章和第九章）。不过讽刺的是，亚里士多德发现，被阉割的男性通常到老年都能保有一头让人艳羡的头发，因为睾酮也是大多数秃顶背后的"推手"。大多数阉人歌手就过着这样的生活，他们注定不被社会接受，被周围的人视为"怪胎"。

恐怕 18 世纪的意大利男孩也不会去找心理医生治疗失去"蛋蛋"的创伤吧，毕竟，绝对不会有哪个理智的男人或者男孩主动选择这种痛苦的！

◇ 宦官

古希腊和古罗马也有宦官，但宦官的历史最悠久、最丰富的国家要数古代中国了。

明确记载可以追溯到周朝，但也有人认为，宦官是从公元前 8 世纪开始侍奉中国宫廷的。自那以后，宦官就一直在宫廷里工作，直到 20 世纪上半叶，末代皇帝溥仪被赶出紫禁城。紫禁城，这座占地约 72 万平方米的"围城"，既是明、清皇帝及其家眷的豪华居所，也是朝廷所在地。太监① 管理朝廷的日常事务，同时要为皇室服务，守护那些将诞下皇位继承人的后宫女眷的贞洁。正因为太监群体掌有与达官显贵接触的特殊渠道，且在皇帝面前说得上话，所以他们对朝廷内部的消息了如指掌，是小道消息和谏言的重要来源，政治影响力无以复加。[7]

不过，为什么一定要太监来承担这些职责，拥有睾丸的健全男人就不行呢？19 世纪晚期在中国生活多年的英国人司登得首次为我们全面记录了中国太监群体的生活图景。"重用太监的原因无他，"他写道，"不过是中国古代君主对其妻妾的忠贞充满怀疑、不信任和嫉妒罢了。[8]他们担心，如果雇用正常男人，他们的后宫就会荒淫无度、挥金如土。"

因此，唯一不会对后宫女眷的忠贞构成严重威胁的男人，就是没有睾丸，不能产生精子，也缺少把精子输入女性身体的输送系统的太监了。缺少睾酮，男人性欲就会减弱甚至完全丧失，这没什么坏处。王朝的统治者需要严格保证，只有他们真正的血缘后代才能继承大统，方式就是禁止有睾丸的外人接触他们珍贵的妃嫔。

有的太监是自己选择用一对睾丸（以及遇到爱情、组建家庭的希望）来脱贫和获得晚年保障的，但更常见的是被逼无奈、卖身为奴的小男孩。古代中国太监最鼎盛的时期恰逢清朝前期，土地短缺和饥荒日益严重之时，当时中国人口开始激增，可供种植庄稼的土地等资源严重短缺。人们食不果腹，逐渐绝望，因此，和意大利人当时逼男孩

---

① 明、清泛称宦官为太监。——编者注

雄激素：关于冒险、竞争与赢

子做阉人歌手一样，净身当太监也给了当时的男性为自己和家人脱贫的希望。为皇室服务，不但能解决食宿，对某些人来说，甚至还能影响江山社稷。

1996年，中国最后一位太监孙耀庭去世。他生前讲述过父母对是否要把儿子阉割的争论。他的母亲是反对的："他那么小，懂什么，他知道自己被阉了以后会落下终身残疾吗？将来膝下无子，每个人都看不起他！"但父亲选择孤注一掷："残废了也比挨饿强！看看咱们，这样的穷日子什么时候是个头儿？"[9]

历朝历代，千百年来，"制造"一名到宫里伺候人的太监的手术程序都没什么太大变化，由受过训练的行家施行手术。这些行家人称"刀子匠"，在收取费用之后，便在宫门外的一座小建筑——场子里施行手术。场子里，三名助手首先搀扶"准太监"斜卧好，其中一人把"准太监"的双手拉到腰后按住，其余两人各按一条腿，让其双腿叉开。术前，助手会用辣椒水冲洗净身者的阴茎、睾丸和周围区域，加以消毒和麻醉。等刀子匠确认一切准备妥当之后，他就会拿出刀来，一齐斩断净身者的阴茎和睾丸。术后，刀子匠还会把净身者被摘除的器官（也叫"宝"）给保存起来。据说，太监死后需和自己的宝一同埋葬，来世才能重获雄风。[10]

可以想见，从这么一场骇人听闻的手术中恢复的过程是漫长且痛苦的，许多净身者死了，活下来的也可能会有严重的并发症。阉割手术结束后，刀子匠还需把一根白蜡针插进净身者的尿道（位于阴茎基部，术后已暴露），为的是保持其通畅，将来能让尿液排出。自这一步之后，净身者就要听天由命了：

> 净身者三天内不能喝任何东西。这三天里，他将承受巨大的痛苦，除了口渴，伤口也会剧烈疼痛，且他无法排尿。三天后可揭下包扎伤口的布带，取出白蜡针，此时，大量尿液便如

喷泉涌出，净身者也能感到痛苦缓解。如果恢复状况理想，便可认为净身者已脱离危险，可喜可贺，但若此时无法排尿，则净身者注定痛苦而亡，因为尿道已经肿胀，无药可救。[11]

中国最后一位太监孙耀庭为了贴补家用，不仅抛弃了自己的身体器官，还抛弃了传统的男子气概。他怀揣着荣华富贵的梦想当了太监，太监的生活在一定程度上让他实现了梦想，却也给了他始料未及的痛苦和挑战。"我大半辈子都是在太监朋友的陪伴下度过的，喜怒哀乐我尝遍了。"[12]

除了极少数例外，在历史上，摘除男性（以及其他雄性动物）睾丸的终极目的都是剥夺其一些最典型的雄性特征，如体力、低沉的嗓音、强烈的性欲或攻击倾向。阉割虽然对接受者来说极其痛苦，却给动物饲养者、政治家和皇室带来了巨额的财富和无上的权势。从古至今，"男性雄风"在一定程度上源于睾丸的观念一直深深吸引着科学家和哲学家，但直到现代，人们才真正发现其中的奥秘。

如今我们已经知道，睾丸是内分泌系统的一部分。这个系统包含一系列腺体，调节着生长、新陈代谢、饥渴感、繁殖、昼夜节律、体温等动物生命的基本过程，以及与这些过程相关的行为，比如吃饭、睡觉、打架、育崽、交配。我们也已经知道，睾丸产生的"男性化"物质是一种激素，也就是睾酮。哺乳动物至少有9个内分泌腺，睾丸是唯一一个肉眼可见、容易接触的。雌性哺乳动物没有睾丸，因此睾酮水平比雄性低得多。我们要想弄清楚男人是如何成长起来的，要想弄清楚男人（男孩）和女人（女孩）的根本区别，就得研究睾酮。

然而，直到19世纪末，人们才真正开始关注激素。一开始，研究人员发现睾丸将一种"男性化"物质分泌到血液中，这种物质就能发挥作用，但这种物质的真面目，还要等到20世纪初才能揭开。[13]

◇ 睾丸移植术与内分泌学的起源

　　为了改变外表和行为而被阉割的不只人类，还有其他动物，而身体肥胖、肌肉消失这些被人类视为副作用的坏处，在许多其他动物身上却是人们梦寐以求的。人们经常阉割牛、猪、羊等家畜和多种家禽，以将繁殖权限制在最理想的种畜和种禽当中，同时让动物更加温顺、更加美味。阉鸡在发育期骨骼增长，可以长得比正常的公鸡和母鸡都大，它们的肉也备受美食家青睐，如黄油一般丝滑、细嫩、肉汁丰富，都是常用来形容它们的肉质的词。

　　要研究睾丸的工作机制，鸡是很方便的对象，因为它们价格便宜，数量众多，而且一旦掌握技巧，阉割起来并不困难。公鸡和母鸡各自拥有鲜明的特点，易于区分（见图 2-1）。公鸡昂首阔步，羽毛闪闪发亮、色彩缤纷，头部和颈部分别装饰着鲜红的鸡冠和垂肉，腿上还藏着武器——尖利的距。公鸡可以用距对抗入侵其领地、侵犯其领地内母鸡的外来者。除了装饰和武器，公鸡还能用嘹亮的打鸣声"刷存在感"。相比之下，母鸡的外表和举止就低调多了，它们的颜色比较暗淡，装饰没那么艳丽，体形比较小。虽然母鸡之间偶尔发生小规模冲突，也有能力殊死搏斗，但一般来说，它们都相对平和、安静。

　　19 世纪初，人们普遍认为，睾丸通过交感神经系统发挥作用，为雄性赋予特征。交感神经系统是贯穿全身的神经系统，今天的研究表明，交感神经系统控制着

图 2-1　公鸡与母鸡

身体的"格斗–逃跑"反应，而对应地，副交感神经系统则控制着"休息和消化"反应。

然而，德国格丁根大学的医学教授、校博物馆动物学负责人阿诺尔德·贝特霍尔德（1803—1861年）却不以为然。他认为，更合乎逻辑的假说应该是睾丸通过血液，以某种方式作用于身体和大脑的其他部分，于是他便开始了实验验证。贝特霍尔德想看看睾丸如果经过移植，是否还能保持原本广泛的作用。如果睾丸在移植后仍能发挥作用，则可证明在与交感神经系统没有连接的情况下，睾丸仍能赋予身体雄性特征，进而证明"交感神经假说"是错误的。

贝特霍尔德选取了小公鸡作为实验对象。他首先按一般的方法阉割了两只，即在其腹部做切口，取出睾丸，再缝合。这两只鸡的变化不言自明——和阉人歌手一样，它们的打鸣声将不会变化，外表和行为也会更像母鸡。紧接着，贝特霍尔德又阉割了两只公鸡，这次，他把取出的睾丸又塞了回去，换了位置，且做了交换——把一只阉鸡的一个睾丸移植进了另一只阉鸡的腹内。这下，两只鸡又都有睾丸了，只不过都不是自己的，也不在原本的位置。那么，放错位置的异体睾丸，能不能扭转被阉割动物的雌性化趋势呢？这两只公鸡长大后，还能长出正常公鸡鲜亮的羽毛、彰显雄风的垂肉和鸡冠吗？还会鸣声嘹亮、暴躁好斗、精力旺盛吗？还是依然会变得更迟钝、娇小、安静、平和、矜持呢？

1849年，贝特霍尔德发表了具有里程碑意义的论文，描述了他的实验结果："就声音、性冲动、好斗程度，以及鸡冠和垂肉的发育几个方面而言，经过睾丸移植的阉鸡仍为'真正的'公鸡。"[14] 由此可见，移植手术不但成功了，还把公鸡的雄性特征保留了下来！贝特霍尔德之后又把公鸡杀死并进行了解剖，他发现每个睾丸都和附近的组织（他把每个睾丸都移植到了结肠上）建立了丰富的血管连接，而且大小几乎翻倍了。这个实验的结论是无可辩驳的：

由于移植后的睾丸不再和原来的支配神经相连，又由于……特定的"分泌神经"也已经不可能存在，所以结果可证，雄性化作用是由睾丸自身的分泌功能决定的，即睾丸对血液的作用，然后通过血液循环对整个机体产生作用。[15]

我每次在阅读这篇论文结尾的这几句话，思考它们的重大意义时，都会浑身起鸡皮疙瘩。要知道当时主导学术界的观点可是睾丸通过神经系统，以某种方式与全身连接，给行为和外表带来系统性的巨大变化。而贝特霍尔德则证明，睾丸对动物身体和行为产生作用，靠的是血液，而非任何神经连接。这无疑是一个革命性的发现。实验中，第一组阉鸡均出现了雌性化趋势，而睾丸一定分泌了什么东西到循环系统中，阻止了雄性动物出现这样的现象。

贝特霍尔德并不是第一个假设睾丸通过血液产生作用的人，但他是第一个拿出实打实的实验数据来支持这个假设的人。[16]他的实验证明了睾丸作用于血液，进而影响动物的行为，这推动了行为内分泌学的发展。不过，人们真正弄清楚性别差异存在的根本原因，还要再等 20 多年，等到达尔文勾勒出了性选择理论的科学框架之后。关于性选择理论，咱们等到第六章再细说。简单来说，进化使雄性具备争夺交配权的能力，所以它们在一般情况下才会比雌性更大、更鲜艳、更好斗。

过了不到 100 年，人们终于确定了睾酮的化学结构，并对其进行了分离，夯实了后续研究的基础。关于男性雄风的生物学知识体系由此终于建立。

但那时，这方面的研究依然处于早期阶段。贝特霍尔德的研究让一些人看到了新的可能——既然睾丸里潜藏着某种"男子汉的魔法药剂"，那么或许男性雄风也可以通过吃药获得。没过多久，这种理念就风靡全球。

◇ **青春之泉**

活力减退、皱纹横生、官能衰退，都是衰老的结果。我们可以通过保持健康饮食、足量运动来减轻衰老带来的一些影响，但仍需接受身体机能的缓慢衰弱，这是躲不开的现实。不过，抗衰老产业却希望我们能考虑其他选择——肉毒杆菌、昂贵的眼霜，还有各种号称可以增强精力，甚至提升性功能的补充剂等产品和服务。你可能还会惊讶地发现，这个产业其实有着深厚的历史根源——在睾丸中。

法国解剖学家、动物学家夏尔-爱德华·布朗-塞卡（1817—1894年）德高望重，一生笔耕不辍，发表过500多篇学术论文。[17] 年过古稀之后，他不能忍受自己精力下降、科研效率降低，于是放下了大半辈子专攻的神经系统，转而去做"内分泌物"的研究。1891年，布朗-塞卡在巴黎的法国生物学会演讲时提出了这个概念，并假设可以通过给动物（包括他自己）注射一系列组织提取物来发现病因。如果这种疗法起效，则可证明病因是患病的动物缺乏某种腺体或组织所分泌的物质。

布朗-塞卡痴迷于睾丸分泌物所蕴含的力量。当时人们普遍认为，性行为或手淫造成的精液流失会导致精力不足，而睾丸分泌物或许能"扭转颓势"。[18] 用1889年布朗-塞卡的论文《关于皮下注射动物睾丸提取液后对人体产生的影响的说明》中的话说：

> 众所周知，身体健康的男性，尤其是20～35岁的男性，在没有性生活等消耗精液的因素时，总是处于兴奋状态，让他们保有出色（但有点儿不正常）的体力和脑力。这两组观察结果证明，睾丸能向血液释放一种或多种蕴含着强大力量的物质。[19]

布朗-塞卡从不吝于拿自己做实验。他开始从豚鼠和狗身上摘取睾丸，然后粉碎，将包含血液和精液的提取物注射到自己体内。也是在上述的巴黎演讲中，布朗-塞卡激动地讲述着惊人效果：他尿得更远了（这绝对是男子气概最重要的衡量标准了！），思维更加清晰，专注力也有所提升，握力等体力指标以及耐力也有提高。布朗-塞卡热情满满地一一罗列着这一剂"内分泌物"的效力，但他的演讲既缺乏科学严谨性，又和他过去的其他研究没有任何联系，因此学术界广泛不予采信，而那些眼睛只盯着快钱、想轻松找到抗衰老办法的人，远没有那么"挑剔"。

自此，脏器制剂疗法蓬勃发展了起来，用来治疗各种疾病，以及正常的衰老症状。"回春秘药"成了无数医生和江湖骗子处方里的"常客"。除了脏器提取物，组织移植和细胞移植也是当时的医疗手段，只不过大都无效。只要有人愿意为返老还童掏腰包，就会有人把睾丸移植进购买者的体内，这些睾丸有可能是意外死亡的人的、被处决的犯人的，甚至是山羊的。[20] 其实直到今天，做这种勾当的依然大有人在。如果你觉得力不从心、性欲下降、"硬度"不够、肌肉流失，只要在互联网上点击几个链接，现代版的"回春秘药"准能送到你家门口。

布朗-塞卡的论文写得很有煽动性，但脏器提取物所谓的回春功效[21]，可以说就是安慰剂效应[22]。（在这一点上，我的眼霜也是一样的，但什么都阻挡不了我用眼霜！）不过，布朗-塞卡虽然开创了一个可疑的产业，但也确实留下了意义重大的遗产。他在英国医学杂志《柳叶刀》上写过这么一句评论，极富先见之明："我的研究结果表明，这个领域值得进一步实验探究。"虽然布朗-塞卡的"研究结果"不怎么样，但在他的助力之下，人们对激素的研究达到了新的高度。

◇ 公牛睾丸与"判决性实验"

在人们对"内分泌物"越来越感兴趣的大背景下，英国著名生理学家欧内斯特·斯塔林也开始和同为生理学家的姐夫威廉·贝利斯做起了这个领域的研究。他们想要确定的是胰腺分泌碳酸氢钠的机制。碳酸氢钠（小苏打中的活性成分）能够中和胃与小肠中的酸性消化液。如果没有碳酸氢钠，人的消化道就会被消化液灼伤。[23] 若出现这种情况，你可以自行服用小苏打以缓解不适。碳酸氢钠本身并不是激素，但胰腺得知道该在什么时候释放它。贝利斯想，消化器官一定会发出一个信号："酸液太多了，请帮忙中和！"胰腺就会接收到该内部信号。追随贝特霍尔德当年研究睾丸与全身"沟通"方法的脚步，贝利斯也想知道胰腺与消化器官"沟通"靠的是血液还是神经系统。那个年代，全世界说话最有分量的生理学家是个俄国人，名叫巴甫洛夫，你可能听说过他用狗做的著名实验。巴甫洛夫当时是支持神经系统假说的。

贝利斯和斯塔林的实验对象也是狗，但他们的狗命运可就惨多了。二人所谓的判决性实验，就是把狗麻醉，然后剖开狗的肚子，暴露消化器官。实验发现，当酸液进入小肠时，小肠内就会出现"明显的分泌物"。1902 年，贝利斯和斯塔林发表了重要论文，指出这种分泌物影响胰腺的媒介是血液：

> 然而，我们很快发现，我们面对的是一种次序全然不同的现象。胰腺的分泌不受神经通道的控制，而是由一种化学物质控制的。这种化学物质是由位于小肠上部的黏膜在酸液的作用下产生的，并在血液循环的作用下被运送到胰腺的腺细胞。[24]

贝利斯和斯塔林把这种化学物质命名为促胰液素，这是人类分离出的第一种激素。巴甫洛夫主张肠道通过神经系统与胰腺"沟通"，他也重复过一次二人的实验，显然希望实验失败，证明自己才是对的。但可贵的是，巴甫洛夫没有让自尊阻碍科学的发展——在见证胰腺对胃酸产生反应靠的是血液中的化学信号，而非神经信号后，他惊呼："看来他们才是对的，显然真理并不都掌握在我们手中！"两年后，巴甫洛夫"以其在消化系统生理学方面的卓越成果，以及对这一学科的开拓和改革"[25] 荣获诺贝尔生理学或医学奖。

1905 年，斯塔林在英国伦敦皇家内科医学院演讲时，讲述了他发现促胰液素的过程，以及人体机能的神经调节和化学调节之间的差异。为了给促胰液素这类化学信使起个名字，斯塔林还从希腊语里借了个单词：

> 这些化学信使，或者叫激素（hormone，取自希腊语单词"ormao"，意为"刺激""激活"），必须通过血液从产生它们的器官被运送到它们影响的器官。生物体不断产生生理需求，使得激素也不断产生，不断被运送到全身。[26]

发现促胰液素就像打开了一个新窗口，让人们发现了生物体的一种新的基础生理功能：特殊的腺体能够分泌化学物质，通过血液的运输，能够影响遥远的组织，调节和协调身体机能。斯塔林等人的研究仅仅是个开始，激素领域的发展十分迅速。[27] 1929 年，三种雌激素（雌二醇，以及含量远不及前者的雌三醇和雌酮）被发现，之后不久被发现的就是睾酮。

19 世纪末 20 世纪初，睾丸提取物为疲劳、衰老、虚弱、阳痿的人带来了希望，但睾丸当中到底是什么东西在起作用，还一直没人能弄清楚，因此也没法量产。随着"布朗-塞卡的长生不老药"及其竞争对手逐渐失去信誉，科学家开始投入力量，鉴定"雄性化"分泌物。基本科学知识、实验技术、资金激励措施都已到位，这只是时间问题。

过去绞碎猪、猴等动物的性腺制作"秘药"的日子已经一去不复返了，事实表明，从屠宰场获取动物性器官的新技术的效率更高。为了轻松获得待宰公牛的睾丸，阿姆斯特丹大学的生理学家恩斯特·拉克尔甚至在几家屠宰场附近和人合开了一家名叫欧加隆（Organon，至今仍在营业，是制药巨头默沙东的子公司）的公司。1935 年，拉克尔搜集了 100 千克（相当于一头大象幼崽那么重）公牛睾丸，并从中提取了 10 毫克（还不到一粒米的重量）目标物质。随后，他将目标物质注射到被阉割的公鸡体内，看阉鸡的鸡冠能"再生"到什么程度。结果，从公牛睾丸中提取的化学物质让阉鸡重新长出了鸡冠，复制出了贝特霍尔德睾丸移植实验的效果。实验成功后，拉克尔给这种化学物质起名为睾酮，他的实验方法到今天也成了一种标准范式，用来测试化学物质诱导雄性特征的能力。截至 1935 年，已经有三个独立研究小组几乎同时发表过人工合成睾酮方面的研究成果。三个研究小组分别由德国化学家阿道夫·布特南特、匈牙利药理学家卡罗伊·夕洛·达维德和瑞士化学家利奥波德·鲁日奇卡领导，由三家不同的欧洲制药公司赞助。1939 年，布特南特因该方面的研究获得了诺贝尔化学奖。[28]

时至今日，人们已经发现了大约 75 种激素，分泌激素的内分泌腺（某些腺体是否属于内分泌腺，取决于你对"内分泌腺"的定义）有下丘脑、垂体、甲状腺、甲状旁腺、肾上腺、松果体、卵巢、睾丸、胰腺等（见图 2-2）。不过，就像贝利斯和斯塔林证明的那样，能分泌激素的并不只有内分泌腺。举例来说，肠道和脂肪细胞也有这个能力，还有肝脏、心脏、肾脏、皮肤，重要的还有大脑，都能分泌激素，并对激素做出反应。就连肠道菌群都能分泌激素，其中有些激素在人体内的含量很高，有些激素我们连功能都没弄懂。每一个关于内分泌系统的新发现，都能刷新我们对自然选择的创造力的认知。自然选择为

了让我们活下去，为了让我们保持健康和繁殖能力，竟然有这么多
"创意"！而且，这时候，人们就能利用这些"创意"来治疗疾病、提
高生活质量。如果没有对激素的基本认知，我们就不可能从种种关于
睾酮的大肆宣传当中寻得真相。接下来，就让我们来了解一下这类重
要的化学信使吧！睾酮也是其中一员。

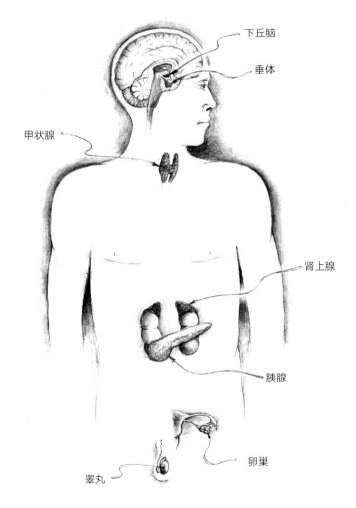

图 2-2　主要的内分泌腺

◇ 神奇的"信使"是什么？

除非你在学校里专门学过激素方面的知识，或者久病成医，不然你很可能只对几种出名的激素有模糊的认识，比如雌激素、胰岛素，或者甲状腺激素。你可能还听说过褪黑素可以助眠，但不知道褪黑素其实也属于激素。激素一般充满某种神奇的力量，但大多数人不知道它们从哪里来，到底是什么东西，在人体内有什么作用，会不会影响大脑。

所有的多细胞生物，不管是动物还是植物，都有激素。在动物体内，激素主要分为两类：蛋白质类激素和类固醇激素。蛋白质类激素包括胰岛素、褪黑素等，由氨基酸（所有蛋白质的基石）构成。类固醇激素包括睾酮、其他雄激素（如双氢睾酮、雄烯二酮）、雌激素等，由胆固醇合成。（胆固醇很重要，是细胞膜的主要成分。）激素由各种腺体和组织产生，如褪黑素由松果体产生，睾酮和雌激素主要由睾丸和卵巢产生，胰岛素由胰腺产生。所有激素都在血液中循环，将信号传递到身体各个部位。血液的所到之处激素都能到达，因此它们无处不在。

任何复杂系统，不管是一个生物体、一个家庭，还是一座工厂、一所大学，都需要将信号从一处传递到另一处，以保持系统的正常运行。我们的身体也是复杂的系统，我们的信号传递就是靠化学信使完成的。动物主要依靠两类化学信使：神经递质（在大脑和脊髓组成的中枢神经系统中完成信号传递）和激素。

神经递质在神经元之间以点对点的方式，利用电脉冲传递信号（见图 2-3），过程就像一列火车在既定的轨道上行驶，而激素则会广泛地向所有正在"倾听"的细胞传递化学信号。举个例子，我在波士顿最喜欢的波士顿公共广播电台频道是 90.9，我想听他们的节目，就得把收音机调到相应的接收频率，才能接收到他们从发射塔发出的信号。激素就像广播，从发射塔发出，被我的收音机接收。激素被特定的腺体（或细胞）释放进血液循环系统，流向全身，但只有具有特殊受体的细胞才能接收到它们的信号（见图 2-4）。众多内分泌腺和分泌细胞共同组成内分泌系统，能对特定激素产生反应的细胞就是激素的

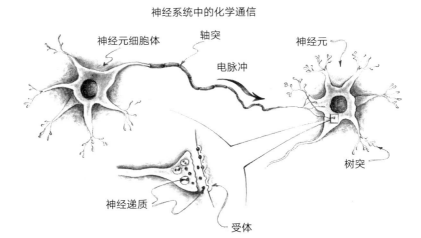

神经系统中的化学通信

图 2-3　神经通信

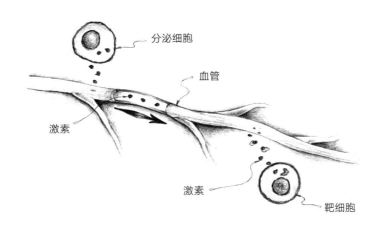

图 2-4　激素通信

靶细胞，蛋白质类激素的受体嵌入靶细胞的外膜，类固醇激素（如睾酮）的受体位于靶细胞内部。（有例外，我们稍后再讲。）没有睾酮受体的细胞，就像调成别的电台频率的收音机，或许能碰上"睾丸发射塔"发出的信号，却无法接收，换句话说，它们能接触睾酮，但不会做出任何反应。

此时此刻，在你阅读本书的时候，神经递质就在帮你解码和回应这些文字给你带来的视觉刺激，并把你想要继续阅读的想法转化为翻页的动作。如果你感觉饿了，激素就会传递信号，把你此时的能量状态从肠道传递给大脑。大脑会把信号转化为你的感知，让你难以继续集中精力，只想起身去拿点儿零食。由此可见，获取食物的冲动是由内分泌系统和神经系统的相互作用触发的（将二者连接起来的叫作神经内分泌系统）。激素以这样的方式影响着你的大脑和行为，促进了身体和大脑之间的交流，通过身体需求调控着你的欲望和行动。激素和神经递质经历"盲目"的进化之后依然存在于我们体内，就证明它们在根本上是有益于生存和繁殖的。

对于满足你的身体对生存、生长、修复、繁殖所需的能量的需求，这种调控至关重要。能量就是身体里的货币，一家公司可以通过电子邮件沟通来了解收入和支出，为公司的财务计划提供信息，但身体和大脑之间如何交换信息，做出节约或消耗能量的决策呢？何时该开始生长，何时该停止生长？此时该不该为了健康保存体力？还是该花足够的精力去玩耍、求偶、夺爱或哺乳呢？

假如你现在要出门跑步，你可能会先做点儿准备，比如吃一点能量棒。跑了一英里之后，肌肉细胞就会开始渴望能量。此时，你的身体有好几种方式为细胞供能，但最容易、性价比最高的方式就是让细胞直接从血液里摄取葡萄糖，这样就不用从脂肪等其他来源制造葡萄糖了。正好能量棒里的糖分进入了血液。升高的血糖水平刺激胰腺中对葡萄糖敏感的细胞发出自己存在的信号，这下，那些辛苦劳作的细胞就有供消耗的能量了。作为回应，胰腺开始分泌胰岛素，胰岛素进入血液，并随着血液循环至各处。胰岛素会向周围的细胞大喊："开门了！葡萄糖到门口了！"由于几乎所有细胞都需要葡萄糖来供能，所以它们都是胰岛素的靶细胞，尤其是饥渴已久的肌肉细胞，会回应得尤其积极，赶紧"开门"让葡萄糖进入。当胰岛素与肌肉细胞上的受体结合时，肌肉细胞就会在细胞膜上打开一条特殊的通路，供葡萄糖进入。由于你一直在跑步，细胞急需能量，进入细胞的葡萄糖顷刻间就会被消耗，转化为 ATP（三磷酸腺苷），一种供能的分子。纵观全程，胰岛素向全身（除了大脑，大脑细胞获取葡萄糖靠的是其他机制）传递了一个信号，即血液中有葡萄糖可用，正在工作的细胞接收到信号并做出反应，你这才有了足够的能量来跑完全程。

现在你跑完步，回到家倒在了沙发上。刚过一会儿，你突然感到一阵饥饿，逼得你去零食柜里翻找想吃的东西。这是非常合理的：你跑步之前吃了碳水化合物，导致胰岛素水平升高，胰岛素的作用很强，让全身的细胞消耗了血液里的大量葡萄糖，因此你现在血糖水平偏低，胰岛素水平随之下降。大脑感知到了这一点，控制食欲的中枢收到胰岛素发出的低血糖的信号，于是通过神经递质向大脑的其他部分发出信号，将低血糖的信号转化成了行动——为了缓解不适，你从沙发上站起身，从水果盘里拿了个苹果。不过如果是我，我可能会去拿一些椒盐卷饼或一袋薯片吧。

当肠道将食物分解成可以从小肠吸收到血液中的大分子时，血糖水平就会升高，胰岛素水平也会上升，葡萄糖被转移到身体各处的细胞。胰岛素水平高也是一种信号，告知大脑你的身体已经有了足够的能量，你就不会再感到饥饿了。这就是激素与大脑的相互作用，利用身体需求调控行为的过程。通过一系列调控，你的身体需求基本上被满足了。

睾酮（以及其他性激素）和胰岛素一样，不但在体内发挥作用，还会向大脑发出信号。睾酮也能调控身体需求和行为，但血糖水平就不在它的管辖范围内了，它主要控制的是身体的发育和繁殖。

当然，繁殖也需要能量，因此生殖系统的功能强弱取决于身体内可用的能量多少（胰岛素、睾酮等激素常与其他激素、其他化学物质协同作用）。尤其是女性，其生殖功能受能量制约的程度比男性大得多。男性只要找到合适的异性、击败竞争者、吸引异性就能成功繁殖，而女性还要经历一个苦筋拔力的生理过程——用自己的身体孕育胎儿、喂养婴儿。如果睾酮水平较高（达到一般男性水平），它就能在男性体内起作用，促进肌肉生长、精子产生，并告知大脑，身体已经为繁殖做好了准备。就像高水平的胰岛素朝全身大喊"能量准备就绪！"一样，高浓度的睾酮也会大喊："精子准备就绪！"可以说，是睾酮帮助雄性为繁殖做好了准备——历朝历代的阉人就是最好的例证。

在没有现代药物治疗的时代，想拥有典型的男性行为和外表，你只能祈求自己长两个睾丸了。在上文中我们已经讲过，人们通过长期的观察发现，雄性动物如果失去睾丸，就发育不出（或会失去）雄性化的生理功能，如产生精子，以及生理特征，如鲜艳的羽毛（如果你是鸟）、又大又尖的鹿角（如果你是鹿），或者健壮的上身肌肉（如果你是人）。睾丸还能影响男性的行为，比如让男人能够勃起，或者产生吸引女性注意的冲动。

从 19 世纪末开始，针对睾丸分泌物的研究和产业开始腾飞，这时的科学家在研究激素对动物生理、身体构造和行为的影响时，就再也不用采取移植整个器官或组织这么费力、效果最差且惨无人道的方法了。到 20 世纪初，雌激素、孕酮和睾酮先后被成功合成并出售，用于药理学（既有靠谱的也有不靠谱的）和科研。[29]

在内分泌学发展的早期阶段，临床医生、制药公司和科研人员的合作让这门学科迅速发展了起来。我可以再举一个例子：人们发现并成功合成胰岛素后，将其制成药物，于 1921 年首次用于治疗，至今拯救了无数 1 型糖尿病病人的生命。直到今天，这种互惠关系仍在延续，一步步深化着我们对激素如何塑造身体和大脑的理解。

在发现睾酮之前，所有关于激素对动物的作用的证据都来自阉割，即在动物出生后，手术摘除睾丸。但我还没有讲过，其实大多数雄性动物的正常发育需要在出生前或出生后不久接触高水平的睾酮。[30] 那么，如果一个雄性胎儿在母体子宫内发育时或在出生之后始终没有接触睾酮，那其将会如何发育呢？这个问题，我将在下一章中进行解答。

CHAPTER 3

JUST ADD T: MAKING BOYS

第三章

多来点儿睾酮：
制造男孩的科学

◇ 珍妮

珍妮准时来到了我的办公室门口。平时学生们一般随便穿条牛仔裤，套件运动衫或者 T 恤就来上学了。但珍妮穿得很讲究，一条长至膝盖的红色连衣裙，搭配一双黑色漆皮平底鞋。挑染过的浅棕色头发修剪得十分齐整，垂在她的肩膀上，衬托出白色的珍珠耳钉。

珍妮来找我的时候，整个学期的课都已经结束了，期末近在眼前。我们管课都上完、等着考试的这段时间叫复习期。大多数学生在复习期来找我是为了备考，想问我该怎么复习"激素与行为"课程，但珍妮不一样。她微笑着，说想和我"聊聊这门课"。这个说法激起了我的兴趣，这可是她第一次来办公室找我。虽然我们没单聊过，但我记得她的长相——一双蓝眼睛充满生气，颧骨高高的，皮肤洁白无瑕。我在讲课的时候面对着很多人，但珍妮的脸总能吸引我的目光。她机敏的表情让我觉得她听懂了我讲的内容。平时，她总是坐得笔直，要么看我，要么看她的笔记，每当我讲到有趣的知识点时，她还会跟着点头。

有几次，她也是下课后拿着笔记本聚在讲台周围的学生之一。学生们提出的问题一般有两类。第一类旨在巩固对新术语、新概念的理解，比如"抗米勒管激素是哪类细胞产生的"；第二类与课程的联系更深，比如"那些记录活动水平的性别差异的研究者是否意识到婴儿的性别"。珍妮的问题都属于第二类。

我把她迎进办公室，和她面对面坐在一张小圆桌旁聊兴趣爱好、家庭情况，还聊到她在哈佛大学的生活。珍妮很符合我的预期，她喜欢自己的专业，在校园合唱团里唱女高音，在姐妹会里也很活跃（严格来说，哈佛大学没有姐妹会，但她所在的女生社团也可以算吧）。和我很多其他学生一样，她本科毕业后也打算去学医[1]。珍妮来自美国南

---

[1] 美国的医学教育为本科后教育，学生本科毕业后才能通过考试进入医学院学习，从医学院毕业即被授予医学博士学位。——译者注

方，家人关系亲密，她自己在哈佛大学过得很开心，适应得很好，而且她聪明、勤奋、富有同情心，我敢说她将来一定能出人头地。

聊了一会儿之后，珍妮说她想告诉我她为什么想上我的激素与行为课。我教书这么多年，已经有无数学生给我讲过这类故事了，有的人是自己或者亲戚患有糖尿病、甲状腺功能减退之类的内分泌疾病，有的人是跨性别者，正在吃跨性别的激素药，有的人喜欢健身……我的学生上我的课之前基本上没正经上过相关的课，但说起内分泌系统的知识来却如数家珍。

于是珍妮便讲了起来。十几岁的时候，她第一次发现自己与同龄人不同。十几岁，正是大多数人最想融入他人的时候。她讲得冷静又坦率，我却全程难掩自己的惊讶，忍着不让眼眶里的泪水流出来。

12岁左右，身边的女孩们陆续来了月经，珍妮以为自己也要变成"成熟女人"了。她和朋友一样，的确有进入青春期的正常迹象，乳房变大了，臀部变宽了，在典型的部位囤积了脂肪——可唯独不来月经。从14岁等到15岁再到16岁，虽然珍妮外表看上去很健康，但月经"迟到"这么久很可能是疾病的征兆。后来，她的妈妈带她去医院检查，果然证明珍妮不只"大器晚成"那么简单。医生把她介绍给专家做进一步检查，后者给她查了体，还抽了血，做了超声波。最后，整个医生团队把她和她的父母叫来讨论检查结果。

珍妮得知她的身体健康状况很好，这让每个人都松了一口气。但她也了解到她的身体确实和常人不同——她患有性发育异常（有时也称性发育障碍）。珍妮患有一种罕见的性发育异常，名叫CAIS（完全型雄激素不敏感综合征），每十万人里约有两人患有这种病。[1]

你通过"完全型雄激素不敏感综合征"这个名称就能把这种病是怎么回事猜出大概了。一般来说，雌性哺乳动物细胞内的性染色体类型都是XX，但珍妮的却是XY，也就是典型的雄性哺乳动物性染色体。由于有Y染色体，她没有卵巢，反而长出了睾丸，但睾丸留在了腹部，没有下坠到阴囊。睾丸产生大量睾酮，可她的身体对睾酮等雄激素没有反应，因此睾丸也无法产生精子。珍妮出生前，由于身体对睾酮不敏感，她发育出了女性的外生殖器，且阴道正常，但没有连接到子宫。珍妮永远无法怀孕，这是她必须面对的现实。

刚听到医生的诊断结果时，珍妮和家人都很难过，不知道该怎么办，但后来她意识到自己也是幸运的。知道自己的病情以后，珍妮联系过其他的病友，不少人都和她分享了自己的故事，还有些和她成了好朋友。很多病友都说自己被骗了，得到了糟糕的医疗建议，做过没有必要的手术。世人的目光让他们对自己的身体感到羞耻。不过珍妮有支持她的家人，有善解人意又开明的医生。医生只当珍妮的病是一种持续终生的异常状态，并了解每一个潜在决策能带来的好处和坏处。

CAIS 患者常常被人说成"双性人"，即一个人的外生殖器与其性腺或性染色体不相符。这种情况属于更广泛的性发育异常，不止 CAIS 一种，后面我们会详细讨论。有些性发育异常患者对别人讨论他们时的措辞非常在意，这是可以理解的。珍妮喜欢用"与众不同"来表示 CAIS，所以我在下文中也会这么说。

就算具有 XY 染色体和能产生睾酮的睾丸，如果睾酮不能正常发挥作用，一个人就会具有女性的第一性征和第二性征。（第一性征指的是出生时就具有的内外生殖器，第二性征指的是青春期才出现的特征，如女性增大的乳房和男性长出的胡须。）CAIS 患者也一样，她们的外表和行为与典型的女性毫无二致，直到没有初潮，她们才会意识到自己的身体与同龄人有所不同。

许多年来，我一直在教授 CAIS 背后的科学知识，这种"与众不同"是我讲解睾酮的巨大威力时经常举的例子，但我还没见过真正的患者。珍妮坐在我面前，闪耀着女性魅力，可她也拥有睾丸和睾酮。我过去一直说睾丸和睾酮是"打开男性世界的钥匙"，但这把"钥匙"在她身上失效了，就算我知道她的"与众不同"之处，我依然觉得有点儿难以接受。性染色体、性腺和性激素水平的组合决定着我们外表和感知的男性化、女性化或介于两者之间的程度，这三者的组合多种多样，阳刚之气和阴柔之气并不总是像我们期望的那样与生俱来。

珍妮的故事触动了我的感情。她表面上自信又平静，但我对她生出了许多同情。我能想象她在生活中会遇到多少困难。但与此同时，我也在脑海中飞速回想："糟糕！她不会是来指点我应该怎么在课堂上讲这种病的吧？不会是我在课上说了什么不合适的言论，冒犯她了吧？"然而，她非但没说这些话，反而问我下学期能不能和她一起合作，做个"独立研究"，就我们两个人，把 CAIS 研究个透。我立即答应了。

◇ "烘焙"男孩和女孩

你可能会想，一个人身体里（几乎）每个细胞都带有 XY 性染色体，怎么可能发育出阴道呢，更别说乳房增大、臀部变宽、声音变高亢、皮肤变嫩滑了，但珍妮就是个活生生的例子。[2] 性染色体本身并不能促进（或抑制）性征，性激素才能。有时候，性征和性染色体并不完全对应。

男性有阴茎，而女性没有，男性面部生须，而女性乳房发育，并不是因为这些特征的基因只由一种性别独有。导致能够产乳的乳房发育、臀部变宽这两种特征的基因并不是女性的"专利"，同样，控制嗓音低沉和面部胡须的基因也不是男性的"专利"。两性在基因上都具备了表达几乎所有性别特征的能力，不同人之间真正不同的其实是哪种基因更活跃，活跃到了什么程度。有些女性宁可花费成千上万美元也要去除脸上乌黑的毛，有些男性与男性乳房发育做斗争，被人笑话，他们就能现身说法。跨性别者完全可以让身体呈现另一种性别的特征也是这个原因。当然，由于男性有 Y 染色体而女性没有，人类也是有一些因性别而异的基因的。只不过 Y 染色体上的基因很少，人的其他 22 对染色体上有 2 万到 2.5 万个基因，Y 染色体上只有 70 个左右。[3]但你可别小看这些基因，它们造成的影响可大得很，尤其是其中一个，能够引起翻天覆地的变化。[4]

想了解几乎拥有相同基因的男性和女性，为什么能发育出截然不同的身体构造，你可以想象一下烘焙饼干。你在厨房里准备好了烘焙各种饼干用的所有原料——黄油、红糖、白糖、苏打粉、发酵粉、面粉、巧克力豆、燕麦片、坚果等，简直应有尽有。有了这些原料，你可以尽情烘焙好几百种不同的饼干，此时，你的朋友专门点了一种：巧克力豆饼干。

于是，你把食谱翻到巧克力豆饼干这一页，从头到尾读了一遍，然后把需要的原料准备好，混合，开始烘焙。最后，你俩一起吃完了温热、酥脆的巧克力豆饼干。

当珍妮在母亲子宫里的时候，她从一个不断分裂的卵裂球逐渐变成了发育出不同组织的胎儿。在这个过程中，她的多能干细胞分化形成了不同种类的细胞。发育中的胚胎的细胞能够"读取"特定的基因来制造特定的蛋白质，将自己变为具有特定功能的细胞，如肌肉细胞、红细胞、神经细胞等，就像你可以选择不同的食谱来烘焙不同种类的饼干。

我们每个体细胞都有 46 条染色体，包含人类的整个"基因组"，即 DNA（脱氧核糖核酸）的总和[①]。DNA 是一种分子，形似两根缠在一起的细长弹簧。如果把一个细胞里的全部 DNA 分子首尾相连，其长度约为 1.8 米[5]，而如果把人体内所有细胞的全部 DNA 分子首尾相连，甚至可以在地球和太阳之间往返 200 次[6]。基因就藏在这些 DNA 里，是由四个不起眼的字母 A、T、G、C（碱基）组成的字符串，为蛋

---

① 准确地说，基因组是指生物体遗传信息的总和，全部 DNA 分子或 RNA 分子。——译者注

白质的制造提供指令。

你可以把每个基因都当成制造某种蛋白质的食谱，科学地说，就是特定的基因"编码"特定的蛋白质。基因写明了制造每种蛋白质所需的必要成分，以及各种成分的加入顺序。当然，制造蛋白质加入的不是黄油、糖和面粉，而是不同的氨基酸。氨基酸也是一类化学物质，人类的蛋白质由 21 种氨基酸构成。有些氨基酸你可能不陌生，比如苯丙氨酸，可用于制造人工甜味剂阿斯巴甜，再比如色氨酸，火鸡中富含这种氨基酸，听说感恩节时人吃完烤火鸡之后就会昏昏欲睡（不过这没有科学依据）。

以胰岛素基因为例。胰岛素基因能指挥 51 个氨基酸聚合在一起。由于人体内的氨基酸一共只有 21 种，所以有些氨基酸会被重复利用，就像一块饼干的配料可能有 10 颗巧克力豆和 4 个核桃仁。"烘焙"胰岛素时，细胞得先"阅读"食谱，然后准确地把原料"混合"起来，开始"烘焙"（见图 3-1），也就是把基因转录，再翻译成蛋白质（见图 3-2）。整个"烘焙"的过程叫作基因的表达。

◇ 现成的食谱和烘焙效率

我喜欢烘焙饼干，有的食谱我会一遍一遍地照着做，一般我都把这样的食谱放在手边。细胞也一样。位于不同组织中的细胞，一般专门制造某几种特定的蛋白质，因此只会读取特定的指令集，而制造大多数其他种类的蛋白质的指令，则会被细胞折叠、忽略。换句话说，每个细胞中的绝大部分 DNA 都会被折叠起来，变成染色质，缠绕在蛋白质周围，无法被打开、翻译。这就像我家里也有巧克力培根的食谱，但我从来不用，所以食谱一直在厨房的架子上积灰（但是，等等，那怎么可能不好呢？）。

　　　　　　　　　　　雄激素：关于冒险、竞争与赢

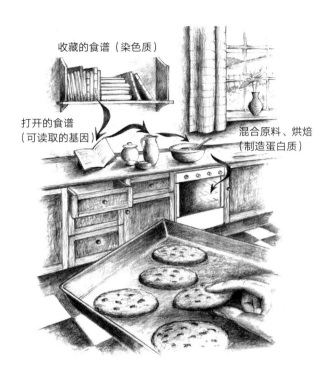

收藏的食谱（染色质）

打开的食谱
（可读取的基因）

混合原料、烘焙
（制造蛋白质）

图 3-1　将基因表达比喻为烘焙饼干

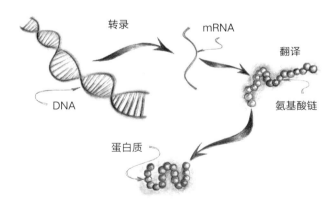

转录

mRNA

翻译

DNA

氨基酸链

蛋白质

图 3-2　基因的转录与翻译

一个细胞会把什么东西的"食谱"放在手边，取决于这个细胞本身的功能是什么。举个例子，胰腺中的细胞主要的功能就是感知血糖水平，骨骼中的细胞必须为身体提供支撑，大脑中的细胞必须传递电信号。为了执行不同的功能，不同细胞需要制造不同的蛋白质。这种细胞的分化在胚胎期极为关键，新生的细胞最终都必须分化、决定自己的命运。一个新生的细胞未来会变成什么？哪些基因——哪些DNA片段应该被细胞"放在手边"，哪些又该被"束之高阁"呢？

等到成年，我们的大多数细胞就已经完成分化了（仍保留极少数干细胞）。此时，每个细胞虽然都保有全部DNA（整个基因组），却只能制造一小部分基因编码的蛋白质。女性面部皮肤的细胞，会把产生浓密胡须的基因折叠起来，扔在"架子"上，所以大多数女性的脸上没什么胡须。但在男性皮肤细胞的内部，这一"食谱"却被放在最显著的位置，一遍遍地被转录和翻译。（说到胡须，一般来说，睾酮水平过高是女性长出浓密胡须的根本原因，我将在第九章中详述。）

确切地说，制造蛋白质的基因也不是只能简单地被"开启"或者被"关闭"。基因被转录和翻译成蛋白质的效率也是可调的。如果蛋白质的产量增加，我们就说相应的基因表达被"上调"了，反之，则说基因表达被"下调"了。

◇ 双能性腺

当珍妮处于胚胎期，刚开始在母亲子宫内发育时，她的干细胞接到了它们将来应该变成什么样的指令，有的干细胞要变成肝细胞，有的要变成神经细胞，还有骨细胞、皮肤细胞等。于是，它们遵照指令，将所需基因表达的效率上调，同时"屏蔽"其他的基因表达，制造出来的蛋白质使细胞分化，构成必要的组织，让胚胎发育成人体。对于没有"性别差异"的组织，以上过程所有人基本一样，毕竟人人都需要肝脏，都需要骨骼。但睾丸和卵巢就不同了，并不是所有人都要长睾丸或卵巢。因此，发育中的胚胎是怎么知道该如何选择的呢？是选择通往卵巢的道路，还是选择通往睾丸的道路？

胚胎在发育的早期阶段，不论男女，都是一团未分化的细胞。这团细胞聚集在后来会变成肾脏的结构上，其中有的形成了原始的双能性腺。第 6 周时，性腺中的细胞开始分化，形成男性或女性的性腺。具体发育成哪一种，取决于性腺细胞 DNA 中的基因听没听到"疾呼"。发出"疾呼"的是一种高浓度蛋白质，名叫 SRY（Y 染色体性别决定区）蛋白。SRY 蛋白由 SRY 基因编码，你也能猜到这个基因就位于 Y 染色体上。

决定胚胎细胞能不能发出"疾呼"的是使卵子受精的精子。一般来说，每个精子携带一条 X 或 Y 染色体，而所有卵子都携带一条 X 染色体。因此，胚胎细胞是继承 XX 染色体还是 XY 染色体，全看精子带 X 染色体还是 Y 染色体——精子决定着原始性腺的命运，因为 SRY 基因在 Y 染色体上（见图 3-3）。

在胚胎大约 6 周的时候，Y 染色体上的 SRY 基因就会开始被转录，制造 SRY 蛋白了。SRY 蛋白会增加（或有时会降低）其他染色体上部分基因的转录效率。受其影响尤其显著的是 17 号染色体上的基因 SOX9。[7] 它是 SRY 蛋白首先上调活性的基因之一，上调后，SOX9 蛋白的制造就开始增多了。增多的 SOX9 蛋白会改变原始性腺细胞中其他基因的表达。通过这种方式，SRY 基因指挥原始性腺细胞内制造特定的蛋白质，正是这些蛋白质让原始性腺细胞逐渐产生了睾丸细胞的特征，同时抑制了指挥原始性腺细胞分化成卵巢细胞的基因。最终，由于 Y 染色体上 SRY 基因的表达，许多其他"下游"基因受到调控，最终导致构成原始性腺的细胞团分化成了睾丸，而不是卵巢。

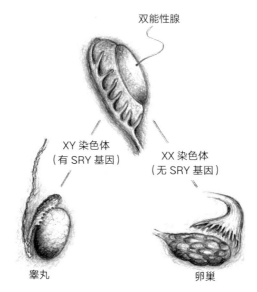

双能性腺

XY 染色体
（有 SRY 基因）

XX 染色体
（无 SRY 基因）

睾丸

卵巢

图 3-3　双能性腺分化

　　卵巢的完整发育需要两条 X 染色体和许多不同基因的表达，但不存在用于睾丸发育的 Y 染色体上的那种"总开关"。如果在原始性腺发育的关键期（胚胎发育的第 6 周）SRY 蛋白的浓度不够高，卵巢就会开始发育。也就是说，如果没有 Y 染色体，SRY 蛋白的浓度就不会激增，睾丸也就不会形成。与此同时，如果在睾丸发育过程中必需的 SOX9 等重要基因的表达不正常，一个人就算有 XY 染色体，也会形成卵巢。在这些情况下，胚胎一般发育为女性，尽管其卵巢在成年后可能无法发挥全部功能。由此可见，一个人的性别并不一定与其性染色体完全一致，主要还是看引导胚胎睾丸或卵巢发育的基因表达的特定情况。

　　我承认，我直到 30 出头进哈佛大学读博，和本科生一起上行为内分泌学的课（我的入门课程之一），才真正了解性别的奥秘（大多数研究生都会选几门本科课程）。我一直很想探索我观察到的两性之间的差异，但从没有认真思考过两性如何发育出截然不同的基本特征。过去，我想当然地认为从受精开始，每个人就只能朝着两性中的一个方向一路行进，要变成男孩的胚胎肯定只有发育成睾丸、阴茎（和男性生殖器官的其他部分）的细胞，要变成女孩的胚胎肯定只有发育成卵巢、阴道（和女性生殖器官的其他部分）的细胞。后来我又学到胚胎细胞在第 6 周的时候开始分化成卵巢或睾丸，继续形成阴道或阴茎，我简直对自然选择的效率感到敬畏。男性和女性的身体构造是大体相同的，自然选择只是在单一的身体构造上进行了"细微调整"。学到这儿，我觉得两性之间的联系更紧密了，我们所有人其实由几乎完全相同的物质构成。

◇ 两性

从开头写到这里，我一直都在用"男性"（雄性）和"女性"（雌性）这样的词，但一直还没解释过它们背后的含义。你可能觉得这没什么好解释的，我在读博之前也这么想。我过去认为 XY 和 XX 染色体分别就是男性和女性的定义。但其实不然，XY 和 XX 两组染色体确实是雄性和雌性哺乳动物（X 和 Y 染色体是哺乳动物特有的）的性别特征，但不是定义性别的特征。[8]

人类的性别一般来说在受精时就能确定了，看的是精子带有的是 X 染色体还是 Y 染色体。但并非所有动物的性染色体组合都是 XX 或 XY。比如，鸟类的雄性就只有一对相同的性染色体（ZZ），雌性有两条不同的性染色体（ZW）。更重要的是，有很多物种决定性别根本就不靠染色体，比如海龟、鳄鱼，其后代的性别取决于卵在孵化时的温度。此外，有些动物的性别不是一成不变的，住在珊瑚礁里的小丑鱼，每一条生来都是雄性，有些后来慢慢变成雌性。值得一提的是，有些动物（比如一些蜗牛）是雌雄同体。如果性染色体不能定义性别，全体雄性动物（或雌性动物）到底有什么共同点呢？我们可以说，这个共同点就是配子（成熟生殖细胞）的相对大小。雄性产生体积较小、活动性强的配子，即精子，而雌性产生体积更大、活动性弱的配子，即卵子。[9] 不过可别太咬文嚼字了，我儿子还没到产生精子的年龄呢，但他肯定是男性。我已经超过规律排卵的年龄了，但我的雌性特征一点儿不比绝经之前少。这里的重点是不同性别对配子的设计和规划。[10]

◇ 睾酮：男孩发育的关键

说回珍妮，也就是我那个对雄激素完全不敏感的学生，她有 Y 染色体和 SRY 基因，因此发育出了睾丸，没发育出卵巢。胚胎发育的第 9 周之前，珍妮长到了一粒葡萄那么大，看起来和一般男性胎儿别无二致。为了方便将珍妮与典型男性胎儿做对比，我们假设有个正常男性胎儿名叫詹姆斯。此时，葡萄大小的珍妮和詹姆斯的睾丸都在做着自己最擅长的工作——大量分泌睾酮。

在胚胎发育过程中，不仅性腺既可发育成卵巢，也可发育成睾丸，连内生殖器都是可以在两种性别之间转变的。在发育初期，每个人都拥有两套原始的管道系统，但约 8 周后，其中的一套会退化，另一套得以继续发育。每个人最初都会先产生一套沃尔夫管（中肾管），再长出一套米勒管（中肾旁管）。沃尔夫管能发育成男性的内生殖管道，如输精管（运输精子的管道）、精囊，米勒管能发育成女性的内生殖管道，如输卵管、子宫和子宫颈（见图 3-4）。

米勒管（女性内生殖系统）如果接收到来自睾丸的激素信号（抗米勒管激素），就会退化。而沃尔夫管（男性内生殖系统）正好相反，如果接收不到来自睾丸的不同激素信号——睾酮，才会退化。和男性内生殖管道不同，女性内生殖管道的发育属于"系统默认"，不需要任

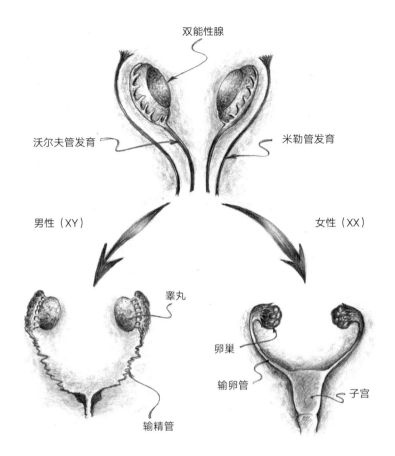

双能性腺

沃尔夫管发育

米勒管发育

男性（XY）

女性（XX）

睾丸

卵巢

输卵管

子宫

输精管

图 3-4　内生殖器的分化

何激素的刺激就能启动。

　　这就是内生殖器的发育过程，很有趣，但是更让我惊讶的是，我们的外生殖器（能从外表看到的部分）竟然是从同一个胚胎结构发育来的！本质上，阴茎就是个巨大的阴蒂，阴茎下侧延伸出来的线以及阴囊，基本上是闭合的阴唇。

　　人类的外生殖器在发育初期，从外形上看就是女性外生殖器的样子，需要经历复杂的变形，才能变成男性外生殖器。当初我在学这个过程的时候，是看到了图解才恍然大悟的，所以我在下文也附上了一幅图来解释外生殖器的分化（见图 3-5），希望也能帮助你理解。

　　睾酮之类的激素结合对应的受体，就像钥匙插进对应的锁，能够"将门打开"——引发一系列变化。但如果锁本身就是坏的，那就算有钥匙也没用。这就是发生在珍妮身上的事。

　　此时此刻，珍妮和詹姆斯（正常男性胎儿）已经发育到了第 9 周左右，两者的发育开始走上了不同的道路。詹姆斯的生殖结节和生殖褶分别发育成了阴茎和阴囊，他一路朝着男性的方向"奔跑"，沃尔夫管（男性内生殖器的前身）持续发育，米勒管（女性内生殖器的前身）退化。而珍妮的生殖结节和生殖褶长到合适的大小之后没有变形，最终分别发育成了阴蒂和阴唇。（正常女性胎儿的发育不需要任何性激素的刺激，但如果女性胎儿体内的睾酮水平过高，其性别发育将受到影响。我们将在下一章详细分析。）珍妮的米勒管也退化了，这一点和詹

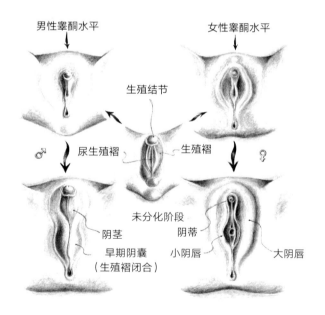

图 3-5　外生殖器的分化

　　　　　　　　　　　　　　　雄激素：关于冒险、竞争与赢

姆斯一样，因为珍妮的睾丸能分泌抗米勒管激素，所以她没有输卵管，也没有子宫。但问题是，她的沃尔夫管也退化了，所以她也没有输精管和精囊。正常女性阴道的内侧和子宫相连，但珍妮阴道的内侧却是闭合的（所谓的阴道盲端）。

那么，究竟是什么因素导致了詹姆斯和珍妮走上截然不同的发育道路呢？只是 X 染色体上众多基因之一存在微小差异罢了。珍妮有 30 亿个 DNA 碱基，其中只有一个出现了小小的错误。

◇ 钥匙也要锁来配

食谱中就算有几个错别字，做出来的饼干应该也不会有什么太大的问题。假如你是第一次烘焙巧克力豆饼干，本来应该加两个鸡蛋，但食谱写成了三个，这样做出来的饼干味道也许不错，只不过拿奖肯定是没戏了。这种程度的错误就相当于轻微的基因突变，突变基因制造的蛋白质在某种程度上也能发挥作用，但无法发挥全部作用。

睾酮的受体，也就是睾酮这把钥匙能打开的锁，名叫雄激素受体。顾名思义，雄激素受体这把锁能被任意一种雄激素钥匙打开，其中最主要的就是睾酮。珍妮的雄激素受体基因上有一个小错误，但其造成的后果远比把"两个鸡蛋"写成"三个鸡蛋"严重。珍妮基因的错误有点儿像把"两杯面粉"写成了"两杯米粉"。米粉也是一种食材，但烘焙饼干时用比不用还要糟糕。如果你盲目地照着错误的食谱做，你就根本做不出想要的饼干。

有时候，雄激素受体基因虽然突变，却还能保留雄激素受体的部分功能，此时的突变就像把两个鸡蛋写错成了一个，只能导致 PAIS（部分型雄激素不敏感综合征）[11]。PAIS 患者的雄激素受体与雄激素结合的能力，处在糟糕到近乎完美之间。如果突变只能给雄激素受体造成很小的变化，那么患者在雄激素的作用下，还能顺利产生大部分男性化的变化，发育成近乎正常的男性。但如果突变很极端，让雄激素受体完全丧失功能，患者就会变得更像珍妮。珍妮的基因突变更加"完全"，她的雄激素受体彻底"罢工"。高浓度的睾酮在她体内大喊："嘿！让男性生殖器官发育！"但她的身体根本听不到。

不管是在胎儿期还是青春期，乃至整个成年时期，男性体内高浓度的睾酮都扮演着指导身体向男性化方向发育的角色。睾酮能有这样的"超能力"，是因为它能上调（或下调）特定基因的转录。在男性一生中的不同阶段，不同水平的睾酮为基因"食谱"下达指示，指示着身体应不应该遵照"食谱"工作，应该遵照到什么程度，从而调控不同组织中多种蛋白质的制造。

在成年男性体内，高浓度的睾酮会上调与男性化相关的基因表达。其实在成年女性体内也一样，只不过上调相关基因表达的性激素变成了雌激素和孕酮。睾酮、雌激素和孕酮都属于性类固醇，只有少数基因会接受性类固醇的调控，其中最明显的就是和生殖功能、第二性征（变声、体毛生长、乳房发育、肌肉发育）相关的基因。[12]

类固醇是一大类具有生物活性的化学物质，有 4 个碳环。睾酮等性激素都属于类固醇，我在第二章中提到过，它们都是类固醇激素。我们知道脂肪和水不相溶，如果你把几滴橄榄油滴进一杯水中，油滴会聚集，形成油层。但你把酒精加入一杯水中，酒精就会迅速溶于水。一般来说，激素也是这样，要么像脂肪，要么像酒精。类固醇激素就像脂肪，它们有亲脂性，因此能直接穿过含有脂质的细胞膜，进入细胞内部，而后就能与位于细胞内部的受体相互作用。而蛋白质类激素（如胰岛素）就像酒精，有亲水性，因此不能进入细胞内部，只能与从细胞表面伸出的受体相互作用。

进入细胞内部后，睾酮就能自行寻找雄激素受体并与之结合，形成激素-受体复合体，启动一连串反应。激素-受体复合体会进入细胞核，在那里与细胞的 DNA 接触，确切地说，是与 DNA 中的启动子区接触。有些启动子区对雄激素有反应，一旦被雄激素激活，就能上调它们控制的基因的转录。你可以参考图 3-6 来了解类固醇激素的作用机理。

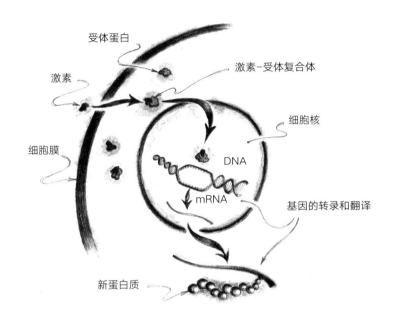

图 3-6　类固醇激素的作用机理

　　从很多方面来说，"创造"女性比"创造"男性简单。如果没有任何激素来调控，胚胎的外生殖器就会朝女性的方向发育（珍妮有睾丸是因为睾丸的发育靠的是 Y 染色体上的 SRY 基因，而非睾酮）。想"创造"一个长着阴茎的男孩，睾酮和能正常工作的雄激素受体都是必不可少的，但想"创造"一个长着阴道的女孩，有没有雌激素无所谓。只要没有睾酮的作用，控制阴道发育的基因就能自然表达。正因如此，珍妮的外生殖器才和正常女性别无二致。

　　基因上一个小小的错误，就能让本该变成詹姆斯的人变成了珍妮。珍妮没有卵巢和子宫，所以才不来月经。但是关于性别，我们还有谜团没有破解。为什么她不会永远停留在少女时代呢？一个没有卵巢的人，是怎么经历女性化青春期的呢？难道她不需要大量的雌激素来发育成成熟的女人吗？

◇ 珍妮与青春期

当然，女性在青春期确实需要雌激素来调控发育，还需要体内没有雄激素，或雄激素水平很低。这是因为只要女性体内的睾酮水平高一点儿，其带来的男性化作用就能盖过雌激素带来的女性化作用。虽然珍妮体内的睾酮水平很高，但她还是获得了完全女性化所需的雌激素（需要的量本来也不大），这是很令人惊讶的。

胆固醇（脂质的一种）是所有类固醇激素的原料。卵巢、睾丸等产生类固醇激素的腺体和细胞中都有各自的酶——催化化学反应的蛋白质，能将胆固醇转化为人体所需的类固醇激素。想象一下，假如有一片湖，湖水是纯净的山泉水。山泉水注入小溪，小溪分出了几条支流，支流又分出更细的支流，每流入一条新的支流，山泉水都能从纯净变为带上一些略微不同的新特征，或许更咸了，或许更浑浊了，具体要取决于山泉水流经的土壤（或酶）的类型。

在类固醇的生成过程中，"供水湖"充满胆固醇，在每条分支，都由酶将上游的产物（前体，也属于类固醇）转化为新的类固醇。图 3-7 就是这个过程的简化版。在我们体内，不同的组织有不同类型的酶，它们能够将特定的前体转化为不同的类固醇。

在这里你要知道，每个人的雌激素其实都来自睾酮（或者其他雄激素）。换句话说，睾酮是雌激素的前体。有一种酶叫芳香化酶，芳香化酶能将睾酮和其他几种活性较低的雄激素转化为雌激素。许多不同的组织中都有芳香化酶，其中卵巢和脂肪组织中的芳香化酶浓度较高，但它也广泛存在于骨骼、皮肤、大脑甚至睾丸中。和其他酶一样，芳香化酶在不同人体内、不同组织内、不同生命阶段内的浓度都不同。周围芳香化酶的浓度越高，就会有越多的睾酮被转化为雌激素。（也是出于这个原因，健美运动员会特别挑选不能芳香化的雄激素；如果服用大量睾酮，大部分都会转化为雌激素，不能帮他们变成想要的样子。）[13]

珍妮自己就有制造雌激素的"工厂"，就在她的睾丸里。对 CAIS 患者来说，标准的治疗建议是切除睾丸，因为保留睾丸的话，患者患癌的风险会升高。但如果切除睾丸，患者就必须服用雌激素补充剂才

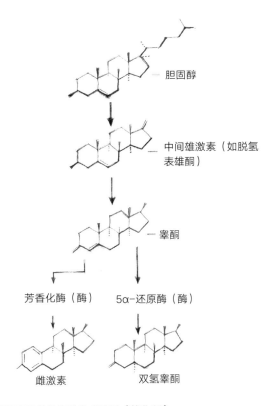

胆固醇

中间雄激素（如脱氢
表雄酮）

睾酮

芳香化酶（酶）　　5α-还原酶（酶）

雌激素　　　　　　双氢睾酮

图 3-7　雄激素和雌激素的生成流程（简化版）

能维持女性的身体特征和骨骼强度。珍妮权衡了风险，决定保留体内的睾丸，让身体能够继续自然地产生雌激素。[14] 她的睾丸也为她提供了一个正常的青春期女孩所需的特征：和同龄人在同样的年龄进入青春期，外表的发育也相同。说实话，珍妮说起自己和其他女孩的不同，甚至还挺开心的——她没有体毛，没有体味，还不长痘痘！睾酮没让珍妮变成男孩，倒是成功地给了她不少女孩的特征。[15]

珍妮乐于接受她的"与众不同"。她很感激家人的爱及医疗团队的指导和支持，他们帮助她解决了心理和身体上的难题。她深知，如果没有自己的"与众不同"，她就不会成为今天的自己，她很感激大自然赋予她健康的身体。

我也很感谢珍妮，她让我对 CAIS 的了解更深了。如今，珍妮在工作中大放异彩，还计划和伴侣一起组建自己的家庭。

◇ 蜗牛和鼻涕虫

小男孩是什么做成的？
小男孩是什么做成的？
蜗牛、鼻涕虫
和小狗的尾巴。
小男孩是这些东西做成的。

小女孩是什么做成的？
小女孩是什么做成的？
糖果、香料
和所有美好的事物。
小女孩是这些东西做成的。

珍妮的少女时代没什么特别的。通过观察她成年之后的表现，我很容易想到她在小时候肯定更爱和朋友单独玩，不喜欢在一大群人里凑热闹，而且肯定爱玩过家家，不喜欢摔跤或投掷东西。普遍女孩在出生之前确实会暴露在睾酮中，但和男孩相比，女孩的睾酮水平非常低。那么，为什么女孩是糖果和香料做成的，而不是蜗牛和鼻涕虫做成的呢？是因为女孩没受到睾酮的影响吗？

我儿子格里芬 11 岁时，平时喜欢在后院挖虫子，还喜欢把挖出来的虫子喂给池塘里饥肠辘辘的鱼。和好朋友一起的时候，他最喜欢玩的就是摔跤（和男孩而不是虫子）。但同时，格里芬不喜欢团队运动，不会用捡到的木棍假装开枪射击。他喜欢婴儿，喜欢把自己打扮成动漫人物，还喜欢用硬纸板建房子。这可能是我的偏见，但我就是觉得他比同龄的男孩子少了些孩子气。格里芬自己创造过一个世界，他很沉迷，我很感兴趣。那个世界里有一心想要毁灭世界的邪恶天才弗莱根巴格博士，还有个只会帮倒忙的"超级香肠"。从大概 7 岁的时候，格里芬就开始搭建这个情节复杂又刺激的虚拟世界，在众多配角的帮助下，他自己当主角经历着这个故事。他大把的时间都花在了构建场景上，他想出了各种激烈战斗、太空武器、触角上长着眼睛的多头怪兽，还有外星人、星球大爆炸等。等他自豪地给我讲这个故事的时候，我在高兴之余也有一点儿困惑。高兴的是他能够全身心地投入创作，困惑的是他为什么能从殊死搏斗和星球毁灭中得到这么多快乐。这些东西听起来哪有什么快乐可言啊！不过我会这么想，很可能是因为我太沉浸在自己的研究中了。他当然能从这类故事里得到快乐了，毕竟他是个小男孩嘛。他和我说过，他脑海里总是充满这样的故事。

是我在拿实际上不存在的、刻板印象中的男孩特征往我儿子身上套，来证明我自己提出的关于性别差异的歧视性假设吗？难道正是"格里芬是个小男孩"这一点在影响着我解读他的艺术创作？这并不是一种无谓的担忧。1985 年，女权主义生物学家安妮·福斯托–斯特林在著作《性别的迷思》当中描述了一项研究，名叫"重新审视婴儿X"，来说明人们多么习惯于带着性别的有色眼镜来看待儿童的行为：

> 实验人员告知其中一组被试，他们接下来要见到三个月大的婴儿是男孩，但告知另一组被试，婴儿是女孩，然后请两组被试分别观察婴儿的行为。结果两组被试都认为婴儿的行为符合该性别的刻板印象。例如，一名被试被告知婴儿是女孩（其实是男孩），他说："婴儿很友好，可见女婴更爱笑。"另一名被告知婴儿是女孩（其实是男孩）的被试认为婴儿"比男孩更容易满足，更好接近"。[16]

由此可见，在判断男孩和女孩的差异时，我们必须摒弃"常识"，甚至不能相信我们自己对儿童行为的观察。不过，好在现在已经有了许多科学研究在关注这一问题。

我会在下一章中讲解一项经典研究。但归根结底，格里芬的幻想就是一般男孩喜欢的东西的缩影：冒险击败坏人、拯救宇宙的英雄，物体、家园、星球、太阳系等的毁灭，还有各种以男孩胜利告终的危险战斗（今天，许多此类主题的故事都变成了电子游戏）。而女孩一般来说有什么样的幻想呢？一般都是人际关系、浪漫、家庭主题的，比如结婚、育儿、购物，或者照顾家庭。和男孩的游戏相比，女孩的大部分游戏普遍忽略了星球的爆炸，转而去关注受到威胁的人们如何团结，如何寻求安全。[17]

儿童的玩耍行为会受玩具的启发，玩具也构成了孩子幻想世界的一部分。儿童对玩具的选择也体现了极大的性别差异，而且很符合性别的刻板印象。男孩喜欢与交通有关的玩具，比如卡车、飞机，还有和战斗相关的玩具，尤其是枪支。有些文献在研究玩具选择中的性别差异时，给出了男孩的例子，发现如果不许男孩玩枪，他们还能想办法自创玩具枪。我看过一个很有意思的例子：一个学龄前的男孩竟然拿起了芭比娃娃，开始用手比画着朝它头上开枪。由此可见，男孩真的很难抗拒战斗和武器的吸引。[18]

但女孩相对来说就没那么喜欢战斗，反而更喜欢聚会。女孩尤其喜欢茶话会、茶具、仿真家具、毛绒玩具和娃娃。当然，如果收走她们喜欢的玩具，女孩也有自娱自乐的办法，比如珍妮就干过这样的事：把她哥哥的玩具卡车的车斗当成娃娃的床，把娃娃塞进去后说晚安。

男孩和女孩在玩耍时最大的区别就是与其他孩子身体接触的次数。男孩比女孩更频繁做出推搡、打人的行为（一般边笑边玩），还喜欢彼此较量，在地上打滚，争出个胜负，看谁能压制对方。男孩往往更喜欢混战游戏，这种游戏竞争性强、合作性强，这种偏好不受文化背景的影响，不管是美国、欧洲、亚洲的工人，还是狩猎采集者，如南美洲的亚诺玛米人、非洲南部的布须曼人、纳米比亚和安哥拉的希姆巴人，都是如此。[19]

◇ 先天形成还是后天培养？

男孩和女孩在童年时期的玩耍风格和兴趣不同，这一观点相对来说是没有争议的——大多数人都能观察到。当然，个体差异会存在，有些女孩就喜欢玩混战游戏，有些男孩不喜欢。我会在第八章中详细分析不符合典型性别特征的玩耍方式及其与性取向之间的关系。但是，目前人们尚有争议（用"争议"这个词太轻描淡写了）的是存在这些差异的原因。

出生前人体内的睾酮水平差异可以在很大程度上解释大多数男孩和女孩的行为差异，但这个问题还有一种可能性大的解释。一个孩子出生时，爸爸妈妈都会问一个最重要的问题："是男孩还是女孩？"这个问题的答案将从孩子降生的第一天就开始影响父母对待孩子的方式。这个社会就是分性别的，对不同的性别有不同的期望，我们就诞生在这样的社会环境里。因此，孩子在行为上的差异在很大程度上是由社会力量塑造的。当孩子长大以后有了自己的孩子时，他们还会把这种影响传递下去。福斯托-斯特林也利用婴儿 X 实验阐述了人们对孩子性别的认知如何影响他们对待孩子的方式：

> 如果被试被告知婴儿 X 是男孩（不管是不是男孩），他们给婴儿递足球的频率就远高于递娃娃的频率。事实上，男性被试一次也没给他们认为的女孩递过足球。[20]

后天培养假说认为，男孩并不是生来就喜欢足球而不是针线活，或者喜欢卡车而不是娃娃。男孩之所以发展出偏好，是因为父母等监护人鼓励了他们。

我们还拿珍妮和詹姆斯举例（假设珍妮有这么个双胞胎兄弟）。詹姆斯喜欢炸东西，珍妮喜欢打扮东西。为什么他俩的玩耍偏好和大多数男孩、女孩一样，有这么大的差异呢？后天培养假说给出的解释是这样的：造成这种偏好的不是二人出生时大脑的差异，而是外在的身体特征。影响他们社会化的方式的正是身体特征。珍妮和詹姆斯之所以不同，是因为周围所有人（包括其他孩子）都在按自己认为他们所属的性别，以不同的方式对待他们。我们期望男孩坚强、有韧性、擅长搭积木和学数学，期望女孩善良、有教养、性格敏感、注重外表。不管有意无意，我们对不同性别的人都有不同的互动习惯，会把男孩和女孩推向不同的行为，当他们的行为符合我们对性别的期望时，我们就会表扬他们。

这么说的话，既然塑造詹姆斯身体特征（外生殖器）的是睾

雄激素：关于冒险、竞争与赢

酮，那么它就应该是解释为什么珍妮喜欢玩娃娃，詹姆斯喜欢和其他男孩玩摔跤的关键。最重要的是，后天培养假说指出，睾酮并不会直接作用于大脑，它作用于身体来影响行为。如果珍妮和詹姆斯出生在一个性别正好颠倒的社会，人们对女孩的期望是玩卡车玩具、喜欢摔跤，对男孩的期望是玩娃娃、打扫房间，那么詹姆斯就会变成家务能手，珍妮就会喜欢收集卡车。

女权主义学者和科学家并不认同先天形成假说，不认可是睾酮让大脑和身体都带上了"男性雄风"。2010 年，丽贝卡·乔丹-扬在获奖著作《头脑风暴》中指出：

> （先天形成假说）只是总结了坊间长期以来关于男女性别对立本质的传言罢了。这个解释过于草率，消磨人们的好奇心，只能当个故事听听。研究数据也证明，大脑的运行模式不能被简单地分为"男性"和"女性"两类……为什么硬要用性别差异来解释研究数据呢？[21]

类似的引述还有很多。2019 年，吉娜·里彭在《大脑的性别》中也简洁地阐述过该书的核心思想："性别化的世界将催生性别化的大脑。"[22]世界顶尖的科学期刊《自然》杂志甚至发表过一篇热情洋溢的综述，认为支持先天形成假说都是"站在脑科学角度上的性别歧视"。[23]

所以结论到底是什么呢？是睾酮影响了男孩的大脑，让男孩做出典型的男性化行为？还是"反方"胜利，我们的大脑其实更像中性的"白板"，等着"性别化社会"来挑选蓝色粉笔或粉色粉笔书写？

你可能在想，先天形成假说和后天培养假说听起来旗鼓相当，这种问题究竟要怎么得出答案。幸好，人们已经做过足够多的研究，我们可以从过去的研究结果中获得重要的线索。

CHAPTER

4

T ON
THE
BRAIN

第四章

大脑中的睾酮：
从动物实验到人类行为

◇ 塔曼

塔曼出生在印度尼西亚雅加达，和家里的三个兄弟姐妹在父母的陪伴下一起长大。虽然生活在对男女行为有严格规范的穆斯林社会，但少女时代的塔曼还是活成了一个"假小子"。即便戴着传统头巾，穿着罩袍，她依然喜欢去户外玩耍，喜欢放风筝、爬树。[1]

12 岁左右的时候，塔曼长出了一根稚嫩的阴茎。同龄女孩都在此时开始了乳房的发育，但她的胸部却一直很平。此时的塔曼已经不再是"她"，反而变成"他"了。14 岁时，塔曼的嗓音开始变低沉，喉结凸起，肩膀变宽，甚至肌肉都发达了。等到 15 岁，他开始对女孩产生性冲动，睾丸也从腹部下坠到了他和他的父母曾经认为是阴唇的地方。在 18 岁时，塔曼终于去内分泌科做了检查，结果显示他很健康，性染色体类型为 XY，睾酮水平正常——判断标准是年轻男性。这么看来，他青春期发生的一切变化都是再正常不过的。

很显然，塔曼从小的性别社会化没有持续下去。小时候，塔曼自认为是女孩，可随着身体逐渐变化，他的自我认知变成了男人。这段非同寻常的青春期经历让我们对睾酮的了解深入了很多。

在母亲的子宫里，塔曼的发育和正常男孩没有区别。受 SRY 基因编码的蛋白质影响，他的双能性腺分化成了睾丸，进而在性别发育的关键时期分泌出了正常男性胎儿水平的睾酮。然而，和珍妮一样（珍妮也有正常的睾丸、高浓度睾酮和 Y 染色体），塔曼在胎儿期没发育出正常的男性外生殖器。珍妮没发育出男性外生殖器，是因为她的雄激素受体基因突变，导致雄激素受体无法与睾酮结合，睾酮完全不能在珍妮体内发挥作用。尽管塔曼的雄激素受体功能正常，但他的外生殖器外形依然呈现女性化特征，毫无男性的特征。[2]

在上一章中，我讲过男性外生殖器是在睾酮的作用之下发育的，珍妮之所以一出生就具有女性外生殖器，是因为睾酮对她的身体不起作用。其实，我在这么说时简化了中间的许多过程。男性胚胎如果想发育出阴茎和阴囊，其未分化的原始生殖组织中的雄激素受体必须受一些额外的刺激，这种刺激就不是睾酮能提供的了，而是需要一种更强劲的雄激素——双氢睾酮来提供。[3]双氢睾酮是睾酮在 5α-还原酶的催化下产生的。还记得雌激素吗？雌激素也是以睾酮为原料生成的，只不过帮手是芳香化酶。

和睾酮一样，双氢睾酮这把"钥匙"适配雄激素受体这把锁，而且比睾酮工作起来更轻松，在锁里停留的时间更长。这些特质导致双氢睾酮能够让特定的基因转录、翻译出更多蛋白质。如果子宫里没有双氢睾酮，外生殖器在很大程度上将发育成女性器官，但内生殖器却能发育成正常的男性器官（除了前列腺，因为前列腺的发育也需要双氢睾酮）。

现在你能猜到塔曼身上发生了什么吧！他的身体无法将睾酮转化为双氢睾酮，因为这个过程必需的酶，即 5α-还原酶不起作用——他得了 5α-还原酶缺乏症（我在图 4-1 中列出了病理过程）。在塔曼体内，编码 5α-还原酶蛋白的基因发生了突变，和珍妮一样，珍妮是编码雄激素受体蛋白的基因发生了突变。没有 5α-还原酶，就算塔曼的睾酮浓度高，他的身体在胚胎发育期也不能产生足够的双氢睾酮来让外生殖器发育。然而，等到青春期，他的身体就不再需要那么高浓度的双氢睾酮来为外生殖器赋予雄风了。在青春期，高浓度睾酮就可以独立完成这项任务，正因如此，塔曼直到十几岁才开始长出阴茎，睾丸才开始下坠到体表。[4]

在上一章的结尾处，我提出了一个问题：睾酮能否影响胎儿的大脑，导致男孩表现出典型的男性行为。这个问题很难求证，因为大脑中睾酮浓度高的胎儿，一般来说出生时拥有正常的男性外生殖器，所以会被世人看作男性，很可能受男性化的社会影响。这样一来，我们如何得知睾酮使人的行为男性化，是因为它对大脑起了直接作用，还

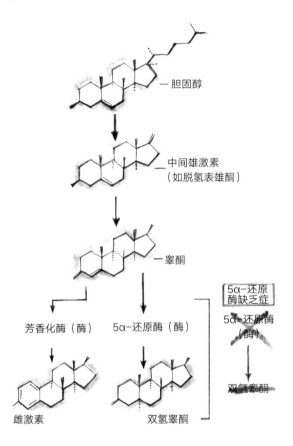

图 4-1 5α-还原酶缺乏症的病理过程

是通过身体起了间接作用，又或者是两者兼而有之呢？

　　求证上述问题的一个办法是：利用某种方法，将高浓度睾酮注入胎儿大脑，并同时确保胎儿出生时具有女性外表。这样的话，这名婴儿就将受女性化的社会影响。如果睾酮对大脑没有直接作用，那么婴儿在成长过程中的行为举止就会如同普通女性。然而，如果婴儿的玩耍行为像男孩，是个"假小子"，则可证明子宫内高浓度的睾酮能够让胎儿日后自然具有男性化行为。现在你懂了吧，我们根本不需要费力气真的让这个实验通过伦理委员会的审查，因为塔曼就是个活生生的例子，有些人自然地经历了这种"实验"。

诚然，我们也不能只抓着独立个体的结果一概而论。塔曼之所以是个"假小子"，也许只是因为他小时候性格独特，或者因为父母的记忆有偏差，为了让自己更好接受"女儿变儿子"的巨大转折，无意间夸大了他幼年时的男性化行为。不过，我们还有许多其他例子，他们都和塔曼患有一样的疾病，也都是研究人员深入调查的对象。这些例子均可表明，男孩和女孩的大脑并不是中性的"白板"。

◇ "格韦多克斯"

20 世纪 70 年代初，纽约康奈尔大学医学院的内分泌专家朱莉安娜·因佩拉托-麦金利听说多米尼加有一群"女孩"在青春期变成了男人，于是便带队长途跋涉，来到了他们的村子。即便出入这个村子都只能走一条土路，她也要去见见他们。

因佩拉托-麦金利最终调查了两个村庄里共计 33 个这样的人。她的研究显示，其中 19 人是"被当成女孩养大的，毫无疑问"。和塔曼成长的社会环境类似，多米尼加社会对性别角色的区分也很严格。当地的孩子长到七八岁的时候，社会对男孩和女孩的期望就开始出现了明显的分化，只有相同性别的孩子才能一起玩耍。因佩拉托-麦金利指出，当地社会给了男孩更大的"玩耍自由"，同时要求男孩在地里帮父亲干活儿，如播种、收割，还要照顾牲畜。[5] 而女孩则被要求帮母亲煮饭、打扫卫生、取水、给在地里干农活的男人和男孩送饭。年龄较大的男孩或年轻的成年男人可以去斗鸡，也可以去当地酒吧，但年龄较大的女孩或年轻的成年女人则需要和女性亲属一起留在家中，照顾年幼的弟弟妹妹。[6]

当地村民把因佩拉托-麦金利前来研究的对象称为"格韦多克斯"（guevedoces），意为"12 岁的阴茎"或者"12 岁的睾丸"，还有人叫他们"machihembras"，意为"女变男"，因为这些人小时候都是被当成女孩养大的，但逐渐长成了男人。"格韦多克斯"和塔曼很像，一直作为女孩生活，但在 7—12 岁逐渐意识到自己的不同。其他女孩的乳房发育了，"格韦多克斯"没有，反而睾丸发育了，然后"阴蒂"一点点变成了稚嫩的阴茎。17 名"格韦多克斯"在青春期或之后开始对女性产生性冲动，并将生活方式从女性的转变成了男性的。后来，因佩拉托-麦金利在论文中强调了青春期发生的变化在性别认同固化中的重要性，并指出，虽然可以预见这些人必然会遭遇社会非议，但性别的转变还是发生了。

> 进入青春期后，他们发育出了男性的肌肉分布和体形，同时出现了晨勃和遗精的现象，这进一步加深了他们对自己男性性别的意识。这些人的性别最终从女性彻底变成了男性，他们虽然也担心来自社会的骚扰和为难，但依然在没有医生干预的情况下实现了性别的转变。有些人甚至等到自认为有能力保护自己免受身体伤害时才承认性别的转变。[7]

自从因佩拉托-麦金利的开创性研究以来，人们陆续在土耳其、墨西哥、巴西、巴布亚新几内亚等地发现了多个患 5α-还原酶缺乏症的群体。这些群体有些共同特征，他们相对孤立，性别角色各不相同，家里或多或少有近亲生子的情况，增加了传播罕见遗传病的概率。与此同时，这些人离群索居也表明可能还有更多未被发现、未经治疗的患者。在某些偏远地区，5α-还原酶缺乏症患者惊人地多。然而，并非所有患者都会在青春期后自发地由女性向男性转变。一项针对不同人群的大规模研究发现，大约只有 60% 的患者能在青春期结束后完成转变，而且这个比例因文化而异，最低只有17%[8]（那些没完成转变的患者，在日常生活中依然自我感觉相对男性化。）

因佩拉托-麦金利没有明确记录"格韦多克斯"的童年行为，却写过这么一句话："早在青春期的男性化发育完成之前，研究对象就已经发展出了男性的性别认同。"[9]许多证据都表明，塔曼的"假小子"般的兴趣并不是个例。举个例子，2015年，BBC的一个摄制组也去多米尼加拍摄了"格韦多克斯"的生活，他们观察到了类似的现象。摄制组采访了约翰尼（原名费利西塔），他说自己过去十分抗拒穿小红裙上学，也不会玩父母买给他的"女孩玩具"，相反，他只想和男孩们一起踢球。摄制组还拍摄了7岁的卡拉，她当时正处于向卡洛斯转变的过程中。卡拉的妈妈坦言，女儿要变成儿子，她毫不意外：

> 卡拉5岁的时候，我发现她每次见到小男孩朋友的时候，都想和他们打架。她的肌肉也长起来了，胸部变得很壮。你能看出来她将来肯定会变成男孩。不过不管是男孩还是女孩，我都爱，不会有什么区别。[10]

◇ "鲁莽扩展和错误逻辑"

因佩拉托-麦金利于1974年在著名的《科学》杂志上发表了她的研究成果。她是发现与5α-还原酶缺乏症有关的基因和酶的第一人，论文被引用了将近1 500次。[11]1979年，因佩拉托-麦金利又发表了一篇后续论文，这次发表在了《新英格兰医学杂志》上，讨论的是5α-还原酶缺乏症和其他导致双性特征的疾病对男性性别认同发展的影响。她认为，她的实验数据已经足以证明，"在胎儿期、初生期和青春期让大脑接触雄激素（如睾酮）比后天的性别培养对男性性别认同的影响更大"。因佩拉托–麦金利在论文中写道："除了行为差异，动物实验充分证明雄激素诱导的性别差异还能表现在大脑形态和功能上。"[12]根据论文的解释，大脑形态和功能上的性别差异在啮齿动物中表现得尤为明显，人类只不过是这类实验的另一种"实验动物"罢了。

这种观点也有争议。著名女权主义科学家、威斯康星大学医学院当时的神经生理学家露丝·布莱尔给《新英格兰医学杂志》寄了一封言辞激烈的信作为回应，指责因佩拉托–麦金利缺乏"科学客观性"。布莱尔在信中表示，对啮齿动物的研究"被鲁莽扩展到了对非人灵长目动物乃至人类行为的解释上，但已有证据显示啮齿动物的规律根本不适用于非人灵长目动物或人类"。

这封信以严重的警告作为结尾：

> 我很担心，这项研究也将和过去所有先入为主、逻辑错误、以偏概全的研究一样，被某些科学家、社会学家、心理学家等心怀鬼胎的人抓住不放。[13]这项研究声称，胎儿的大脑会由于雄激素的存在或不存在而被烙上不可磨灭的印记，让雄激素不但能决定我们的性别认同，还能决定我们一辈子的命运。

1984年，布莱尔在她出版的《科学与性别：对生物学及其女性理论的评论》一书中再次谈到了这个话题，暗示她的警告已经成了现实。根据她的说法，像因佩拉托–麦金利的理论这样不负责任的科学声称，两性之间存在某些差异是因为胎儿接触的激素不同，这种观点已经被世人当作"让女性永远处于从属地位"的工具。[14]

◇ 性感的老鼠

那就让我们仔细分析上面提到的"对啮齿动物的研究"吧。布莱尔认为"推鼠及人"是鲁莽的。和其他雌性哺乳动物一样，雌鼠只在能够怀孕的时期（发情期）才对交配产生兴趣。同样地，只有在雌鼠的发情期，雄鼠才能感受到雌鼠的性吸引力（这可不是巧合）。进入发情期后，雌鼠就变得格外主动，而且很清楚该怎么做才能吸引"小伙子"的注意。雌鼠心里渴望交配，却欲擒故纵，其实在"推拉"之间，双方就增进了对对方的了解。"她"若表现得当，就能表明自己健康、成熟、具有生育能力，而此时"他"若感兴趣地回应，就相当于发出了同样的雄性版本的信号。随后，雌鼠会像恶作剧一样，跑向雄鼠再跑走（实际上这被称为伪撤退）。要是雄鼠没跟上来，雌鼠便会回去，再跑走，如此反复几次，直到雄鼠跟上，在后面用鼻子嗅"她"，仔细检查"她"的身体。一般来说，雄鼠都会被雌鼠的欲擒故纵拿捏得死死的，但如果雄鼠一直不去追雌鼠，那就表明雄鼠真的对这只雌鼠不感兴趣，后者也就不会留下带有"他"基因的孩子了。在整个过程中，雌鼠都在扮演积极的角色，但雄鼠也不能毫无表示。[15]

正常情况下，雌鼠的阴道口都朝向地面。如果雄鼠霸王硬上弓，雌鼠便会对雄鼠又踢又咬，可见只要雌鼠不主动将阴道口对准雄鼠，雄鼠是无论如何都无法完成交配的。要想让雌鼠配合，雄鼠必须执行一套"雄性求偶动作"——站在雌鼠身后，弯下腰，抓住雌鼠的侧腹。只有这样，雌鼠才会弯曲前腿，弓起背，把臀部撅起来。（弓背体位也是许多雌性哺乳动物的常见交配体位，啮齿动物、兔子、猫、大象等都会使用。[16]）

有时候，刚开始学习交配行为的"年轻小伙"常常想骑在雌性头上、身上，甚至其他雄性身上，然而鼠类必须把姿势做对才能交配，雌雄双方若不能做对这种特定的交配姿势，就永远也生不出后代。

　　这种性行为是无趣的，却很有规律，因此老鼠等啮齿动物是人类理想的研究对象。不同性别的啮齿动物求偶和交配的行为差异极大，而研究人员很容易就能操控实验动物的身体和环境。如今，科学家可以增加或减去实验动物的基因，甚至刺激或屏蔽实验动物大脑特定区域的活动，以观察实验操作对实验动物行为的影响。通过在相对可控的环境中做实验来验证假设，啮齿动物等实验动物为我们提供了进一步了解自身性别的机会。我们在实验动物身上所做的许多研究，是绝对无法在人类身上复制的。

◇　老鼠的激素疗法

　　到 20 世纪 50 年代，内分泌学的进步使科学家能轻松地把因为阉割丢掉的东西给补回来了。注射睾酮能够让被阉割的雄性动物迅速恢复性冲动和交配能力。举个例子，身体完好的成年雄鼠看见发情的雌鼠时，会无法抗拒，但被阉割的雄鼠则无动于衷。然而，若被阉割的雄鼠的睾酮水平恢复正常，其再看见雌鼠就能产生性冲动，且能够完成交配。同样地，如果雌鼠的卵巢被切除（这一手术被称为卵巢切除术），它也将失去雌激素和孕酮，性感的雄性将对它失去性吸引力，它再也不能做出本能性的弓背体位。[17] 可见，不管是雄性还是雌性，性激素都是繁殖行为的原动力。[18]

　　很久之前，科学家就观察到啮齿动物在某种程度上是双性恋。雌鼠偶尔也会有骑跨行为，雄鼠偶尔也会弓背。所以，人们很自然地推测，如果想让雌鼠更频繁地做出雄性的交配行为，只需给它们注射雄激素。但实验结果却不是这样，给一只雌鼠注射睾酮，并不能让它骑跨另一只迷人的雌鼠。[19] 研究人员忽视了什么呢？

20世纪30年代末，有实验表明，给怀孕的雌鼠注射睾酮，其雌性后代一出生就长有阴茎似的结构，可见睾酮能使胎儿的生殖器官雄性化。但这其实就是睾酮在子宫内的作用——开启雄性外生殖器的发育。

到20世纪50年代，大多数科学家都认为，骑跨、弓背等交配行为很可能是在发育过程中"预先设定好的"，由基因和幼年经历共同决定，与激素无关。当时人们认为，激素的作用仅仅是在动物成年后诱发性行为罢了，没什么人认可激素能远在发情期之前就在神经系统中"搭建"好自己的"舞台"。一直到1959年，堪萨斯大学医学院的传奇内分泌学家威廉·扬领导的研究小组的研究，彻底打破了人们的固有认知。

60多年过去了，此类热门课题的研究环境依然没什么改善。让我们一起看看威廉·扬自己的记述：

> 激素和性行为之间关系的研究还不具有生物学、医学和社会学上的重要性，人们进行此类研究依然不积极。这可能是因为长期以来，人们总觉得任何和性有关的活动都是羞耻的，我们甚至遇到过不让我们在科研记录和研究报告的标题中使用"sex"（性）这个单词的情况。我清楚地记得，还有人质疑我们在学术会议和研讨会上展示和性有关的实验数据的正当性。不过，我们在做科研的过程中曾请教许多其他学科的专家，他们对我们鼓励有加，而且当一块块拼图碎片被研究透彻并组成完整的图画时，一种满足感会油然而生，这让我们跨过了重重阻碍。[20]

每当我觉得写不下去这本书的时候，我总会回想他的话来寻找力量。

◇ 塑造与激活

1959 年，威廉·扬发表了具有里程碑意义的论文，驳斥了当时学术界公认的观点，即成年人的大脑完全由基因和生活经验塑造，与激素无关。

他在论文中写道，他做了一个实验来验证能够激发成年雄性交配行为的睾酮，能否在胎儿期或初生期这些关键时期以同样的方式影响神经发育。如果睾酮真有这样的塑造能力，那么先在胎儿期给一个雌性胎儿注射一次睾酮，再在其成年后第二次注射睾酮，它就应该倾向于做出雄性的交配行为。在性成熟期第二次注射的睾酮相当于"激活"了被在胎儿期注射的睾酮塑造过的脑区。[21]

威廉·扬的团队通过给怀孕的豚鼠注射睾酮来为其子宫内的雌性胎儿创造高浓度睾酮的发育环境。在胎儿出生后，他们还摘除了雄性化的雌性小豚鼠的卵巢，为的是能够完全控制新生小豚鼠体内的性激素。

在胎儿期暴露在高浓度睾酮之下的雌性豚鼠长有阴茎似的结构，很明显，睾酮让它的外生殖器雄性化了，那大脑受没受影响呢？等到性成熟期第二次被注射睾酮之后，这些雄性化的雌性豚鼠会像正常雄性豚鼠一样，骑跨发情的雌性豚鼠吗？或者说，如果不给它注射睾酮，而是注射能够诱导发情的激素（雌激素和孕酮），那么在雄性豚鼠面前，它还会不会做出弓背的行为呢？

威廉·扬发现，当在性成熟期给在胎儿期就雄性化了的雌性豚鼠注射第二剂睾酮时，雌性豚鼠的表现如同雄性，会积极地骑跨发情的雌性豚鼠。但如果给它注射诱导发情的激素（雌激素和孕酮），它却不会对雄性豚鼠产生兴趣，也不会做出弓背的行为。在胎儿期就雄性化了的大脑，让它无法像正常雌性豚鼠那样，在性成熟期对诱导发情的激素做出反应。（实验中的卵巢切除术并不会影响结果，未被雄性化的雌性豚鼠在摘除卵巢后，如果补充雌激素，也会有弓背行为。）可见如果胎儿接触高浓度的睾酮，其正常的雌性交配行为能力确实会被削弱。[22]

由于动物的行为是由神经系统（大脑和脊髓）控制的，威廉·扬得出结论，认为在胎儿期接触高浓度的睾酮能够改变雌性豚鼠的大脑。如果大脑没有在出生前就被雄性化，这种动物就会缺乏特殊的神经结构，能够让睾酮可以在其性成熟期"激活"典型的雄性行为。[23]

威廉·扬的塑造–激活假说一开始没能得到广泛认可，不过露丝·布莱尔在 1979 年批评因佩拉托–麦金利的"对啮齿动物的研究"时，肯定想到了威廉·扬的实验。布莱尔没有对威廉·扬做出直接的驳斥，只是声称"已有证据显示啮齿动物的规律根本不适用于非人灵长目动物或人类"[24]。然而，她也没有给这句论断附上证据，因为她说错了。1972 年，有人成功地用恒河猴重现了威廉·扬的实验结果，自那以后，塑造–激活假说在越来越多的动物（甚至人类）身上积攒了无数证据，但反对的声音也在水涨船高。[25]

◇ 老鼠的玩耍行为

睾酮在啮齿动物进入青春期之前就能影响它们的行为，之后我们也会说到睾酮对人类的影响也是如此。你可能会想，睾酮明明是一种控制繁殖行为的激素，为什么这么早就让动物为交配做准备呢？为什么不再等等，等到雄性开始对雌性春心萌动的时候，再有所动作呢？

老鼠，或者一般的哺乳动物都是如此，一生中会花费大量的时间做一件看似没有意义的事情——玩耍。摔跤也好，奔跑也好，不就是在浪费宝贵的能量吗？这些能量本可以用在更有意义的活动上，比如寻找食物，或者通过好好休息干脆储存起来。娇小稚嫩、全无生存经验的动物玩耍，完全不顾周围的环境，就会变成紧随其后的捕食者的完美目标。那么，它们为什么要这么做呢？

你可能会想，就是因为好玩呗！其实倒也没错，"好玩"正是生物学家所谓的近因，但它的后面藏着一个终极解释。近因说明了某种特征或行为背后的心理学、生物化学或社会学原因，终极解释就要追溯到这种特征或行为的进化史了。老鼠有玩耍行为的终极解释是：这是动物幼崽学习和练习其生存与繁殖所需的成年行为的一种方式，能够提高繁殖成效，因此，在进化史上，它已经成了无数哺乳动物幼崽的一个显著特征。[26]

对许多雄性脊椎动物来说，交配的成功取决于统治的成功。统治能力和寻找食物、躲避捕食者等成年动物的重要能力一样，并不能在青春期激素开始发挥作用时自然地掌握，都是通过幼崽时期的玩耍练成的。在成年雄鼠群体里，统治地位是有回报的。地位越高，雄鼠需要经历的打斗就越多，这些打斗有时候很凶残，而且败者为寇，只能顺从强者，因此，地位高的雄鼠能获得的交配次数就更多。[27]雄鼠比雌鼠更具攻击性（雌鼠有时也很有攻击性，比如在保护幼崽时），这种性别差异也是进化的产物，因为在进化史上，攻击行为为雄性带来的生殖利益比雌性更大。

任何动物，不论物种，在幼崽时期的玩耍行为都能锻炼各种能力（如育崽，或统治、竞争），提高繁殖成效。但由于性别差异，雄性和雌性的玩耍方式不同。人类是一种特殊的哺乳动物，因为男人会育儿。但话虽如此，完全不育儿的男人，如果竞争能力强，也有很大机会繁殖后代。同样，女性也能形成统治阶级，也会和其他女性竞争并从中获利，但女性之间的竞争一般不是直接的、面对面的身体攻击。[28]总的来说，男人也可以关怀备至，女人也可以野心勃勃。虽然鼠类和人类差别巨大，但雄鼠和雌鼠玩耍方式的性别差异，在许多重要的方面可以作为参考来分析男孩和女孩的差异。

雄鼠像其他大多数雄性哺乳动物（包括人类）一样，比雌鼠更喜欢和同类玩耍。它们有自己的"打斗"游戏，动作包括啃咬、摔跤、拳击等。下面这段话来自一篇研究老鼠玩耍行为的论文，如果去掉"老鼠""前爪""后爪"这些词，这段话完全可以拿来描述我儿子的玩耍方式：

> 当两只老鼠用后腿站立，用前爪互相推搡时，它们就打起了拳击。当两只老鼠抱着对方一起打滚时，它们就玩起了摔跤。一般来说，拳击或者摔跤"比赛"的结果就是一方将另一方压制，让另一方仰卧在地且翻不过身，在老鼠幼崽之间，压制对方就是统治地位的确立。[29]

如果通过干预手段，不让雄性动物以这种方式玩耍，它们长大之后就会变成进化上的失败者，战斗力低下，易于臣服，统治地位低，交配表现也不好。[30]

我们在后面也会讲，社会环境能够影响睾酮的作用，反之亦然，睾酮也能影响动物之间的关系和社会环境，即便在老鼠的社会中也是如此。举例来说，老鼠妈妈能通过舔舐和梳理幼崽的背毛来为幼崽调节体温、刺激排便，而幼崽血液循环中的睾酮水平，竟然可以影响妈妈舔舐和梳理幼崽背毛的程度！[31] 妈妈给睾酮水平最高的幼崽舔舐和梳理的次数最多，而睾酮水平低的儿子和女儿，得到妈妈的"关怀"最少。这种区别对待，等幼崽长成后也能影响它们的交配行为：被妈妈"关怀"少的雄鼠长大后，射精的准备时间更长，两次射精之间的恢复期也更长。[32] 从这个例子我们可以看出，有时候，激素可以间接地影响行为，通过影响动物之间的互动来改变动物的行为。

多种（也许是所有）哺乳动物的神经系统和发育中的生殖系统一样，能够受到睾酮的塑造能力的影响。虽然睾酮的塑造能力持续存在，但神经系统对睾酮起反应的时间是有限的，不同物种时间不一样，有的在胎儿期，有的在初生期，有的两者兼而有之。如果在这些关键期内睾酮的浓度不够，那么该动物的神经系统就缺乏雄性化，该动物在幼年和性成熟期能够做出适应性的典型交配行为的可能性就会变低。我要事先说明，我仅仅是在生物进化的角度上讨论这个问题，不管是人类还是其他任何动物，能否做出交配行为，在道德上都不是问题。老鼠神经系统的关键期是出生后第一周，非常便于研究人员做这方面的研究。新近的实验证据显示，人类的关键期是胎儿期，以及出生后的头几个月。[33]

◇ 人类不就很特别吗？

我们仍有余地争辩说，人类是动物的发育模式的例外，人类童年的玩耍行为方式所展现的性别差异和发育早期大脑内的睾酮浓度关系不大，毕竟人类长期生活在高度性别化的社会当中。诚然，对老鼠等动物的研究能够证明的也十分有限，无法让我们参透人类行为存在性别差异的本质。和动物行为相比，人类行为最明显的特征就是多变和灵活。在孩子手中，一根木棍可以是手枪，可以是光剑，也可以是玩偶，当然也可以只是一根普通的木棍，随他们喜欢。即便身边有想和他们一起玩耍的同伴，他们也可以选择不玩。在性行为方面，成年人类比其他哺乳动物的选择多多了。我们可以在一年中的任何一天、一天中的任何时候发生性行为，伴侣数不胜数，体位多种多样。当然，即便有性感、自愿的伴侣陪伴在侧，你也完全可以选择坐怀不乱。

人类和老鼠不同，人类基因是在复杂的文化环境背景下表达的，与各种规范及习俗交织，极大地影响着人类的行为。人类社会的文化常常明示或暗示我们必须择一性别，并遵守这个性别的"规范"。所以，我们要想寻找睾酮问题的确凿证据，就必须在人类自己的身上验证各种假说。

但同时，我们确实可以从老鼠等动物身上学到很多，绝对不能轻易忽视针对它们的研究。詹姆斯·普福斯，加拿大康考迪亚大学的神经科学和心理学教授，是研究人类和其他动物性行为背后的神经化学和激素基础的世界级专家，在大部分科研生涯里研究人类性行为和动物交配之间的关系。他指出，人类和其他动物拥有共同祖先，因此其他哺乳动物体内调控交配活动的基础机制，人类身上在很大程度上保留了：

> 我们鉴定过动物和人类体内调节性行为的共同神经化学和神经解剖底物，结果显示，在生物进化的历程中，性行为的进化是十分保守的。这也表明，对人类的性行为，动物模型可以成功用作临床前工具。[34]

"临床前工具"是针对特定治疗方法（如药品或手术）所做的初步研究，一般在动物身上进行，用于评估其有效性，之后该治疗方法才能做人体试验。从出售捣碎猪睾丸提取物的时代到现在，我们已经经历了太多，如果没有在老鼠和其他动物身上做的种种实验，现代医学就不会存在。

当然，我们也必须谨慎，不能把从老鼠等动物身上取得的成果过于宽泛地套用到自己身上。不过，医学界已经把动物实验和对5α-还原酶缺乏症患者进行的研究做了综合分析，分析结果大体上支持塑造-激活假说。有证据显示，玩耍行为中的性别差异在很大程度上确实是因为儿童在出生前接触的睾酮浓度不同。但是目前由于5α-还原酶缺乏症患者普遍较为孤立，这些人的童年玩耍行为的数据不太可靠。我们想要的理想实验是，研究人员可以更细致地观察患者童年的玩耍行为，有足够的时间来仔细研究他们的玩耍偏好，而不必依赖于患者父母或患者自己的报告，他们的报告极可能带有偏见。

◇ 大脑内多余的睾酮

CAH（先天性肾上腺皮质增生症）是一种罕见的遗传病，大约每15 000名新生儿中有一人患病。[35] 虽然CAH影响男女的健康，但这种病只显著影响女孩的行为。[36] CAH患者在胎儿期暴露在异常高浓度的睾酮中，但在医疗条件好的地区，患儿出生后不久，激素失衡一般就能得到校正。（CAH在这里被称为"疾病"，是因为它对健康有影响，需要药物治疗。）罹患CAH的女孩，在整个胎儿期都暴露在高浓度的睾酮当中（但通常低于正常男性胎儿的睾酮水平），这就是她们与正常女孩的区别。因此，她们也就成了研究早期雄激素暴露对人类大脑发育的影响的绝佳对象，我们可以观察这些女孩与其他女孩的行为有什么不同。[37]

CAH是由一种基因突变引起的，这种基因负责编码一种产生类固醇激素——皮质醇所需的酶。皮质醇是一种重要的激素，对在需要时释放能量，以及在紧急时刻保护生命的行动，也就是激发"格斗–逃跑"反应都很重要。（如今，这个救生系统更多在遇到交通堵塞或演讲时被激活。）皮质醇由肾上腺的外层（皮质）分泌，肾上腺位于肾脏的上方。许多基因突变都能引发CAH，但最常出问题的是编码21-羟化酶的基因。21-羟化酶是类固醇生产过程中的一部分，负责将类固醇前体转化为皮质醇，具体可参见图4-2中CAH患者的类固醇激素生产流程。

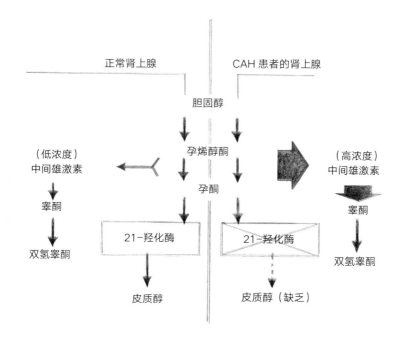

图 4-2　CAH 患者的类固醇激素生产流程（肾上腺内）

　　垂体位于大脑底部，当血液中缺乏皮质醇时，垂体会做出反应，就像你家的暖气在家里太冷时就能启动一样。垂体正常工作，会向肾上腺发出信号，催它更努力地工作，分泌皮质醇。肾上腺接收到信号后便会做出应有的回应，努力制造类固醇前体。类固醇前体是生产皮质醇的原料，但由于"生产线"上缺一种必需的酶，皮质醇根本制造不出来。于是，不辞辛劳的肾上腺便把现成的所有类固醇前体都投入了另一条"生产线"——雄激素的制造。雄激素"生产线"正常工作，因此就有越来越多的雄激素被释放到血液当中。

　　如果 CAH 患者在出生时就得到诊断，那么医生可以立即用皮质醇药物对其进行治疗。皮质醇药物能减弱垂体对肾上腺的刺激信号，让肾上腺从疯狂工作的状态恢复正常。CAH 造成患者的雄激素水平升高，这种症状几乎不会给男孩的外表带来什么变化，但对女孩来说就不一样了。在胎儿期，女性对雄激素浓度的升高非常敏感，雄激素的浓度越高，女性外生殖器男性化程度就越高。CAH 女孩（患有 CAH 的女孩）接触的多余睾酮的浓度各不相同，具体要看她们病情的严重程度。如果浓度相对低，那么她们的阴蒂可能只会肥大；如果浓度高，其阴蒂的外形就可能更像阴茎。但除此以外，这些女孩在外表上一般和正常女孩不会有其他区别，绝大多数 CAH 女孩的父母会把她们当成女性，以养育普通女孩的方式养大。[38]

◇ 男孩、女孩与玩耍时间

如果塑造–激活假说中的"塑造"部分也适用于人类，那么在出生前的关键时期接触高浓度雄激素的女孩，就应该与动物实验中的老鼠和恒河猴一样，在童年就表现出更加典型的男性化行为。

那么，CAH 女孩的行为，真的更像典型的男孩吗？讨论这个问题之前，我们应该始终记住一点：男性和女性的行为有平均差异。为了排除道听途说或个人经验的干扰，在进入正题之前，让我们先来看一个经典实验，该实验巧妙地展示了男孩和女孩在社交互动方式上的差异。[39]

研究人员将 80 名四五岁的学龄前儿童按每组 4 人分了组，每个小组里都只有一种性别的孩子。实验开始，研究人员告诉孩子们，他们可以通过一个观看器看动画片，但有个条件：每个组每次只有一个人可以通过观看器看动画片，在这个人看动画片时，另外两人得互相配合，操作观看器，一人要一直转动曲柄，另一人要一直按住灯的开关，第四个人无事可做。向每个只含单一性别孩子的小组告知以上信息后，研究人员就离开了，只留孩子们在场。

结果显而易见，男孩比女孩更喜欢参与这个实验，他们一边相互打闹，一边笑个不停，争着当那个看动画片的。而女孩就没那么急切地争看片权，她们使用了与男孩不同的、更加"间接"的策略来实现自己的目的。和男孩相比，女孩说出的"没那么友好"的命令更多，但女孩让出观看器或曲柄的次数也更多。相比之下，男孩则更喜欢通过身体接触占据想要的位置。总的来说，为了达成目的，男孩会使用身体，而女孩会使用语言。男孩推、拉、打同伴的次数，约为女孩的7倍。

在这里我们并不是说男孩和女孩采用了绝对不同的策略，肯定有女孩和多数男孩一样强壮，也肯定有男孩和多数女孩一样温柔，更善于"以理服人"。但我们要看大趋势，一项项研究都表明，男孩比女孩更愿意通过身体接触来争得自己想要的。[40]

在大约两岁之前，孩子蹒跚学步，根本不在意自己的性别。但孩子们一旦意识到自己是男孩或女孩，不管生活在什么文化背景的社会，他们都会开始被"同类"吸引。绝大多数儿童的玩伴都是同性，等到儿童成长到8~11岁，这种性别隔离也将达到顶峰。[41]在这个年龄段之前，吸引他们的是某个性别背后让他们觉得有意思的玩耍方式，性别隔离现象没那么明显。但随着他们的年龄渐长，他们就会更加在意"与同性一起玩"这件事本身，至于玩的是什么就没那么重要了。

如果一群年龄较小的小孩组成了一个较大的群体，笑着、互相推搡着，围着沙坑玩卡车玩具，那么所有愿意这么玩的孩子，不管是男孩还是女孩，都会受到欢迎。同样地，如果一个年龄较小的男孩想玩过家家，想照顾小娃娃，想穿漂亮衣服，女孩们也会欢迎他一起玩。但随着年龄渐长，男孩会偏爱大群体和运动量更大、更活跃的游戏，而女孩会偏爱小群体和谈话量更大、更"主内"的游戏。这种差异驱使男孩和女孩进入了"同性团体"。随着时间的推移，孩子们的社会关系越来越明显，此时"排外"的主要是男孩。如果此时有男孩愿意玩"女孩的游戏",女孩们仍会欢迎他加入,但男孩很少欢迎女孩加入他们的社交圈,将性别界限收得更紧。显然,在异性社交中,男孩损失得比女孩更多。[42]

儿童玩耍上的性别差异正是他们长大成人后表现出的种种性别差异的"谶语",后者已经被充分证实了。[43] 通过观察儿童的行为,我们能够看到男性和女性在攻击性、育儿方式、社会等级、对人和物的偏好等方面产生性别差异的根源。[44]

◇ CAH 女孩 —— 多余的睾酮能让她们有所不同吗?

CAH 女孩的大脑在其出生前接触过多余的睾酮,这真的会让她们的行为更加男性化吗?

在做实验研究出生前接触高浓度睾酮对 CAH 患者的行为模式有什么影响时,科学家非常关注儿童的玩耍行为。这是很合理的,儿童有时间的时候就喜欢玩耍,而且男孩和女孩在行为上的最大差异就体现在玩耍方式上。

举例来说,在 2005 年的一项研究中,研究人员以两组儿童为对象,让他们玩了一系列玩具。这两组儿童的年龄在 3 ~ 10 岁,其中有 CAH 患者,也有健康儿童。经过之前实验的验证,该研究使用的玩具中有一些对某一种性别的孩子有强烈的吸引力,另一些则对男孩和女孩有相同的吸引力。孩子们可以选择自己想要的玩具。"女孩的玩具"包括化妆包、餐具、有多套衣服可换的洋娃娃。[45] 而"男孩的玩具"则是建"房子"用的各式积木、玩具枪、工具箱和各种玩具车。"无性别特征的玩具"有拼图、蜡笔、涂色纸等。(我要事先说明,研究人员选择这些玩具,并不是因为他们想当然地认为这些玩具适合什么性别的孩子玩，或者这些玩具能自然地吸引什么性别的孩子，而是因为在过去的许多实验中，这些玩具一直被男孩或女孩偏爱。）

健康的孩子（未患病组）做出的选择都在人们的意料之中。男孩大部分时间都在玩"男孩的玩具"，女孩大部分时间都在玩"女孩的玩具"（剩余时间玩"无性别特征的玩具"）。有趣的是，当把未患病女孩和 CAH 女孩选择玩具的情况进行比较时，研究人员发现 CAH 女孩玩"男孩的玩具"的时间更长——她们只花了 21% 的时间玩"女孩的玩具"，却给了"男孩的玩具"44% 的时间。未患病女孩表现出的模式正好相反：玩"女孩的玩具"的时间占 60%，玩"男孩的玩具"的时间仅占 13%（未患病男孩玩"男孩的玩具"的时间占 70%，只给了"女孩的玩具"6% 的时间）。和未患病的同龄人相比，CAH 女孩在玩耍时的偏好更男性化（见图 4-3）。

在有关 CAH 及 CAH 患者行为的研究中，这样的结果非常常见。我们可以看出两个方面。第一，CAH 女孩的玩耍更男性化。第二，CAH 女孩在玩耍时虽然比未患病女孩更男性化，但又不完全和男孩相同。她们的玩耍方式介于典型男孩和典型女孩之间。

然而，需要注意的是，CAH 男孩的性别化行为却与未患病男孩没什么不同。人们认为，在不同性别的胎儿中，睾酮浓度提高所导致的后果不同是因为睾酮对人的影响有一个上限，当睾酮的浓度超过一般男性的正常浓度时，它不能再让人更男性化了。人们也做过实验来验证睾酮对成年人的影响，结果和这个说法吻合，即女性的生理机能和行为模式对睾酮浓度的微小改变敏感，而男性的生理机能和行为模式对此不敏感。关于这一点，我们将在下一章中见到实例，届时我将详细讨论睾酮对男性和女性运动表现的影响。

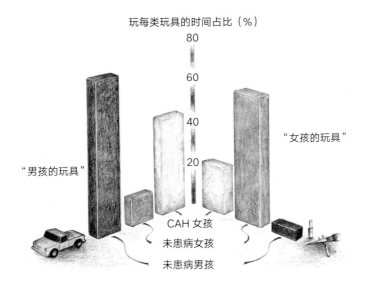

玩每类玩具的时间占比（%）

80

60

40

20

"男孩的玩具"

"女孩的玩具"

CAH 女孩
未患病女孩
未患病男孩

图 4-3　CAH 患者在玩具上的偏好

自 20 世纪 60 年代末以来，有超过 100 项已公布的研究报告了
CAH 能够影响患者的性别化行为，采用了与上述 2005 年关于玩具偏
好的实验类似的范式。这些研究均可证实，CAH 女孩的玩耍行为更男
性化。也就是说，和在胎儿期雄激素浓度正常的女孩比起来，在胎儿
期浸淫在高浓度雄激素中的女孩在玩耍时更像男孩。[46] 和未患病的同龄
女孩相比，CAH 女孩偏爱激烈一些的游戏，会选择卡车、飞机、积木
之类的玩具，也更爱和男孩一起玩耍。

而且，这种行为和偏好男性化的倾向会从她们的童年延伸到成
年——CAH 女孩长大后倾向于选择以男性为主的职业（如木匠），这些
职业多与没有生命的物体打交道，而传统上以女性为主的职业（如教
师）则需要多与他人互动。[47] 不过，她们挣到的工资可比未患病的姐妹
还多呢！

◇ 这些结论不会是你凭空想出来的吧？

针对 CAH 女孩的诸多研究成果似乎已经给睾酮的问题盖棺论定了：接触高浓度的睾酮，哪怕是在出生之前，不仅会使我们的身体更加男性化，还会使我们的兴趣、偏好、行为变得男化性。容易想见，这一论断招来了海量的反对，无数人写书、写论文、写科普文章来反驳。这些人坚信性别差异不可能是基因和睾酮的作用，一定是社会化导致的。

社会化假说还有一种说法：CAH 女孩的玩耍行为变得男性化，并不是雄激素直接作用于大脑的结果，而是因为一种间接的影响——她们的身体状况影响了她们对自己身体的感知，以及周围人对待她们的方式。

这些女孩确实格外关注自己的性别、生殖器，以及身体和心理的健康。罹患这种疾病是痛苦的，患病的经历可能造成创伤。虽然医学界对 CAH 的治疗方法正在改善，但阴蒂肥大的，甚至有些男性化的女孩传统上会做手术缩小阴蒂，让自己更"女性化"。[48] 就算不做手术，CAH 女孩也可能经常戳碰自己的生殖器，对与性别有关的感受和行为产生疑问。除此以外，还有人指出，了解 CAH 女孩的身体情况的照护者还可能会含蓄地鼓励她们做出男性化行为。从这个角度来看，社会环境的影响也能够解释 CAH 女孩为什么会和未患病的同龄女孩有行为上的差异。[49]

有些照护者的确会引导男孩别做女性化的举动，比如别玩娃娃或者过家家的道具，还会引导男孩去玩卡车玩具、积木或者科普装置。但人们对女孩的监管更宽松，包括在同龄人群体中，她们也比男孩能更灵活地决定与谁玩耍、如何玩耍。[50] 相对女孩来说，男孩群体更加难以容忍有"女孩的兴趣爱好"的男孩，这可能是因为他们认为，待在一个混有女孩的群体里会导致自己失去尊严。

社会影响必然能塑造儿童的玩耍方式，而父母的影响很可能是其中一个重要因素。或许，如果我只给我的儿子格里芬买"女孩的玩具"，比如娃娃、餐具，然后在他每次玩这些玩具的时候夸奖他，那他肯定会喜欢上给娃娃穿漂亮衣服，和娃娃一起坐下喝茶吧。过去就有研究人员想要验证，照护者的区别对待在某种程度上是不是 CAH 女孩产生男性化玩耍偏好的"幕后元凶"。例如，他们曾让父母带着孩子来实验室玩玩具，也曾让孩子自己来，并记录在这两种情况下孩子对玩具的选择。事实证明，不管父母在不在场，CAH 女孩总是会更多地选择"男孩的玩具"。此外，许多父母也说过，他们都鼓励过自己家的 CAH 女孩更女性化。[51] 这么来看就很明显了，很遗憾，父母的影响其实并没有那么大。

从直觉上看，社会影响能够有力地将男孩和女孩的行为区分开来，这种观点乍一听似乎也没什么问题，但上文说过的那么多实验都表明，孩子们在很大程度上忽视了来自父母的压力，自己想做什么就做什么。即使在很小的时候，大多数儿童也都只是想和同龄的同性孩子做一样的事情罢了，而且这好像与直觉挺相符的！[52]

我还有一项证据能证明社会力量无法解释 CAH 女孩的行为差异。一般来说，孕妇血液中的睾酮浓度可以用来粗略地推测其所怀女胎能接触到的睾酮浓度，这种推测虽然不其准确，但大体上符合 CAH 研究的结果。[53] 人们在调查未患 CAH、外生殖器外观正常的健康女孩时发现，如果她们的母亲在孕期的睾酮水平接近正常范围的最大值，可能导致她们的玩耍偏好更男性化。[54] 这项研究如果所言非虚，那就表示女孩的外表像不像男孩和她的行为像不像男孩一点儿关系都没有。

不过，虽然说了这么多，但是还根本没人能说清楚女性外生殖器的男性化、与医护人员之间不愉快的互动等"社会压力"到底是怎么让女孩拥有男性化的玩耍方式的。否定睾酮、支持社会化假说的学者揭示了 CAH 女孩在发育和社会化发展中的复杂性，并考虑了这些因素可能如何导致她们的行为差异。这些努力是值得肯定的，但社会化假说本身站不住脚。

◇ 早期接触的睾酮很重要

来自豚鼠、老鼠、恒河猴等哺乳动物的实验证据表明，当雌性胎儿在子宫内接触高浓度睾酮时，其行为就会雄性化，而当雄性胎儿被剥夺睾酮时，其行为就会雌性化。在青春期之前，动物受睾酮影响最显著的就是玩耍方式，接触过高浓度睾酮的雌性玩起来更像雄性。从进化的角度来看，以上实验结果是完全解释得通的。雄性和雌性在繁殖上具有不同的目标，这在幼崽时期就是玩耍方式不同。与此同时，对睾酮的浓度或作用强度天生异于常人的人（如 5α-还原酶缺乏症、CAH 等疾病的患者）的行为进行的研究表明，人类也不是例外。

简约原则在这个问题上格外有用：在其他条件都相同的情况下，更简单的解释（相较于复杂的解释）往往是正确的。希腊天文学家托勒密为了让地心说（行星围绕地球运转）理论与他实际观测的结果符合，提出了诡异又复杂的本轮假说来解释行星的运动。但日心说（地球等行星围绕太阳运转）显然简洁多了。最后哪种理论是正确的，我们有目共睹。

我们观察过许多种动物的睾酮水平与其幼崽时期行为雄性化之间的关系，那我们应该假设人类与这些动物都不同吗？还是应该假设人类也会受类似的生物学力量和进化力量的影响呢？哪一种假设更加合理？而且，如果仅凭社会力量就能造成男孩和女孩玩耍方式不同，那理论上，很可能在某个社会当中，女孩的玩耍偏好是激烈的摔跤。从这个角度分析，人类世界当中到目前为止的每一种文明所催生的社会力量造成的儿童玩耍偏好的差异，都正好符合内分泌学和进化论的解释，是因为无巧不成书吗？

结论是无可辩驳的：根据目前的实验结果，就是睾酮塑造了男孩的大脑。[55]

CHAPTER

5

GETTING AN EDGE

第五章

获得优势：
睾酮与体能差异

◇ "我叫卡斯特尔·塞门亚，我是女人，我跑得很快"

卡斯特尔·塞门亚是从南非的偏远小村庄里走出来的名人。2009年，她在柏林田径世锦赛上拿到了女子 800 米金牌，从此就在国际上名声大噪。塞门亚比银牌得主快两秒多冲过终点线，但她的奔跑速度，以及肌肉发达的体格，却引起了人们的质疑。

赛后发布会本应是获奖运动员喜气洋洋出席的场合，但塞门亚没有露面。替她出席的是田径运动管理机构国际田径联合会（以下简称"国际田联"）的秘书长皮埃尔·魏斯。他证实了赛场上的谣言，表示国际田联已经要求塞门亚接受性别测试。

魏斯向其他运动员和好奇的媒体保证："有一点是很明确的……如果调查证明该运动员不是女性，我们将撤销今天的比赛结果。"[1]

国际田联的声明似乎给了当天落后的运动员宣泄不满的机会。获得第六名的意大利运动员埃莉萨·库斯玛抱怨道："这种人就不应该和我们一起比赛，依我看她不是女人，而是男人。"俄罗斯运动员玛丽亚·萨维诺娃认为塞门亚肯定通不过性别测试，跟记者说"只要看她一眼就知道了"[2]。（讽刺的是，萨维诺娃后来因为服用兴奋剂，被收回了在 2012 年伦敦奥运会上获得的 800 米金牌，冠军头衔顺延给了当时的亚军，正好就是塞门亚。[3]）

塞门亚在运动方面的成就很快就被媒体对她性别的质疑和耸人听闻的新闻标题掩盖了。《时代》周刊还在网站上刊发了一篇社论，题为《这位女子世界冠军真的是男人吗？》。[4] 其中，不少新闻报道选用了塞门亚冲线之后的照片。在照片中，她激动得伸开双臂，双拳紧握，肌肉线条凸显。

在大众公开揣测塞门亚的私人病史一个月后，她登上了南非《你》杂志的封面。杂志拍得高端、精美，她简直像变了个人——指甲长了，还涂成了紫色，头发也烫成了柔软卷曲的齐短发，脸上化着精致的全妆。此外，她身穿一件黑色连衣裙，戴着一条又粗又长的金项链，一组金手镯从手腕一直套到小臂中段。杂志内页的照片更是延续了美艳的风格，她穿上了镶满亮片的高跟鞋，满面春风。[5]

很明显，塞门亚想控制舆论走向。国际田联秘书长魏斯却在此时再次介入，向媒体透露了塞门亚性别测试的一些敏感信息，给了饥渴的记者一些诱人的花絮："看来她的确是女人，但很可能不是100%的女人。她处于两种性别之间，这会不会给她带来其他人没有的优势，我们还要调查。"[6]

所谓的优势就是塞门亚拥有高浓度的睾酮。之后没过多久，国际田联就让塞门亚暂停比赛，等待他们决定她需不需要降低睾酮水平（如需降低，降低多少）才能继续以女性的身份参赛。最终，法庭裁定塞门亚不需要改变睾酮水平就可以回到赛场，于是她便继续在赛场上创造奇迹，直到2018年。那时国际田联针对性发育异常的运动员发布了新规。[7]新规规定，如果塞门亚不降低睾酮水平（需要服药），她就不能再参加女子中长跑的比赛。塞门亚的粉丝，还有她自己，都认定这项规定就是针对她颁布的。[8]但国际田联也为自己的立场进行了辩护，称在许多领域（包括体育）"生物学本质必须胜过性别认同"[9]。在我撰写本书时，塞门亚依然拒绝降低睾酮水平，认为自己生来就是女人，不应该靠改变身体的自然状态去参加比赛。[10]

高浓度的睾酮能给人们带来运动优势吗？跨性别女性、社会活动家、前哲学教授、两届自行车大师赛女子组世界冠军韦罗妮卡·艾维认为，限制睾酮水平的规定背后的科学基础是有问题的。2018年，她（当时的名字叫蕾切尔·麦金农）在接受一家自行车杂志的采访时表示，"内源性睾酮的浓度越高，你的表现就会越好"，只是人们的一个误解。（内源性睾酮指的是你身体产生的睾酮，对应的是外源性睾酮，即你通过注射等方式获得的外来的睾酮。身体根本不能区分血液中的这两种睾酮。[11]）

◇ 索菲娅与塞缪尔（还有"小威"）

无论如何，在运动表现上，男性和女性有很明显的性别差异，这是毋庸置疑的。美国网球名宿、七次大满贯得主约翰·麦肯罗尤其不会粉饰事实。2017 年，他在接受 NPR（美国全国公共广播电台）采访时，被主持人露露·加西亚-纳瓦罗问到为什么管"小威"塞雷娜·威廉斯叫"全世界最好的女球手"，而不直接叫"全世界最好的球手"。结果他回答，"如果'小威'和男人一起比赛，她大概只排在第 700 名"。后来，麦肯罗继续称"小威"是一位"不可思议的球手"，但重申，她如果和一流男运动员同场竞技则毫无胜算。[12]

不出所料，麦肯罗成了众矢之的，人们指责他搞性别歧视，被激怒的"小威"一连发了几条推特回应他。[13] 但其实，"小威"自己也隐隐表达过同样的意思。2013 年，她做客访谈节目《大卫深夜秀》，主持人问她如果和顶级男球手打比赛结果会如何，她举例说自己一定会惨败给世界冠军安迪·穆雷：

> 穆雷一直开玩笑说想和我打一场比赛。我说："穆雷，你疯了吗？"要我说，男子网球和女子网球完全不是同一种运动。要我对阵穆雷，估计只要五六分钟，最长 10 分钟吧，我就得输两个 0∶6。我说真的。两者完全是两种运动。男子网球的球速快得多，发球更用力，击球也更用力，男子和女子的网球比赛完全不一样。我喜欢打女子网球，只想和女球手打球，我可不想输得那么难看。[14]

在这一章中，我们就来分析穆雷在网球比赛中为什么能打赢"小威"。这是因为睾酮浓度的性别差异，让男性在大多数运动中的表现普遍优于女性。我们不会去讨论什么样的人可以参加女子比赛，相反，我想深挖这个问题的答案背后的科学原理。睾酮真的能赋予雄性运动方面的优势吗？有什么证据能够证明呢？

　　就让我们从宁静的日子——童年说起吧，在这个时期，男性和女性的能力基本接近。

　　假设有这么一对异卵双胞胎，女孩叫索菲娅，男孩叫塞缪尔。他们的一切都很平凡。小学时，索菲娅喜欢学数学，与其他女孩聊八卦，打少年棒球，偶尔和妈妈一起烘焙。塞缪尔喜欢画漫画，弹钢琴，和其他男孩嬉笑打闹。虽然他们家的生活实在没什么特别的，但在某一方面他俩却很不寻常。随着年龄的增长，他们开始痴迷地在体育项目中互相竞争。6 岁时，他们会看谁的 30 米冲刺更快。10 岁时，他们会比一英里短跑、25 码 ① 自由泳，还要比扔标枪。度过青春期后，二人对运动的热情有增无减。现在 20 多岁了，他们还要一起跑马拉松、撑竿跳高、举重。不论谁赢，这些手足之间的比赛都没有奖品。

　　在 10 岁之前，索菲娅和塞缪尔在所有运动项目上没有明显的胜负之分，两人谁也没法儿在对方面前自吹自擂。但等到塞缪尔 12 岁，进入青春期，他才开始真正领先。15 岁的时候，他就能在 30 米短跑中比索菲娅快 4 秒多。在投掷类项目中，塞缪尔也投得更远、更准了。（投掷类项目中的性别差异是巨大的 [15]，正如一位研究人员所说："随便一个 15 岁男孩就比最厉害的同龄女孩的投掷成绩好。"[16]）长距离游泳是这时候索菲娅能占优势的极少数运动项目之一。[17] 图 5-1 显示了青春期睾酮水平和运动表现的性别差异。

----

① 1 码约为 0.91 米。——编者注

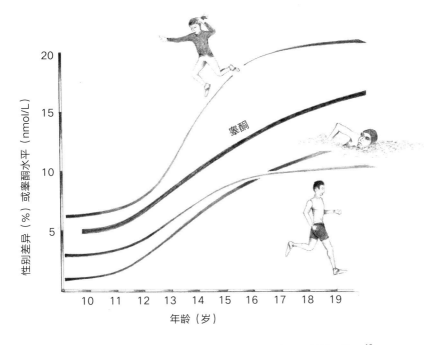

图 5-1　青春期睾酮水平和运动（跳跃项目、游泳和跑步）表现的性别差异[18]

◇ 注意性别差距

30 岁的时候，我跑过一次马拉松，成绩是 4 小时，对这个年龄的女性来说算不错了。40 岁的时候，我又跑了一次，成绩还是 4 小时，考虑到距离上次已经过去 10 年，这个成绩显得更好了。我想在 50 岁的时候跑第三次，所以一直在训练。我的训练状态不错，能和前两次用一样的配速。我仍然坚持着，直到我 15 英里长跑。突然，我全身都疼了起来，很疼，但我还想坚持（错误的决定），可惜最终由于伤病累积，彻底练不下去了（后来我又把跑步捡了起来，但跑得小心多了）。50 岁之前，我一次也没这样过。这是为什么呢？为什么到了 50 岁，我就要对自己的身体这么在意呢？

这是因为 50 岁的身体和 30 岁或 40 岁的身体不一样，无论你平时的生活有多健康。许多运动将参与者按年龄、体重分成不同组别，其实是为了让参与者都有更公平的取胜机会。运动员可用的肢体更多，在目视、处理信息、调控肌肉等方面的能力更强，他们的运动表现也会更好。这也是残奥会存在的意义，即让那些在身体或精神层面有劣势的人能够在一个相对公平的竞技场上竞技，否则他们必定处于不利地位。除了上述分组方式，几乎所有的竞技体育项目还有一个最基本的分组方式，那就是按性别划分。而且，在最近几年的争议出现之前，将运动项目按性别分组一直都是各界公认的，原因显而易见。

女子世界纪录始终比男子世界纪录低 10% 左右。[19] 比如，女子马拉松的世界纪录是约 2 小时 14 分钟，比男子马拉松的世界纪录慢了约 12 分钟。男子马拉松的世界纪录是约 2 小时 2 分钟，是由肯尼亚选手埃鲁德·基普乔格在 33 岁时创造的。图 5-2 显示了世界纪录中的性别差异。

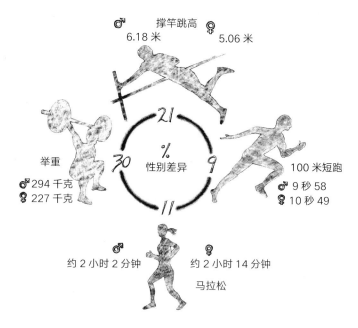

图 5-2　世界纪录中的性别差异

运动表现的性别差异意味着在无数体育项目中，成千上万的男运动员领先于同领域最出色的女运动员。2019 年，大约 2 500 名男运动员在国际田联 100 米短跑项目中跑得比女子最好成绩还快，约占这个项目男子参赛总人数的三分之一。[20] 如果不按性别分组，别说冠军了，男运动员连参赛的资格都不会留给女运动员。

自行车大师赛女子组世界冠军韦罗妮卡·艾维很乐观："我们已经看到，在每种竞技体育项目中，男子组和女子组的表现差距都在缩小。虽然男运动员在进步，不断刷新着男子纪录，但女运动员的纪录刷新得更快，差距正在缩小。虽然现在男女仍有差距，但不能说以后永远有，这是一种误导。"[21]

在这一点上，艾维是错的，无论是什么因素造成了差距，差距并没有缩小。1972 年美国颁布教育法修正案《第九条》（禁止在任何接受联邦财政资助的教育活动中存在性别歧视）之后，女性的运动表现相较于男性确实有所提升，但这种"进步"只持续了不到 10 年。1972—1980 年，奥运会选拔赛跑步项目成绩中的性别差异从 17% 缩小到了 13%，游泳项目从 13% 缩小到了 11%。[22] 而在过去的 40 多年里，这一差距就再没缩小过了。[23]

其他的睾酮怀疑论者似乎认定女性在体育方面表现欠佳是因为她们不够努力。2018 年，BBC 的一档广播节目《女性时间》有一个片段是关于跨性别运动员参与体育运动的。当时他们讨论的问题是：跨性别女性（出生时生理性别为男性，但自我认同为女性的人，我们将在第九章详细讨论）有没有参加女子组体育比赛的权利。其中一位嘉宾、心理学家贝丝·琼斯认为，睾酮不是造成差距的因素："没有强有力的科学证据表明……睾酮能够直接影响运动表现。"她还预言，几年之后，体育比赛可能都不需要再按性别分组了。而当主持人说不分组可能导致女性无法再参与竞技体育时，琼斯揣测道："女性的心理限制了她们的能力，因为她们会觉得自己在和其他女性竞争。如果她们觉得自己是在和男性竞争，她们或许就会提升自己的表现，让自己有更高水平的竞争力了。"24

对在大多数内分泌学家和体育科学家眼里不争的事实，为什么许多学者会有否认的动机呢？难道是因为我们都错了，睾酮所谓的魔力其实不存在？毕竟过去有不少科研确实是有漏洞的。

◇ 偷梁换柱

睾酮怀疑论者有一个观点看似挺有说服力的，因为这一观点得到了内分泌学高质量研究的背书。我可以在这里举一个例子。以下段落节选自 2019 年乔丹·扬和卡尔卡齐斯在《华盛顿邮报》上发表的文章《关于睾酮的五个迷思》。文章中的"第五个迷思"就是，睾酮水平越高，运动表现就越好。25

> 没有研究证明你在得知运动员的睾酮水平后就能预测其在速度或者力量比赛项目上的结果。虽然睾酮水平确实会影响一些和运动能力相关的参数，比如肌肉大小、摄氧量等，但这些关系并不能明确地转化为更好的运动表现。

两位作者接着还附上了两项研究的结果，一项基于奥运会举重比赛，另一项针对优秀的田径运动员。两项研究均表明，睾酮水平最高的运动员不一定能够取胜。对女性来说，只有在某些特定的项目中，高水平睾酮才预示着更好的表现，而在其他项目中，要么睾酮水平与表现无关，要么睾酮水平低才能表现得更好。男运动员也有类似的规律。乔丹·扬和卡尔卡齐斯说，这些研究成果"质疑了睾酮是运动表现存在差异的关键这一论点"26。

雄激素：关于冒险、竞争与赢

他们在某种程度上是对的：如果同性别运动员相互比较，那么睾酮的确不是运动表现存在差异的关键。许多研究表明，在竞技体育项目中，同性别运动员之间在正常范围内的睾酮水平差异与表现差异无关。也就是说，如果我们去测定健康男运动员（或女运动员）的睾酮水平，我们会发现拥有最高水平睾酮的运动员不一定在特定运动项目中表现最好。在耐力运动中，我们甚至还能发现相反的结果：睾酮水平相对低的运动员反而成绩最好。[27]然而，乔丹·扬和卡尔卡齐斯的最终结论（睾酮水平不是两性之间存在差异的原因）就属于偷梁换柱了。研究数据可以证明，在男性群体或女性群体内部，睾酮水平不和运动成绩正相关。但这个结论被他们偷换成了听起来很相近，但研究数据不支持的另一个结论，即睾酮水平与男性和女性之间的运动表现的差异无关。

接下来我要展示的各种证据都指向同一个结论：在大多数运动项目中，一个人取得出色成绩的关键，就是其在青春期和成年后，体内有男性水平的睾酮（也可能与出生前接触的睾酮有关）。

◇ 睾酮水平

对一个人睾酮水平的探索其实远比它看起来的复杂。首先，一个人的睾酮水平不是固定的，甚至在一天内都不是固定的。一个人的睾酮水平一生中都在不断变化，甚至在一天内的不同时间都是不同的，早晨最高，夜里最低。运动员长时间的体力消耗也可能暂时降低睾酮水平，长期服用禁药会导致内源性睾酮水平降低，因为血液中睾酮水平持续走高，就会告知睾丸停止生产类固醇（和精子）。

其次，实验测定睾酮水平时使用的样本一般是唾液或血液。记住，睾酮等类固醇不溶于水，具有疏水性。为了让它在含水的血液中四处走动，睾酮需要由具有亲水性的蛋白质携带。

血液中大约 98% 的睾酮都会黏附或"结合"在亲水的载体蛋白上，而亲水的载体蛋白不能穿过细胞膜。因此，以结合状态存在的睾酮不能进入细胞与雄激素受体相互作用，就我们目前所知，这些结合状态的睾酮没有生理功能。[28] 其余约 2% 的睾酮没有与蛋白质结合，处于游离状态。游离状态的睾酮可以穿过细胞膜，与雄激素受体相互作用，影响基因的转录，进而影响身体或大脑的功能。当测定血液内的睾酮水平时，测定的结果一般要么是睾酮的总水平（结合状态和游离状态的睾酮总和），要么是游离状态的睾酮的水平。这取决于测定方法。[29]

唾液中的睾酮基本上是游离状态的，没有与蛋白质结合，有生物活性，所以用唾液测出的睾酮水平一般明显低于用血液测出的。所以我们要谨慎一些，只将同类的测定结果相互比较，这样就不会造成混乱。

如果实验测定的结果是两性之间睾酮水平的差异没那么大，那么睾酮几乎不能解释为什么男性在运动方面有优势。因此，我们首先要弄清楚，男性和女性的睾酮水平之间是否真的存在巨大差异。在这之前，我们必须了解睾酮水平测定和报告的不同方法。

测定睾酮水平不同于测量身高。用直尺或卷尺都可以测量身高，方法简单，测出的结果也不会有太大差别。但测定睾酮水平的方法有很多，每一种都应用了复杂的技术，而且就算你提供的样本相同，不同的测定方法也可能测出不同的结果！

测定睾酮水平最常见也最便宜的方法叫放射免疫分析（RIA）。放射免疫分析既可以测定唾液中的睾酮水平也可以测定血液中的睾酮水平，但一分价钱一分货，这种方法存在很多问题，所以哈佛大学的生殖生态学实验室几年前就不用这种方法测定女性的睾酮水平了（其他很多实验室也不再用了）。首先，不同种类的检测试剂盒测出的结果截然不同。其次，放射免疫分析常常能检测到女性体内其他结构类似但效果更弱的雄激素，但其他雄激素对身体组织（如肌肉）不具有睾酮的功能。这种与其他类固醇的交叉反应性会极度"夸大"女性的睾酮水平。[30] 这对男人来说不是问题，因为和男人的睾酮水平相比，其他较弱的雄激素浓度可以忽略不计，对结果不会造成什么影响。

近几年有一项研究检验了放射免疫分析测得睾酮水平的准确度。结果表明："放射免疫分析有将极低的睾酮水平放大的倾向，这种倾向对准确评估女性的睾酮水平构成了很大的障碍。"[31] 另一项评估放射免疫分析准确度的研究更加直白地指出了它的局限性："偏离准确值200%～500%的分析结果有意义吗？你还不如直接去猜被测女性的睾酮水平，反而可能更准确、更便宜、更快呢！"[32]

指出以上问题并不是想说我们应该推翻一切放射免疫分析测出的结果，以及用这些结果研究的睾酮与行为的相关结论，至少放射免疫分析测出的男性睾酮水平还是相对可靠的。但我们必须对放射免疫分析测出的女性睾酮水平，以及基于这些结果研究的性别差异的结论多加小心。[33]

加拿大女王大学的心理学、性别研究和神经科学教授萨里·范安德斯专门研究"社会神经内分泌学、性学、性别／性和性别多样性、女权主义和酷儿理论"。她在学术著作中指出："实际上，女性和男性的睾酮水平在很大程度上是重叠的。"[34] 她并不是唯一一个这么说的学者。[35] 她在接受科普杂志《发现》的采访时重申，两性的睾酮水平不是"非此即彼"的。她提出了问题："搞'睾酮二元论'的目的是什么呢？科学上，睾酮水平就不是'二元'的，政治才搞'二元论'。"[36] 范安德斯的研究很有意思，也很有开创性，挑战了思考和研究性与性别问题的传统方式，部分原因是她调查了不少性身份少有人知的人（我在本书中也参考了她关于男性和育儿的一些研究）。但在睾酮的问题上，科学证据对她不利。

那么，来自更可靠的测定方法的证据表明了什么呢？目前，测定睾酮水平的"黄金标准"是质谱法，其越来越多地被内分泌学的临床和行为研究者使用，也是对男性和女性的测定结果的准确度要求都更高的机构如反兴奋剂机构使用的唯一方法。

针对成年人睾酮水平的最新、最全面、最严格的研究是由澳大利亚内分泌学家戴维·汉德尔斯曼领导的。[37] 他是这个领域顶级的专家之一，研究领域为雄激素及其功能，以及运动员的雄激素水平测定。

汉德尔斯曼带领团队查阅了科学文献，编制了一份关于成年人睾酮水平的研究清单，所有研究都要靠质谱法。他所用的研究方法叫作荟萃分析，非常有助于分析针对某个特定问题的既往文献，以及各学科对这一问题的综合看法。荟萃分析不依赖单项研究的数据（由于各种原因，单项研究的数据很可能不可靠），而是整合、比对、评估多项不同研究的数据。如果多项研究的结果一致，则可以为想要证实的假说提供强有力的证据。

研究人员以高标准遴选出了 2005—2017 年发表的 13 项研究并进行了分析。这些研究中的睾酮水平数据都是利用血液样本测定的，没用唾液，因为这样更准确，尤其是对女性来说，而且所有的被测者都没有能够影响睾酮水平的健康问题。[38] 综上，这 13 项研究的数据可视为 20～40 岁健康男性和健康女性的代表性数据，其中每项研究的人数少则 25 人，多则 1 500 多人，其中大多数在 100 人以上，对任何此类研究来说规模都是很大的。

分析发现，这些研究的结果普遍一致，睾酮水平测定的准确度得到了证明。尤其值得注意的是，同性别的人的睾酮水平的最低值和最高值相差无几。在评估两性的睾酮水平的重叠度时，这种一致性提供了一个强有力的起点。根据独立进行的各项研究测定的睾酮水平数据，汉德尔斯曼得出结论："成年人血液中的睾酮水平呈现明显的双峰分布，彼此没有重叠，男性和女性的睾酮水平之间有宽而完全的区隔。"[39]

我们在第一章中已经看到一个双峰分布的例子了，那就是成年人身高的分布。双峰分布的统计图呈现两个峰值。在身高的统计图中，男性和女性的身高曲线如同两座山，山麓的部分很宽，彼此相叠，也就是数据有明显重叠。这是因为有些男性比很多女性矮，也有些女性比很多男性高。但在睾酮水平的统计图中，双峰之间有"宽而完全的区隔"，如同两座山峰被广阔的山谷分开了[40]（见图 5-3）。也就是说，睾酮水平确实具有"性别二元性"。

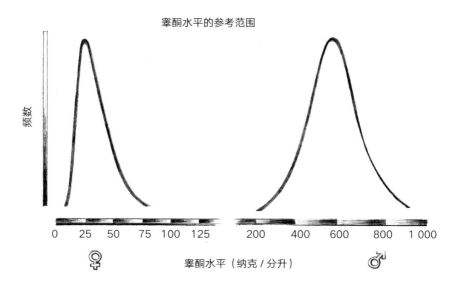

睾酮水平的参考范围

图 5-3　健康的年轻男性与年轻女性血液中的睾酮水平

健康的成年男性和成年女性的天生睾酮水平有明显重叠这个论断根本没有科学证据的支持。没有重叠且差别巨大这种说法反而有确凿的证据。在没有性发育异常、内分泌腺严重紊乱等对睾酮水平有较大影响的疾病的人群中，男人的睾酮水平比女人高 10 ～ 20 倍。

◇ **疾病与睾酮**

图 5-3 排除了罹患能导致睾酮水平异常变高或变低的疾病的人。

PCOS（多囊卵巢综合征）就是这样的一种疾病。[41] PCOS 是一种卵巢疾病，通常与睾酮等雄激素分泌过剩有关，常造成卵巢内形成囊肿（充满液体的囊性包块）。PCOS 患者的睾酮水平一般处在正常范围内的高值，仍属正常，但高于健康女性。（过高的睾酮水平常能引起男性特征的发育，如面部毛发增多、痤疮。）PCOS 是育龄女性最常见的生殖功能障碍之一，约有 5%～20% 的育龄女性因此受苦。比 PCOS 更罕见的女性生殖系统疾病包括 CAH，我们在上一章讲到过。如果不治疗，一直到成年，CAH 女孩肾上腺依旧会持续分泌多余的睾酮。

我们再看看男性。有些男性睾丸功能不正常，有些男性要靠吃药抑制睾丸功能，还有些男性根本就没有睾丸。[42] 患有男性生殖系统疾病的男人，睾酮水平低，甚至接近于零。还有些人在发育初期走上了男性的道路，其睾丸分泌了男性水平的睾酮，最终的外貌却不像典型的男性。珍妮的"与众不同"——CAIS，就是这种症状的极端情况。

还记得塔曼吗？他得了 5α-还原酶缺乏症，小时候看起来像个女孩，也被当成女孩抚养，结果青春期长出了阴茎和睾丸，然后就开始以男性的身份生活了。和珍妮不同，塔曼有睾丸、睾酮，雄激素受体功能正常，但缺乏一种重要的酶——5α-还原酶，因此无法将睾酮转化为活性更高的双氢睾酮。相当一部分 5α-还原酶缺乏症患者在青春期内和青春期后仍以女性的身份生活（有些患者的睾丸终生留在体内），许多性发育异常的竞技体育运动员具有 XY 染色体，但以女性身份参赛，睾酮水平很高，大多数是因为患有 5α-还原酶缺乏症。[43]

汉德尔斯曼基于大量健康的典型男性和女性数据，通过荟萃分析证明了睾酮水平的"性别二元性"。如果将性发育异常或患有其他更常见疾病的人也纳入分析，这种"性别二元性"会不会消失呢？为了回答这个问题，美国反兴奋剂机构委员会成员理查德·克拉克率领另一个研究团队进行了类似的文献综述，包括 PCOS、CAH 和性发育异常

（如 5α-还原酶缺乏症、PAIS）患者。

图 5-4 显示了 PCOS 患者（具有 XX 染色体）和 CAIS、PAIS、5α-还原酶缺乏症患者（具有 XY 染色体）的睾酮水平。[44] 克拉克的团队发现，PCOS 患者（具有卵巢）的睾酮水平虽然处于正常女性范围的高值，但仍未触及正常男性范围的低值。他们还发现，5α-还原酶缺乏症患者和 PAIS 患者（睾丸未经摘除）的睾酮水平基本上在正常男性范围内。

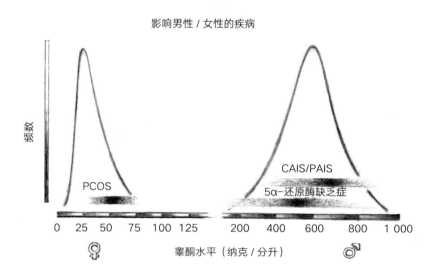

图 5-4　包括患有疾病的非典型男性、女性的血液样本中的睾酮水平

如果具有 XX 染色体的人的睾酮水平能达到甚至超过男性水平，那很可能是因为其卵巢或肾上腺长了肿瘤。若不考虑这些严重疾病，那么保持成年男性睾酮水平的唯一自然方法就是拥有一对睾丸，经历男性青春期。

当然，仅证明男性和女性的睾酮水平存在差异，还不足以说明睾酮就是男性和女性运动表现存在差异的原因。接下来，让我们回到虚构的双胞胎塞缪尔和索菲娅。或许塞缪尔比索菲娅更高、更壮，跑得更快，是因为塞缪尔拥有男性特有的"运动基因"。又或许运动表现的差异还有生物学上的其他解释。抑或父母强迫塞缪尔吃饭都吃"冠军牌"的。不过，还有内分泌学的大量证据显示，塞缪尔的运动优势在很大程度上归功于睾酮。而这一切起始于青春期。

◇ 男孩变成男人，女孩变成女人

塞缪尔在不同时期一共经历过 4 次睾酮水平的升高。首先，他在母亲子宫里就有了第一次睾酮水平的激增，让他的生殖系统和大脑男性化了。然后，他在出生后不久又有了一次睾酮水平的大幅升高，这一时期被称为"迷你青春期"，但此时睾酮水平升高的目的尚不明确。不过很快，婴儿塞缪尔体内的睾酮水平就又降了下去，变成了和婴儿索菲娅一样的极低水平，直到青春期的到来。青春期是塞缪尔睾酮水平的又一次爆发期，在这个身体发育的关键时期，他的睾酮水平猛增到之前的 20 ~ 30 倍，而索菲娅此时的睾酮水平只是略有上升。最后，塞缪尔的睾酮水平将在 20 岁左右攀升到顶峰，稳定几年，然后缓慢下降。[45] 在西方人口中，男性在 40 岁以后睾酮水平平均每年下降约 1.2%（但放眼全世界，这个数值是比较偏离平均的，在世界其他地区，尤其是工业化程度较低、规模较小的社会，由于男性的睾酮水平总体上较低，成年后下降的幅度相对小）。

青春期是有助于运动表现的特质发展的关键时期。不管是塞缪尔还是索菲娅，青春期都是由下丘脑启动的。下丘脑位于脊椎动物的大脑深处，是一个进化上古老的结构，杏仁大小，充当着神经系统和内分泌系统之间的桥梁。准备启动青春期时，下丘脑就开始释放促性腺激素释放激素（GnRH），向其下方豌豆大小的垂体传递信号。作为回

雄激素：关于冒险、竞争与赢

应，垂体也释放了自己的信号，即黄体生成素（LH）和卵泡刺激素（FSH）。这两种激素通过血液，能够抵达索菲娅的卵巢和塞缪尔的睾丸。这套信号系统叫作下丘脑-垂体-性腺轴，是控制性激素分泌以及精子、卵子产生的核心机制，如图 5-5 所示。

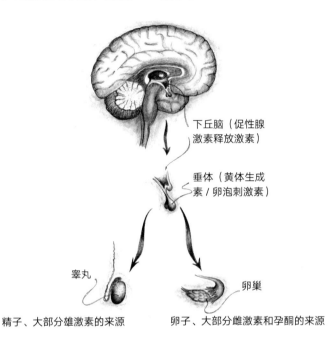

下丘脑（促性腺激素释放激素）

垂体（黄体生成素 / 卵泡刺激素）

睾丸

卵巢

精子、大部分雄激素的来源

卵子、大部分雌激素和孕酮的来源

图 5-5　下丘脑-垂体-性腺轴

索菲娅和普通女孩一样，在 11 岁前后进入了青春期。在卵巢接收到垂体的信号后不久，她就长出了阴毛，乳房也开始发育，青春痘冒了出来，长高的速度也变快了。一年之后，索菲娅就迎来了初潮。而塞缪尔在 12 岁半（男孩普遍比女孩晚一到两年）进入青春期，也长出了阴毛，皮肤开始出油。与此同时，他的阴茎和睾丸开始变大，嗓音变哑，声调变低。一年半以后，他第一次体验了遗精。没过多久，塞缪尔就长得比妈妈还高了。虽然索菲娅开始加速长高的时间比塞缪尔早，但结束得也早。[46]

在之后的三四年里，塞缪尔和索菲娅变成了青少年，不再是小孩子了。虽然还不是成熟的男人和女人，但他们已经有了生育的能力。为了成功繁殖下一代，索菲娅和塞缪尔的身体发育肯定会截然不同。首先，他们得能制造小小的载体，也就是配子，以便将基因传递给下一代。为此，配子生产工厂，也就是睾丸和卵巢投入了运营。如果一座工厂不能将产品运送给客户，那就是在浪费金钱，人体同理，如果没有输送系统来运输精子，或者没有场所来容纳、滋养发育中的胎儿，精子和卵子也就没有存在的意义。性激素水平的不断提升能够让人体在精子、卵子成熟的同时，做好使用它们的准备。经过长期的进化，人体在精子、卵子不宜使用的时期，是不会耗费能量去维持其他辅助繁殖的身体特征的，比如女性在童年和老年时期的性激素水平就很低。

第二性征是在青春期出现的身体特征，如乳房发育、声调变低等，我们可以通过第二性征更容易地分辨一个人是男性还是女性，它们是性激素分泌的结果。索菲娅的臀部、乳房、大腿开始囤积脂肪，同时骨盆开始变宽，这些也属于第二性征。索菲娅的骨盆变宽，为的是留出足够的空间，让胎儿能够通过，而多余的脂肪则是为了让她能在自己体内从零开始孕育另一个人，以及在孩子出生后分泌母乳来滋养。塞缪尔看似只需要提供精子，躲过了其他工作，实则要靠更多的肌肉和更大的体形来争夺地位或资源。地位或资源能够帮助他吸引异性，也能帮助他抚育后代。因此，高水平的睾酮除了能让塞缪尔的生殖系统发育成熟，还能让他发育出比索菲娅更魁梧的身体，包括更长、更强壮的骨骼，以及更多的肌肉。

不管是塞缪尔还是索菲娅，他们体内的性激素都像是一支激素小队的队长，小队中有许多其他激素，如生长激素（顾名思义，你能猜出它的作用吧）、胰岛素、胰岛素样生长因子1（IGF-1）、甲状腺激素等。这些激素能够协同作用，一起改变塞缪尔和索菲娅的身体，让他们的身体更适于繁殖。性激素在这个过程中起主导作用，但完成任务需要小队内所有"成员"的帮助。

进入青春期后，要不了多久，塞缪尔在掰手腕时就能轻松赢过索菲娅了。塞酮在生长激素、胰岛素样生长因子 1 两种激素的协同之下，促进了肌蛋白的合成。有些干细胞还没有决定变成肌肉还是脂肪，塞酮能影响它们的决定，"催"它们变成肌肉，积极地"说服"它们不要变成脂肪。塞缪尔体内更高浓度的塞酮还能让他的肌纤维增粗，让他拥有更大块、更强健的肌肉。[47]

索菲娅的塞酮水平更低，但雌激素水平更高，这意味着和塞缪尔相比，她会把摄入的能量更多地转化为脂肪，而非肌肉。在青春期，虽然二人都在囤积脂肪，但索菲娅囤积脂肪的速度可以是塞缪尔的两倍！十八九岁的时候，二人的身体都将停止青春期的发育，达到稳定的成年形态，此时，塞缪尔的去脂体重（去除脂肪组织后的体重）大约是索菲娅的 1.5 倍。额外的脂肪能够增强索菲娅的繁殖能力，但在运动方面，这往往意味着她要比塞缪尔承受更大的自重。这就像大自然给索菲娅的身上绑了几袋面粉，却什么负重也没给塞缪尔。如果他俩比引体向上，索菲娅根本没有胜算。[48]

不过，我还是要花点儿时间来强调，索菲娅做引体向上输给塞缪尔并不是"生理上注定"的。各种生活习惯的差异，哪怕是父母多鼓励几句，都可能让索菲娅在任何运动中击败塞缪尔。如果塞缪尔整天窝在沙发上打游戏、吃蛋糕，而索菲娅刻苦训练、饮食健康，那她的胜算必然大大增加。成长环境、家庭教养、文化背景、个人习惯都能影响人们的运动能力，这是肯定的，但在其他各种条件都相同的情况下，塞缪尔享有运动优势的概率更大。这不只是因为他肌肉更多，骨骼的差异也是重要因素。

骨骼中既有雌激素受体也有塞酮受体，两者都会参与长骨的生长，但雌激素起主导作用，这一点男孩和女孩都一样。[49]那为什么塞缪尔在青春期骨骼长得比索菲娅多呢？你要记住，所有的雌激素都是睾酮在芳香化酶的帮助下转化而来的。直到 20 世纪 90 年代，雌激素对男孩骨骼生长的重要作用才得到重视。当时，人们研究了少数罹患芳香化酶缺乏症的男孩，他们体内编码芳香化酶的基因发生了突变，导致他们无法产生雌激素——没有芳香化酶，他们的身体就无法将睾酮转化为雌激素。这些缺乏雌激素的男孩，以及成年后的他们，都有和过去的宦官一样的骨骼问题。他们长得很高，四肢颀长，但骨骼脆弱，同时伴有其他代谢问题，证明了雌激素对男性的生长和健康也很重要。医生最初尝试给他们注射睾酮来治疗，但没有效果（因为他们本身就有足够的睾酮），后来给他们打雌激素，他们的骨密度才恢复正常。治疗前，患病男孩在本质上其实相当于将童年的骨骼生长期延长了，施用雌激素后，骨骼的"童年生长"才终于停止。[50]

增加的雌激素（来自男性的睾酮）既能在青春期的大部分时间里促进骨骼生长，也能在青春期末期让骨骼停止生长。（雄激素也有促进骨骼生长的作用，但其作用不如雌激素那么重要。）女孩长高可能会领先男孩一小段时间，因为她们进入青春期的时间比男孩早一两年，身高突增"快男孩一步"，但她们结束得也早，十四五岁基本就不会再长高了。[51]男孩会晚一两年进入青春期，但这一两年可以让他们比女孩进入青春期的时候更高，帮助男孩在十六七岁青春期结束后，达到更高的成年身高。不论男女，身高的突增都会在青春期末期雌激素水平达到高值时结束，此时，雌激素能够让长骨的生长板闭合。

塞缪尔的骨骼更粗、更强健，是他的肌肉总量增加、睾酮水平升高的结果。在青春期，骨骼结构对机械负荷尤其敏感，能根据负荷的大小发育。和女孩相比，青春期男孩的肌肉能够给发育中的骨骼施加更大负荷，更大、更壮的肌肉不断牵拉着塞缪尔的骨头，让骨骼相应地吸收了更多矿物质，增加了密度和直径。这些结果（延长、增粗、强化）基本上是永久性的，即便等到塞缪尔成年，睾酮水平减少到和索菲娅差不多

　　　　　　　　　　　　　雄激素：关于冒险、竞争与赢

的时候，他在骨骼强度上依然有优势（更不用说身高了）。

　　此外，在青春期睾酮水平的升高还能让塞缪尔的血红蛋白水平提高，男性平均比女性高 12% 左右，几乎所有成年哺乳动物也是如此。血红蛋白是红细胞内的一种蛋白质，能将氧气从肺部运输到肌肉，促进肌肉的活动，提高肌肉的耐力，还有其他作用。（这种影响不是永久性的，塞缪尔或索菲娅在成年后也可以通过改变睾酮水平的方式调控血红蛋白水平。[52]）

　　以上是睾酮诱导的青春期变化，此外，塞缪尔还能终身受益于睾酮的日常影响。高浓度的睾酮能让他的第一性征（阴茎、睾丸、内生殖器）终生处于工作状态，也能维持第二性征，尤其是骨骼强度和肌肉体积。此外，高浓度的睾酮能让他的血红蛋白水平维持在高位，增强有氧能力。睾酮还能让他脂肪减少，如果再加上高强度训练，那塞缪尔的运动表现必将力压索菲娅。（男性睾酮水平低可能会导致勃起功能障碍、睾丸萎缩、精子产量过低。在后面的章节中我们还会讨论，如果成年的"男变女"变性人不觉得上述特征是优势，决定抑制睾酮水平，会发生什么。）

◇ 睾酮、肌肉和睾酮怀疑论者

　　你可能会想，睾酮能增强肌肉，这不是明摆着的吗，看看美国职业棒球大联盟名宿巴里·邦兹、马克·麦奎尔服用合成类固醇前后的对比就知道了！更重要的是，研究人员在实验中阉割过动物，使动物的雄激素受体失效，降低过动物的睾酮浓度，结果肌肉的变化和人们预测的也完全一样。类似的实验在人类身上也能呈现同样的规律，只不过被试变成了接受跨性别激素治疗的变性人、服用睾酮补充剂的老年人，以及进行睾酮阻断治疗的前列腺癌患者。

尽管如此，睾酮怀疑论者还有别的办法来挑战无可辩驳的结论。以下例子还是来自乔丹·扬和卡尔卡齐斯所著的《睾酮外传》。他们引述了有史以来在睾酮领域最精准、最有影响力的一项研究，其领导者是内分泌学家沙伦德·巴辛，主题是睾酮对男性肌肉的影响：

> 要想证明睾酮能增强肌肉，巴辛的经典实验就是你首选的证据。但你要是想知道这种论断背后有什么局限性，不妨也去了解这项研究。首先，为了研究睾酮对肌肉的影响，巴辛团队必须给被试施用大剂量的睾酮，比过去对这一问题的研究的用量多 6 倍。其次，即使在这么高的睾酮水平下，肌肉尺寸尤其是力量显著增加的被试也仅限于有定期锻炼习惯的人。单靠睾酮并没有显著作用。[53]

以上段落只有一个问题，那就是加着重号（着重号是我自行添加的）的两句话都是两位作者凭空捏造的。巴辛的实验室做过好几个这方面的实验，《睾酮外传》引述的只是其中一个，1996 年开始做的，专门研究极高浓度睾酮对肌肉生长的影响，不是为了确定睾酮到多高浓度才开始影响肌肉生长。而且，就算只通过这个实验，研究人员也发现睾酮能增加不锻炼的人的肌肉体积和力量。《睾酮外传》最大的错误是：注射了睾酮且锻炼的被试，比注射了睾酮但不锻炼的被试增肌多，但二者均比注射安慰剂的被试增肌多。当然，锻炼加注射睾酮"双管齐下"肯定增肌效果更显著，但"睾酮本身"的作用也够显著的了。

接下来，我们来好好看看巴辛的另一个实验。该实验探究了不同浓度（低于正常男性水平、等于正常男性水平、高于正常男性水平）的睾酮影响力量和肌肉体积的程度。

这个实验是 2001 年做的，也很有影响力。实验中，巴辛团队给 61 名年轻男性（18 岁到 35 岁不等）施用了不同剂量的睾酮，并观察 20 周。为了完全控制被试的睾酮水平，团队在实验开始前预先阻断了被试睾酮的自然分泌。该实验使用了效果最佳的研究方法：所有被试按接受的睾酮剂量被分为 5 组，每个人随机入组，无论是被试本人还是研究人员都不知道每个人接受的睾酮确切是多少（这种科研方法叫作随机双盲实验）。所有被试在整整 20 周时间内未做任何负重运动。实验结束后，研究人员评估被试肌肉体积和力量的变化，总结出了被试的大腿肌肉体积、股四头肌体积、腿举重量和去脂体重随睾酮剂量变化发生的变化：睾酮水平越高，数值增加越多。由图 5-6 可见，即便没有锻炼，在健康、正常的浓度范围内，睾酮也能显著增加肌肉体积，增强力量。最重要的是，另一个研究团队使用同样的方法成功重复了这个实验，其他人做的实验也得出了类似的结果。[54]

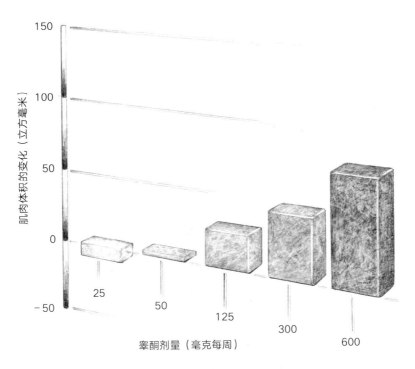

图 5-6 巴辛等人的研究结果（2001 年）

我花了这么多笔墨介绍巴辛的研究方法和实验发现，是因为我想让你理解我写本书的一个初衷：关于性和激素，坊间流传着很多不准确或误导性的说法，其中"受害"最大的就是睾酮。巴辛的实验就是最好的例子。要想研究睾酮和肌肉的关系，他的实验是你首选的证据，但居然还能被人说成能证明"睾酮增肌理论背后有局限性"。说实话，巴辛团队做的这个实验，还有他们的其他实验，能证明的恰恰就是"没有局限性"。

　　这种对科学的歪曲不只出现在关于睾酮的书中，还不断地出现在报纸、杂志、采访里，给科研工作、探索它的科学家和想要了解事实的外行人制造了诸多障碍，也让我这个科学教师的工作更难了。我要花时间纠正人们对早就被证明过的科学原理的误解，更别说捍卫科研工作的尊严和价值了。当科学被曲解，论文被断章取义时，人们就会茫然不解，会误入歧途，我们就会失去了解自己和周围世界的最强大的工具之一。巴辛的实验是内分泌学领域内最严谨、精心设计的研究之一，我们应该给这种强有力的科学以立足之地，并用研究结果为我们的思考、讨论和政策提供信息。

　　总而言之，睾酮能够增强肌肉，男人比女人的睾酮水平高，也就比女人拥有更强的运动优势。

◇ 先天具有睾酮水平差异的运动员

　　根据目前的证据，我想你也学会预测了：性发育异常（如 5α-还原酶缺乏症）的女子组运动员，其睾酮水平在正常男性的范围内，其就一定会比睾酮水平在正常女性范围内的女运动员成绩更好。事实上，这正是我们所发现的。据估计，性发育异常的女性在竞技体育女运动员中所占的比例，比其在普通人群中所占的比例高 140 倍。[55]

　　　　　　　　　　　　　　雄激素：关于冒险、竞争与赢

根据一项全面的文献综述，患有 PCOS 的女性的睾酮水平的上限一般在男性正常睾酮水平范围下限的一半左右，但仍可能比正常女性高 5 倍。[56] 虽然得了 PCOS 也挺不好受的，而且可能影响生育能力，但这完全不妨碍女性参与体育运动。

　　鉴于 PCOS 女患者的睾酮水平较高，我们可以合理推测她们在竞技体育女运动员中所占的比例也很高，虽然和患有 5α-还原酶缺乏症的运动员（有睾丸，睾酮水平高得多）比起来，她们的优势应该不大。重申一下，这是我们统计出来的结果。有一项研究统计过 90 名瑞典籍的奥运女选手，其中 37% 患有 PCOS，是同年龄段的普通人发病率的约 3 倍。[57]

◇ 更多质疑

　　睾酮能让男孩成长为体形更大、速度更快、身体更强壮的男人，这是已经写入内分泌学教科书的内容，但即便如此，有时候质疑的声音听起来也挺有说服力的。

　　有一种流行的说法，常常被媒体拿来形容患有 5α-还原酶缺乏症等性发育异常的女运动员，就是"天生睾酮水平就比较高的女性"或者"高雄激素女性"，但媒体对她们的性发育异常就绝口不提了。这种说法有点儿像把她们类比成了奥运会游泳冠军菲尔普斯。菲尔普斯天生臂展异常宽，但你如果去调查一下男性的普遍臂展宽度范围，就能发现菲尔普斯的臂展宽度也在正常范围内。诚然，菲尔普斯算是中了基因彩票，这么高的起点让他获得了大量训练之外的优势，但从本质上讲，他依然是个发育正常的男人。

　　然而，有些以女性身份参赛和生活的运动员拥有 XY 性染色体，还有能分泌睾酮的睾丸，可并不是一般的新闻报道中写的那样，是"被迫减少自然产生的高浓度睾酮"的女人。以下这段文字是 2019 年《纽约时报》一篇文章的开头部分，整篇文章讲的是国际体育仲裁法庭就塞门亚等运动员的睾酮水平限制做出的决定：

> 本周三，国际体育最高法院就谁可以参加女子比赛的问题，做出了具有里程碑意义的裁决。法庭表示，睾酮水平自然升高的女子田径运动员必须降低其激素水平，才可以参加奥运会等重大国际赛事中的部分田径比赛。[58]

当然，这个问题很敏感，因为像塞门亚这样的运动员在日常生活中的身份是女性，人们也想尊重她们自己的性别认同和个人隐私。然而，《纽约时报》的这篇文章却故意模糊了男性水平的睾酮在发育关键期和成年后给运动员带来的身体影响。如果要把这篇报道写得更中肯，开头应该说："这些自我认同为女性的田径运动员体内长有睾丸，可以产生相当于男性水平的睾酮……"

我们如果要基于人们的性别特征做重大的政策决定，就必须把相关事实弄清楚。在重要的讨论中用具有误导性的生物学论据来混淆视听，对谁都没有好处。我们不需要用歪曲科学发现和曲解科学术语的方式来尊重人的人权、个性和价值。在任何情况下，我们都应该遵守这个准则。

睾酮能够通过增加血红蛋白的量，给身高、肌肉量、力量和有氧能力带来巨大影响，进而给一个人的运动表现带来明显优势。有些人认为，如此关注睾酮水平是不公平的，因为每个人生而不同，许多方面的自然差异都能影响运动表现。但是，除了年龄和健康状况之外，恐怕也没什么其他因素能像睾酮水平一样，在运动能力有差距的大规模人群之间划出如此清晰、一致的界限了。

◇ 体育运动中的"性别隔离"

塞门亚并不是第一个"以身试法"挑战体育运动中的"性别二元论"的人。国际田联和国际奥林匹克委员会的目标是确保公平竞争，但两者也想保障生物学特征更接近男性，但想以女性身份参赛的运动员的权益，长期以来这两个组织一直试图平衡这两点，但都失败了。现行的政策强制女性接受性别测试，想验证女性是否拥有"正确的"生殖器官、"正确的"基因和"正确的"性染色体。然而，总的来说，这些测试根本就不准确，还常常让运动员备感屈辱。[59]

1966 年，在布达佩斯开赛的欧洲田径锦标赛首创了强制性"裸体展示"，这成了性别测试史上的一大污点。所有运动员都反对（用"反对"这个词都是轻的）参加，其中体格健壮、身高约 1.88 米的美国铅球运动员马伦·塞德勒回忆道："他们让我们在一个房间门口排成一队，房间里有三名医生并排坐在桌子后面，你只能进去，拉起上衣，脱下裤子，让他们看。然后你还得等着，等他们商议决定你够不够格。我记得我排队的时候，前面有个短跑运动员，个子小小的一个女人，摇着头走出来说：'我没通过，胸太小了。他们说我不能比赛了，必须回家，就因为我的胸不够大。'"[60]

体育运动要搞"性别隔离"，是因为睾酮能在青春期给男性带来强大的优势，而且这种优势能在整个成年期一直保持。如果不进行"性别隔离"，所有没经历过男性青春期的人都可能会被排除在竞技体育之外。然而，"性别隔离"是一把双刃剑。如果你从小到大都被父母当女孩养，周围的人也都当你是女孩，你自己的性别认同也是女性，甚至法律都认可你是女性（有些地方的法律允许将出生时为男性的人登记为女性），那你当然想以女性的身份参加比赛了。

如果你是一名跨性别女性，你很可能也会觉得自己有权利参与女子项目的竞争。之所以会出现这种困境，是因为有些有正当理由参与女子项目的运动员，也占到了经历男性青春期带来的身体上的好处，而且就算经历了"男变女"的性别转换，这些好处也不会随着体内睾酮浓度的降低而全部消失。有人在服药抑制睾酮并提高雌激素水平一年之后再进行检测，虽然许多与运动相关的"高睾酮优势"的确减少，如血红蛋白水平回落至女性正常范围，但骨骼大小（当然也包括身高）却不会变化，而且由睾酮强化的骨骼强度也会保留很多。虽然专家和社会活动家仍在争论力量和肌肉体积的下降到底有多少，但已有证据证明，典型男性水平的力量和肌肉量不会完全消失，虽然个体差异很大。有些跨性别女性完全保留了肌肉，有些则大幅损失了肌肉。不过有一项研究的结果是很明确的，那就是当"女变男"的跨性别者的睾酮水平从女性范围升至男性范围时，其肌肉增加量远大于"男变女"人群的肌肉损失量。不过，这项结果调查的跨性别者不是竞技体育运动员，因此受过专业训练的运动员在睾酮水平降低后受到的影响可能有所不同。[61]

但无论如何，不管我们想出什么样的办法来解决这个关于谁能参加女子体育比赛的难题，必然都会有人感到委屈，这是可以理解的。这个问题很敏感，可能导致污名化和歧视，我也没有更好的解决办法。

我想把这一章的最后留给国际体育仲裁法庭。针对对性发育异常运动员的规定，塞门亚把国际田联告上了法庭。2019年，国际体育仲裁法庭审理了此案。塞门亚及其代理律师认为，该规定"缺乏可靠的科学依据，对确保女子项目公平竞争实无必要，还可能对女运动员造成严重的、不合理的且无法弥补的伤害"[62]。在听取了包括汉德尔斯曼在内的多名专家的意见之后，法庭驳回了塞门亚的上诉请求，但他们也在判决书中写道：

专家组对塞门亚女士在艰难的诉讼过程中表现的风度和

毅力表示尊敬，并对她亲自到场，以及在整个过程中表现的
模范行为举止表示感谢。[63]

　　内分泌学本身并不能判断像塞门亚这样的运动员究竟是否应该被
允许参与女子比赛。无论你对这个问题有何看法，我们都应该认同，
塞门亚和其他有类似差异的运动员应该得到尊重，人们也必须依照事
实，公平地裁决其案件。

CHAPTER 6

ANTLERS AND AGGRESSION

鹿角与攻击性：
竞争与选择

◇ 智慧 11

2019 年 10 月初的一天，我在苏格兰西海岸拉姆岛的一片岩石山坡上找了个凹处坐了下来。这个地方既能避开刺骨的凉风，还能一览壮阔的风景。基尔莫尔河谷在我面前伸展开来，连绵起伏的丘陵从河谷后面一直延伸到我的右手边。丘陵的地表覆盖着矮草，偶尔点缀着粗粝的岩石。我左边是基尔莫里海湾，海浪不停地拍打着崎岖的海岸线。

我来拉姆岛是为了参观岛上马鹿项目的研究基地。从读博那会儿我就想来了，不过过来一趟要分好几步：首先要坐飞机飞过大西洋，然后坐 5 个小时的火车穿越风景宜人的苏格兰高地，在苏格兰西部风景如画的小镇马莱格休整一夜之后，再乘早班渡轮抵达拉姆岛。拉姆岛上有人类 33 名，却有马鹿约 1 000 头。[1] 基地目前有两位研究助理，其中一位叫阿里·莫里斯。我来那天，阿里在码头接上我之后，开着基地的路虎，沿着连绵起伏的砂岩山丘上的土路把我送到了基地。一路上，苔藓和小草铺了一地。刚到基地附近，我就听见了马鹿的声音。雄鹿的咆哮低沉、洪亮，它们正在用叫声争夺心仪的雌鹿。

从我坐着的这片山坡看过去，可以看到一头高傲、威严的雄鹿，研究人员叫它智慧 11。在基地，雄鹿的起名规则是母亲的名字加出生年份。智慧 11 高高地昂着头，头上长着巨大的鹿角，脖子又长又粗，还长有蓬乱的鬃毛。它的鹿角从头顶两侧向上生长，向外发散，到顶部时再次分叉，最后每一根上竟生出了 5 个锐利的尖端，长度约 90 厘米。在智慧 11 的眼睛上方，头顶生出两根较短的分支，位置正好能戳到对手的眼睛。从正面看，它的身体相当庞大，但支撑身体的四条腿却很修长。像智慧 11 这种魁梧的雄鹿，体长一般可达 2.1 米，重量大概 200 千克。

22 头更瘦、更小、没有鹿角的雌鹿围在智慧 11 身边，是它的

"后宫佳丽"（见图6-1）。"美人相伴"的场面让它显得更魁梧、更气派了。在我所在的这片山坡以及旁边狭长的山谷周围，还有另外5个规模较小的"后宫"，每个"后宫"都有一头雄鹿。

图6-1　智慧11和"后宫"的几头雌鹿在一起

拉姆岛上的10月是马鹿交配的高峰期，也就是所谓的发情期。此时，这座岛充满活力，当然，还充满睾酮。如果你想看看睾酮、性和攻击性之间的关系如何在野生动物身上体现的话，那全世界再也没有什么地方能比这里更能提供直击人心的实例了。

我看过很多关于这个马鹿种群的资料。从1953年起，人们就开始登岛研究岛上的马鹿种群了，这个基地基本上是全世界研究野生脊椎动物时间最长的。基于这个基地所做的研究，人们已经发表了100多篇论文和3部著作，其中包含了进化生物学领域的诸多开创性成果。我已经看了不少数据，知道了雄鹿的年龄、体形和鹿角的生长情况都会影响它们能获得雌鹿的数量，以及赢得竞争的雄鹿比输掉竞争的雄鹿能多生多少后代。讲课的时候，每次讲到进化如何塑造雄性动物的攻击性和交配行为时，我也常把这些数据当作力证讲给学生。

但此时此刻，基地的鹿群就在我的眼前。赢得竞争的雄鹿被"后宫佳丽"簇拥着，输掉竞争的雄鹿只能落单（至少是暂时落单），独自四处游荡。光我目力所及之处，至少就有 6 头雄鹿在智慧 11 的领地外围活动，对它的"后宫"虎视眈眈。有的就在山谷里，离"后宫"很近，有的则在山坡上相对安全的地带。

每一头雄鹿都渴望获得领地和"后宫"，但每个发情期都只有极少数能够成功。[2] 一般来说，许多雄鹿至少能在一段时间之内守住一头雌鹿，但像智慧 11 这样的"成功鹿士"一出现，就有大量"鹿兄弟"要在整个发情期都打光棍儿了。什么样的性状能让雄鹿"身居高位"且坐拥"后宫佳丽"呢？其实很明显，雄鹿需要身材高大、强壮、健康，既不能太年轻，也不能太老，最好在 7~10 岁。[3] 适龄好就好在能保证雄鹿体形合适、经验丰富，而且鹿角的尺寸和力量都在巅峰期，这可是每场打斗的关键。两头雄鹿在厮杀时，会把鹿角别到一起，用力推、压对方。太小、太弱的鹿角，在这时候就成了劣势。

无法通过"短兵相接"的方式尝到甜头的雄鹿，就只能想别的办法，更有"创意"地"找对象"了。有几次，我在想站起来活动活动筋骨，或者想去看看山麓更好的景色时，都会被几米外潜伏的只身雄鹿吓到（我知道马鹿很少袭击人，但我依然很紧张，它一旦想要攻击，不费吹灰之力就能杀死我）。有时候，没有"后宫"的雄鹿会躲在山坡的岩石之间，等待像智慧 11 这样的"一家之主"应接不暇的时刻。鹿群的"一家之主"责任其实很重，它要驱使雌鹿成群活动、和雌鹿交配，还要驱赶入侵的其他雄鹿。一旦逮住机会，周围饥渴的雄鹿就会壮着胆冲进智慧 11 的领地，希望能"捡漏"，和一头雌鹿交配（但基本上失败了）。雌鹿的发情期很短，最短只有两个小时，而且雌鹿在发情期能散发特殊味道，吸引附近没有"后宫"的雄鹿。基地的人喜欢管这种盯着别人家"后宫"的雄鹿叫"鬼鬼祟祟的浑蛋"。但这种策略其实降低了风险，对年轻的雄鹿尤其有利。它们抓住了大胆行动的机会，还避免了直接挑战统治者带来的受伤风险，虽然概率不大，但这种策略是有可能真的实现交配的。[4]

智慧 11 高高地站在小土丘上，环视四周。它仰起头，把巨大的鹿角"背"在了背上，远远望去，显得体形更可怕了。紧接着，它开始吼叫，一声接一声。突然，我听到了一连串不一样的吼声。有别的马鹿在回应它，是在它身后山坡上踱步的另一头雄鹿——塔特勒 06。塔特勒 06 还是单身，它从山坡上跑下来，正慢慢地靠近。智慧 11 也转过了身，面对来客。

在发情期，这样接近对方，绝对不是为了表示友好。这是一种对个人空间广阔边界的侵犯，是一种直冲面门的挑战。它俩都停了下来，直挺挺地站立着，看着对方，不停吼叫着，对峙了几分钟。到这个阶段，许多来犯的雄鹿自知获胜机会渺茫，因此会纷纷采取保守的做法，也就是逃跑。但塔特勒 06 不然。它想让冲突升级，于是两头雄鹿开始走向冲突的下一步：平行行走。

和人一样，雄鹿也不会贸然卷入肢体冲突。[5]打斗是有风险的，而且相当耗费体力，最好留到值得冒险的时候，一般就是可以获得雌鹿，或者提高统治地位，有助于以后获得雌鹿的时候。雄鹿为打斗而生，甚至会打到你死我活的程度。但如果可以仅靠恐吓就吓退对手，那自然还是不打为妙。一般来说，它们吓退对手的方式就是炫耀体形、武器和意图，这些炫耀当中包含许多有价值的信息，是双方都很关注的。举个例子，基地发现吼声可以诚实地显示战斗能力。体形更大、身体更健康、赢得最多打斗的雄性，其吼声更响亮、更深沉、更频繁。这种信号是无法伪装的，只有真的拥有那种力量、那种体形，而且当时有充沛精力的雄鹿才能发出这样的吼声。[6] 而这些特质正好就是"常胜将军"必需的。[7]

如果通过评估战斗力就能确定谁是老大，而不用真的打上一架，那对双方都是有利的。失败者不会丢掉小命，以后还有机会再战和交配，而胜利者则保住了"后宫"（不过，如果失败者有自己的"后宫"，那胜利者就有可能将其霸占）。只有当对阵双方都认定自己胜券在握的时候，或者当入侵者被雌鹿发情的气味搞得实在把持不住，于是头脑一热冲进不属于自己的领地，试图偷走交配机会的时候，真正的身体上的打斗才会发生。

在打斗中，力量并不是一切，技巧和耐力同样重要。剑桥大学的进化生物学家蒂姆·克拉顿-布罗克长期在拉姆岛基地做研究，他这样描述：

> 许多行为因素都会显著影响个体的获胜机会。有些雄鹿打得很有技巧，善于利用地表、斜坡和对手的动作，但有些则不会。还有些雄鹿意志坚定，就算被体形更大的雄鹿击退好几次，也依然顽强地坚守阵地，但也有些则很容易放弃。[8]

这里提到的这些无形的品质很难提前评估，雄鹿在打斗开始前难以得知对手的情况，自己的胜算可能只有等真的打起来才能知晓。图6-2是雄鹿打斗时的样子。

智慧11和塔特勒06慢慢靠近对方，昂首挺胸，炫耀着它们强壮的脖颈和鹿角。它们踏着僵硬、缓慢的步子，想最大限度地展露自己造成伤害的能力。随后，两头雄鹿转了个身，开始平行行走。它们相距大约5米，目视前方，紧张地来来回回踱步好几分钟。突然间，塔

图6-2 打斗中的雄鹿

特勒06转过身来，面朝智慧11低下了长有武器的头，这是正式邀战的信号。智慧11扭过身面对对手，接受了邀战，也把头低了下来。顷刻间，它们的鹿角就对撞在了一起，传出硬骨撞击的声响。我看着它们用尽全力互相推搡，试图把对方弄得失去平衡，摔在地上。如果其中一头摔倒，就给了获胜的雄鹿把鹿角刺进对手脖子或肚子的机会，那它必不会"角下留情"。[9]

紧接着，打斗停止了，停止得和开始一样突然。两头雄鹿放开了对方，恢复了平行行走，仿佛几秒之前，它们都没想戳瞎对方的眼睛。这种"和平"持续了一分钟左右，塔特勒06又一次低下头，请求继续打斗。这一切让我觉得颇具绅士风度，公平公开，绝无作弊、耍手段之嫌。我读书这么多年，又教书这么多年，知道的所有打斗前的"仪式"，它们都还在遵守。第二轮打斗耗时不长，不到一分钟。没过多久，塔特勒06就撤退了，回到了安全的山坡上，而智慧11则退回了"后宫"。

在拉姆岛的4天里，我目睹了十几场这样的打斗，有的时间长些，有的时间短些，有一次有马鹿把鹿角刺进了对手的脸，造成了流血伤害。我甚至还见到了智慧11去挑衅邻居格拉里奥拉09。后者的"后宫"只有4头雌鹿。一场短暂的打斗之后，格拉里奥拉09被赶跑了，4头雌鹿都成了胜利者的战利品，而智慧11则把它们尽数收入"后宫"，让自己本就壮大的"后宫"更充实了。

雄激素：关于冒险、竞争与赢

虽说那几天我关注最多的是雄鹿的种种行为，但雌鹿的行为也很有意思。和雄鹿一样，雌鹿最关心的也是要做些什么才能繁殖后代。对雌鹿来说，繁殖需要偶尔交配不假，但最重要的还是吃、睡，以及躲避"一家之主"的骚扰。雄鹿不喜欢雌鹿跑得太远，也不喜欢雌鹿在自己想交配的时候不配合，所以雌鹿就学会了顺从，以免被雄鹿吼叫、追逐甚至踢打。（不过要注意，雌鹿并不一定非要跟随某一头雄鹿，如果它真的不喜欢，它可以随时逃去其他雄鹿的"后宫"，或者出去单过。）如果一切顺利，雌鹿身体健康，也获得了必需的营养和热量，它的小宝宝就将在第二年春天诞生。

雄鹿区别于雌鹿的显著特征，包括雄鹿有强烈的打斗和交配的欲望，且常常能在这两种状态之间快速切换，我想，你应该能猜到是哪种激素的"功劳"。睾酮如何激发竞争，甚至导致成年雄性动物之间暴力相向，又为什么要激发这种竞争？拉姆岛上的马鹿就是完美的例证。

◇ 冷静下来

在一年中的大部分时间里，智慧 11、塔特勒 06、格拉里奥拉 09 等雄鹿之间的竞争风险都很低，因为雌鹿无法怀孕，也就没什么性吸引力。雌鹿会与雄鹿分开生活，大多数与雌性亲属聚成一群，吃吃喝喝、照顾幼崽。在单身鹿群里，雄鹿之间依然有等级之分，但就算真的有冲突需要化解，雄鹿也很少"展开大战"。此时的它们不会吼叫，不会平行行走，也不会拿鹿角顶来顶去，因为发情期过后，鹿角就脱落了。

雌鹿全年都过着相对平和、稳定的生活，虽然偶有小冲突，但不会诉诸暴力。它们打架的方式是追逐、拿鼻子轻推，或者"拳击"。不过"拳击"非常罕见，指的是先用后腿踢，然后后退几步，再用前腿搏斗。（这种"拳击"也是雄鹿在非发情期的打斗方式。）雌鹿群体中还有个"女王"，它享有去最好的区域觅食的更多机会，身体条件也更好，一生中生育的能活下来的后代也就更多。[10] 不过，由于不像雄鹿那样每年都有竞争的目标（繁殖机会），所以雌鹿并没有那么强的攻击性，它们只要吃饱饭、养好身体就够了。一头成功的雌鹿每年可以生下一头幼崽，一生最多能生 14 头，但一头成功的雄鹿，比如智慧 11 一年内就能生 7 头，一生总共能生 30 头左右。[11] 2018 年，智慧 11 生了 15 头幼崽，占当季出生的幼崽总数的 1/4，创下了拉姆岛雄鹿的产崽纪录。[12] 而它所在的群体，可有将近 90 头成年雄鹿呢。

虽然要实现不同的繁殖策略，但不管是雄鹿还是雌鹿，都需要大量能量，还需要对应的性激素来按需分配能量。[13]

一个忙碌的、占主导地位的"一家之主"可没时间在发情期有细嚼慢咽这样的"奢侈习惯"，它只会把 5% 的时间花在进食上。[14] 所以在繁殖淡季，雄鹿也会花费大部分时间来吃饭、休息，过一过雌鹿一整年的生活方式。雄鹿还得抓紧时间储存脂肪，为专注于竞争和交配的时节积蓄所需的能量。此外，它们得小心避免受伤。如果脾气暴躁，那就无法实现上述目标，所以在非发情期大家都冷静下来，就可以实现共赢。

一种生理变化可以促进雄鹿平心静气：发情期过后，雄鹿的睾丸会慢慢停止活动，其血液中的睾酮浓度会降到非常低，就像被"暂时阉割"了一样。不需要繁殖后代，那就不需要精子和睾酮了，其结果就是雄鹿都冷静了下来。

◇ 挺起鹿角

夏末秋初，白天逐渐缩短，雄鹿的睾丸从沉睡中苏醒了，其体积

　　　　　　　　　雄激素：关于冒险、竞争与赢

将会增大，重量会增加两倍，并将产生的睾酮增加到最高水平。[15] 在发育初期，睾酮已将雄鹿的身体和大脑做了必需的改变，确保每到发情季节，体内睾酮浓度回升的时候，身体和大脑就能响应，完成任务，无须从头开始。早在雄鹿的生殖功能完成发育之前，睾酮就已经为它们成熟之后的积极竞争奠定了基础。出生前，睾酮让雄鹿的生殖系统雄性化；等雄鹿进入性成熟期，雄性水平的睾酮使骨骼加长、增粗，同时增加肌肉量，让魁梧的雄鹿甚至能比普通雌鹿重一倍。睾酮还能在性成熟期拉长雄鹿的咽喉。声道越长，声音就越低沉；有些男人一开口，听声音就像是当领导的料儿，雄鹿也是一个道理，声音越低沉，就越容易吓退对手、吸引雌性。[16]

进入发情期后，雄鹿体内的睾酮水平会升高至远高于产生精子所需的水平，就算睾酮水平不这么高，精子的产生也不会中断。那多余的睾酮是用来干什么的呢？是用来开战的。这部分睾酮和交配无关，是用来让雄鹿变得更有威慑力，更善于战斗的。

图 6-3 展示了马鹿的睾酮水平、攻击性、鹿角生长情况随季节的变化，可见前一年春季，雄鹿的鹿角在发情期快结束时就基本脱落了。新的鹿角随即开始生长，但在夏末之前，新生的鹿角都不太强壮，而且会被一层柔软的茸毛覆盖，像穿了一层天鹅绒外衣。鹿茸能为正在生长的骨骼提供血液供应、为它们补充生长因子和其他营养物质，因此鹿角每天都能长长近 2 厘米。[17]（在网络上，鹿茸也是热门商品，卖家声称鹿茸有减轻压力、治疗勃起功能障碍、提高性欲和力量的功效，甚至能增加睾酮的分泌。）如果这个时候的雄鹿是骑士，那么其宝剑还是塑料做的，粘在皮革剑鞘当中。

八九月，雄鹿的睾酮水平开始升高，让它们头顶的武器逐渐骨化，变得好用起来。人类体内高水平的睾酮能够增加骨骼钙化程度，从而增强其强度，而在雄鹿体内，这种钙化就会优先发生在鹿茸的部位，让鹿角骨骼的强度约是其他骨骼的 3 倍。[18] 睾酮水平更高的雄鹿，其鹿角也更结实，在打斗中更不易折断，因此，其在种群内的地位也更容易得到提升。同时，睾酮水平升高后，鹿茸的血液供应也会停止，使茸毛逐渐脱落，露出锋利的尖端。这个时候再打斗，可就不是闹着玩儿的了。

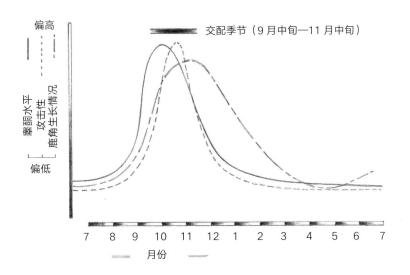

图 6-3　雄鹿睾酮水平、攻击性和鹿角生长情况随季节的变化

　　睾酮水平的升高还能让雄鹿做好进入发情期的其他准备，比如促进颈部肌肉生长，让颈部的周长增大一倍。雄鹿颈部的周长也是战斗能力的象征，这一点和人类一样，只不过颈围对马鹿来说更加重要，因为颈部肌肉越大，它们就越能充分利用强壮的鹿角，用鹿角把对手摔到地上时，就能造成越重的伤害。睾酮还能让雄鹿的颈部长出浓密的鬃毛，让颈部看起来更粗，更有威慑力。[19]

　　睾酮在雄鹿体内还有一个功能：增加红细胞的生成，从而增加氧气的输送。打斗是很累的，但如果有更多氧气被输送给工作中的肌肉，雄鹿的耐力就会增强，它们就能在打斗中坚持更长时间。[20]

　　　　　　　　　　　　　　　　雄激素：关于冒险、竞争与赢

◇ 睾酮与行为

很明显，高水平的睾酮有助于雄鹿打斗。当然，如果没有睾酮，携带 DNA 的精子就不会产生，马鹿也就无法将基因传递给后代。但我们对雄鹿的行为转变该做何解释呢？它们从温顺变凶猛，是因为睾酮直接作用于雄鹿的大脑，改变了神经回路，使其产生攻击性吗？有可能，但这只是一种假说。众所周知，相关性或关联性并不等于因果关系，就算睾酮真的能够引起攻击性，它也可能不会直接改变大脑。

有一种与之相反的假说，是说雄鹿之所以变得更具攻击性，仅仅是因为睾酮让它们的鹿角和肌肉更强健，从而影响了社会关系，进而影响了行为。或者是睾酮让雄鹿对雌鹿"性趣大发"，从而激发了雄鹿之间的竞争。又或者，攻击行为的出现根本就和睾酮没有关系，是其他因素导致的。整个因果关系是反过来的，是攻击行为的出现导致了睾酮水平的提升。

那么，我们怎么做才能找到答案呢？我再举一个广大家长都熟悉的例子吧：糖分和孩子的活动量。我的儿子格里芬每年都期待万圣节的到来，但他吃完那么多糖果之后，根本不肯按时上床睡觉。导致他晚上那么精神的是什么呢？一种假说是吃进去的糖让小孩睡不着觉，是因为身休必须把多余的能量消耗掉。许多家长都亲眼见过自己的孩子吃完甜食之后活动量增加，所以很自然地认为是糖导致了这种现象。

但如果格里芬夜不能寐不是因为糖，而仅仅是因为过万圣节太兴奋了呢？他穿着外星人的衣服，和朋友们玩了一整晚，期待将来每天都能吃到一大堆糖。根据这种假说，糖只与兴奋行为有相关性，而不是兴奋行为的直接原因。

我们应该如何确定糖是兴奋行为的真正原因，还是它只是与真正原因有关呢？我们可以综合其他信息来考察我们的观察结果，比如，有没有已知的机制证明血糖水平升高能引起活动量增加？非人动物在吃太多糖后会不会更加兴奋？有没有独立证据证明社会环境能影响儿童的活动量？

我们还可以做"移除和替换"实验。在第二章中，我们介绍过贝特霍尔德做的公鸡睾丸移植实验，这次我们移除、替换糖果中的糖分。实验中，我们要尽量保证实验期间的社会环境不变，让格里芬在睡前吃无糖的巧克力豆（要保证味道和普通巧克力豆一致），连吃一周，再吃一周普通巧克力豆（含糖）。如果在吃含糖巧克力豆的那一周，他明显难以在睡前放松，则可证明"糖分假说"是对的。[21] 但如果他在两周内每天都能毫无困难地上床睡觉，那就说明"气氛假说"最终胜出。

你懂我的意思了吧？我们要仔细地设计实验，来证明因果关系，而与其他已经很成熟的科学理论保持一致也很重要。（其实，已经有人针对"糖分假说"做过实验了，结果证明"糖分假说"是荒诞的说法。）

一般来说，激素与行为的关系都不是直截了当的，尤其是当研究对象处于复杂的社会和生态环境当中的时候，比如大多数野生动物。不过至于攻击性，人们已经拿多种野生动物和圈养动物做过"移除和替换"实验，证明睾酮正是激发攻击性的核心。20 世纪 70 年代，人们拿拉姆岛上的马鹿做了此类实验，其中多个实验是首次在野生动物身上进行的。[22]

为了确定睾酮在马鹿攻击行为中起的作用，拉姆岛的研究人员在一年中的不同时间（包括发情期）阉割了三头雄鹿。由于缺乏睾酮的刺激，它们的鹿角很快就脱落了。新鹿角随即开始生长，但新鹿角是畸形的，不分叉，表面的茸毛也没有在应该脱落的时候脱落。与此同时，雄鹿的颈部肌肉也始终处于夏季时较小的状态，颈部周围浓密的鬃毛也没能在发情期到来前的正常时间长出来。当正常雄鹿脱掉鹿茸、露出硬角时，被阉割的雄鹿还长着柔软的小角，就算想要竞争也没法

　　　　　　　　　　雄激素：关于冒险、竞争与赢

儿竞争了，于是它们的攻击性和地位一落千丈。然而，被阉割的雄鹿似乎也不是很在意这种结果。发情雌鹿发出的气味曾使它们性欲大发，如今却一点儿也吸引不了它们了。雄鹿被阉割之后，甚至懒得吼叫，也懒得去它们过去的交配地点了。

阉割导致雄鹿攻击性减弱，但研究人员依旧无法确定这种行为的变化是由于缺乏作用于大脑的睾酮，还是由于睾酮的另一种不那么直接的影响。或许，攻击性减弱的真正原因是睾酮原本直接作用于鹿角，如今没有了，让雄鹿自己或者它们的同类觉得它们不具有竞争力，它们这才平静下来。

为了回答这个问题，研究人员对马鹿的睾酮进行了替换。他们用长效的缓释胶囊，为被阉割的雄鹿植入了与正常雄鹿相同水平的睾酮。药物让它们的睾酮水平能够每年提升两次，一次在正常发情期，另一次不在发情期，这样就能确定睾酮对马鹿交配和攻击行为的影响。被阉割的雄鹿依然长不出成熟鹿角，但当睾酮水平回升时，它们对雌鹿的兴趣也恢复了，又开始主动寻找雌鹿，并试图组建"后宫"。然而，这种反应只出现在发情期，即雌鹿可以繁殖的时期。如果不在发情期，雌鹿不具有生育能力，睾酮水平即便升高也不能刺激雄鹿的性欲。据推测，这是因为其他有助于刺激交配行为的环境因素不存在，比如能生育的雌鹿发出的气味、日照时间的变化，这些都是发情期的信号。

不在发情期时，用药提升睾酮水平的被阉割雄鹿或许不在意交配，却依然在意自己在种群中的统治地位。是否在发情期并不重要。用药之后，原本温顺的被阉割雄鹿便开始主动与附近的其他雄鹿打斗了，也不管它们的鹿角此时根本就没完全长出来，还覆盖着细软的茸毛。

这些结果表明，睾酮对动物交配行为的表达是必要的，但不是充分条件，还要有可生育的雌性，或与雌性生育能力相关的适当环境因素的刺激。实验结果还表明，睾酮对雄性之间攻击性的影响很可能不是因为与睾酮有关的东西，比如，不是因为睾酮让它们长出了又大又锋利的鹿角，或者受到了其他雄性的攻击，甚至不是因为有可生育的雌性在场，或者发情期性欲旺盛。此类实验永远无法得出确凿证据，但也没有任何可靠的对立假说。我们手上已有的证据，不管是来自马鹿的，还是来自许多其他动物的，都有力地表明睾酮增强动物攻击性的方式是直接作用于它们的大脑。

虽然交配和攻击这两类行为常常同时存在，但睾酮调控这两类行为的方式应该是各自独立的，这样在进化中才合理。许多雄性动物，不管是季节性繁殖的（如马鹿），还是非季节性繁殖的（如黑猩猩），在种群内建立并重新协商统治地位的时机，都是雌性没有生育能力的时候。雄性动物在种群中的地位能够影响它们获得的资源（如领地），进而影响它们寻找交配对象的能力。也就是说，即便配偶没有直接受到威胁，攻击也是有回报的。睾酮水平的变化也能帮助它们规划未来的繁殖。

◇ **选择与性**

有些雄鹿一辈子也没法儿留下后代。从进化的角度来看，它们就和死了没什么两样，因为它们死后，基因也会"失传"。这意味着那些冒着巨大的受伤风险也要"垄断"一群雌鹿，打跑其他雄鹿的"成功鹿士"，在进化上占了很大的优势。天生体形更大、肌肉更发达、鹿角更锋利的雄鹿，或者天生胆大、能够将对手致残或致盲的雄鹿，就常常能比对手留下更多后代。这个过程也有助于解释为什么经过很多代，雄鹿和雌鹿在外形上有了明显的不同。[23]

马鹿是解释睾酮对雄性动物影响的一个令人信服的例子，部分原因是马鹿是季节性繁殖的动物。与社会环境和自然环境的季节性波动一致，其睾酮水平的起伏能够给它们带来易于观察的戏剧性变化，从无精子、无武器、相对平和的状态，变为性欲旺盛、攻击性强、危险的状态。与此同时，马鹿也有哺乳动物普遍存在的许多性别不对称的特征，其中最相关的一个就是雄性比雌性繁殖后代的速度快。

　　繁殖后代速度的不对称始于卵子和精子的大小和数量不同，卵子是体积大而数量有限的，精子是体积小而数量丰富且不断产生的，这种不对称随着雌性与雄性哺乳动物身体的天性得到延续。而且，哺乳动物还有一个特性，那就是雌性必须用自己的身体来孕育和喂养发育中的后代，在此期间，它们无法生育其他后代。然而，大多数雄性哺乳动物在每次繁殖过程中却只需贡献自己的 DNA，有大把的时间和精力去追求更多配偶。这些差异导致雄性和雌性出现了可预测的行为性别差异：雄性优先考虑争夺交配权，而雌性则优先考虑获取维护健康和生存所需的资源，以及选择合适的雄性来进行交配。[24]

　　英国博物学家达尔文是第一个记录这种性别差异并做出解释的科学家。在 1859 年出版的《物种起源》中，达尔文写道："这种形态的选择，并非取决于一种生物与另一种生物或与外部条件之间的生存斗争，而是取决于一种性别（一般是雄性）的个体之间为占有另一种性别的个体而进行的斗争。"[25] 我们在第二章中提过，达尔文管这种现象叫性选择。性选择并不偏爱有助于生存斗争的特征，如能够御寒的蓬松皮毛或能够欺骗捕食者的伪装。相反，性选择偏爱有助于夺取交配权的特征。鹿角有助于繁殖后代，因为鹿角能帮助雄性争到雌鹿。

　　一种性别（如达尔文所说，通常是雄性）之间争夺交配权只是性选择的一种。[26] 另一种性选择是一种性别（通常是雌性）从多个异性中选择，这是鸟类当中比较多见的现象。达尔文指出："极乐鸟等鸟类会聚集在一起，看多只雄鸟相继展示它们精心照料的漂亮羽毛。[27] 雄鸟还会在雌鸟面前做出诸多滑稽动作，而雌鸟作为观众，最终会选择最有吸引力的伴侣。"

通过配偶选择进行性选择的集大成者是孔雀。雄孔雀长有色彩艳丽、装饰精美的长羽毛，而雌孔雀的背部羽毛却暗淡无光，仿佛发育不良。达尔文有好长时间都搞不懂孔雀为什么会有两性异形，还在1860年给好友、哈佛大学的植物学家阿萨·格雷写信抱怨道："每当我看到孔雀尾巴上的羽毛时，我都觉得难受！" [28]

达尔文在1871年出版的第二本著作《人类的由来及性选择》中解释了雄鸟为什么会有装饰：

> 雄鸟是怎么逐渐获得那么多装饰性特征的，这个问题不难理解。所有动物都有个体差异，人类在饲养鸟类的时候，会遴选自认为最漂亮的，并以此改造自己饲养的群体。同理，雌鸟会根据习惯性或偶然的偏好选出更有吸引力的雄鸟。这种选择几乎必然会导致雄鸟改变，随着时间的推移，这种改变可能会被无限"扩大"，只要不会对物种的存续造成威胁。[29]

通过配偶选择进行性选择的机制远比达尔文一开始想的复杂得多，但他的基本观点是正确的。配偶选择解释了不少物种两性异形的某些方面，而且不仅鸟类，两栖动物、鱼类、爬行动物、灵长目动物也是如此。当雌性有权主动选择雄性进行交配时，不管它是愿意要漂亮的、胆大的、小气的，还是唱歌好听的、气味好闻的，这种"决策"都很可能变成雄性的第二性征（也就是因性别而异、在青春期出现、不直接涉及繁殖行为的特征）进化的驱动力。[30]

雄激素：关于冒险、竞争与赢

◇ 雌性的攻击行为

进化也可能导致雌性动物做出高频率、高强度的攻击行为，尤其是当它们需要直接竞争诸如食物、筑巢地点或雄性等资源的时候。[31] 这些繁殖资源可以通过配偶间接获取（配偶还能提供良好的基因），或者在某些情况下，还能通过消除竞争对手的繁殖能力来增加。雌性裸鼹鼠就是个经典例子。裸鼹鼠是一种无毛的小型啮齿动物，栖息在非洲沙漠的地下，全身呈粉红色，皮肤褶皱，看起来就像长着牙齿的阴茎。雌性裸鼹鼠对雄性有主导地位，攻击性强的雌性个体常常凶狠地四处排挤、骚扰其他雌性，让其他雌性因生存压力过大，卵巢功能受到抑制而不育。然后，裸鼹鼠"女王"就能自在地为自己挑出最如意的"郎君"了。[32]

雌性斑鬣狗也臭名昭著。它们的攻击性极强，而且其阴蒂（斑鬣狗排尿、交配、分娩都通过阴蒂）和阴茎极为形似，甚至还有个以假乱真的阴囊，连经验丰富的专家也很难辨其雌雄。[33]

再举个例子，雌性狐獴，当处于统治地位时，它们就会在自己的群体中垄断交配权，最长可达 10 年。然而，虽然成为佼佼者的回报诱人，但"雌竞"之路充满艰辛，各种肮脏的手段更是少不了的，甚至要杀死竞争对手的孩子。[34]

在这些实例中，雌性攻击性背后的内分泌调节方式还没有被人们研究清楚，似乎也不像雄性攻击性那样和睾酮有明确的关系。不过，有些证据显示，这些动物在胎儿期接触的睾酮对其有重大影响。例如，处于统治地位的雌性狐獴和雌性斑鬣狗孕育的胎儿，比处于从属地位的雌性狐獴和雌性斑鬣狗孕育的胎儿具有更高水平的睾酮。这些幼崽出生后，"女王"的孩子也比"平民"的孩子攻击性更强。可见，高浓度睾酮很有可能塑造了这些雌性胎儿的大脑，增强了它们成年后的攻击性。

在大多数情况下，当雌性从凶狠的攻击行为中获益时，睾酮并不是它们在适当的时候将攻击性引向正确目标的激素。如果攻击性对繁殖有益，雌性动物一般都有其他方式来激发攻击行为，并不一定要像雄性动物那样依赖激素。

当繁殖成效受到威胁，如孩子受到威胁时，或者当争夺资源、交配权或获得这些东西所需的地位受到挑战时，雌性动物也会表现出攻击性。但总的来说，和雄性动物相比，雌性动物从安全、谨慎的生活方式中获益更大，且一般都比较健康、长寿。较弱的攻击性让它们更容易安稳地度过一生。

◇ 协调与沟通

性选择会作用于动物的身体，这是显然的，但性选择也常常作用于动物的行为。这是有道理的：如果动物没有倾向于用鹿角或尾羽来威胁对手或吸引配偶，那进化赋予它们特殊的"武器"将是奇怪的。进化是不会浪费能量的，昂贵而无用的特征，其基因往往会从种群中被淘汰。一旦机会出现，雄鹿必然会去打断对手的四肢、戳瞎对手的双眼，尤其是那种受了伤就得放弃自己"后宫"的对手。而且，这种打斗和交配的倾向总会在正确的时机到来，也就是雌鹿能够受孕的时候。

强大而残酷的"斗士"总是对性充满热情，能够留下更多后代，而后代也能继承父辈的基因，遗传父辈旺盛的性欲和好斗的性格。如果后代是雄性，睾酮便会把控制这些特征的基因表达上调。如果后代是雌性，睾酮会拿这些基因怎么办呢？很简单，低水平的睾酮正好保证了这些基因"封存"良好，不被启动。

你如果不是每时每刻都备有武器，那就确保只有当你真正拥有武器的时候，才去和其他雄性竞争，不然你就好比拿着香蕉去抢劫。这

- 164 -
雄激素：关于冒险、竞争与赢

种事情不是没发生过，但这样的动物肯定不得善终。如果你没有打斗的武器，或者没机会使用武器，那精子也就不会有太大的用处了。协调与沟通是睾酮的工作，而睾酮完成得非常高效。生殖系统有独特的结构与生理，若要将这个系统好好利用起来，动物也需要有独特的行为。性选择将两者统一了起来，工具就是睾酮。

◇ 竞争失败的强棱蜥

　　一种山地强棱蜥是美国亚利桑那州东南部山区特有的动物，这是一类没有角的小型爬行动物，但繁殖特征与马鹿极为相似，一夫多妻，季节性繁殖。不在发情期时，雄性强棱蜥群居生活，常常被同伴推挤、踩踏，但它们似乎并不介意。

　　在领地内，雄性强棱蜥的攻击性可分为三种不同的程度：在冬季和早春，不在发情期，几乎没有攻击性；在夏季，正在建立领地范围，攻击性较弱；在秋季，正处于发情期，攻击性强。从冬季到春季这几个月，雄性强棱蜥为了在后面的繁殖期内处于最佳战斗状态，需要储存能量、远离麻烦（避免不必要的冲突）。因此，在这一时期，它们的睾酮水平在冬季降至最低点，这样才能维持和平、囤积脂肪。然而，进入夏季以后，敌意便开始在种群内慢慢升起了。雄性强棱蜥纷纷回到了自己的繁殖地，开始了一年一度的竞争，竞争的先是地位、领地，然后便是配偶。

　　雌性强棱蜥要到入秋才会现身。等到雌性出现，竞争的战利品最为诱人的时候，雄性强棱蜥才会把最猛烈的攻击性展现出来。但就目前而言，在夏季，雄性强棱蜥只会做蜥蜴式"俯卧撑"，以及一些华丽动作来炫耀，比如头部摆动和颤动（相当于雄性马鹿的吼叫、踱步）。这些行为对其他雄性来说具有威慑性了。忽视蜥蜴式"俯卧撑"，后果自负，对方很可能会冲到面前来威胁你，你甚至会被咬！为了支撑这种程度的攻击性，雄性强棱蜥夏季的睾酮浓度升到了中等水平，比冬季的最低水平高 10 倍，既不算太高，也不算太低，刚刚好。[35]

但是，让睾酮浓度升到中等水平到底有什么好处呢？为什么不直接升到最高？如果这对雄性动物的繁殖这么重要，为什么不在雌性动物到来之前就把它调得超过中等水平？这样的话，雄性强棱蜥不就能做更多、更激烈的"俯卧撑"，获得更多领地，最终抢到更多雌性，生出更多后代了吗？话又说回来，为什么不让睾酮水平一整年里都保持高位呢？这样不管是雄性强棱蜥还是雄性马鹿，不就都能在发情期到来前直接抢先一步，碾压对手了吗？

科学家也有过同样的疑问，而且从 20 世纪 80 年代后期就开始设计实验寻找答案了。首先，研究人员发现，如果在秋季发情期把雄性强棱蜥阉割并去除睾酮，它们的领地意识和对雌性的兴趣就会下降，这是我们可以预料的。[36] 接下来，研究人员又选择一只睾酮浓度处于夏季水平（中低范围）、领地意识强的正常雄性强棱蜥[37]，将其体内的睾酮浓度提升至秋季发情期才会达到的水平（是冬季最低水平的 100 倍）[38]，则可发现它的领地意识和攻击性都有增强（但仍不及可育的雌性强棱蜥出现时，雄性强棱蜥所展现的最高水平）。

由此可见，睾酮水平的提升可以增强攻击性和性欲。但研究人员仍未回答为什么雄性不能一直把睾酮浓度保持在最高水平。在竞争中，这样不是更有优势吗？

在夏末，研究人员将人为提升睾酮水平的实验组强棱蜥与只得到安慰剂、睾酮水平中等的对照组正常强棱蜥做了对比。他们发现，对照组强棱蜥有 80% 还活着，它们在夏季的活动一切如常，每天大约有 3 个小时的时间离开藏身之处，晒晒太阳，捕食喜欢的昆虫，保卫自己的领地。与此同时，人为调升睾酮水平的实验组强棱蜥每天外出游荡，巡视领地，攻击其他强棱蜥，炫耀自己身体的时间长了一倍多，而外出的时间越长，耗费的能量就越多。相比之下，实验组强棱蜥用于休息和进食的时间更少。

在这些具有高水平睾酮的强棱蜥中，有许多强棱蜥的领地确实更大，但等到秋季发情期到来，这大片的领地终于要派上用场的时候，它们却因为准备不足而惨败。和睾酮水平中等的对照组强棱蜥相比，睾酮水平超高的实验组强棱蜥到发情期时已经死了一半，活着的一半已经变得十分消瘦。它们的步子跨得太大，以至于过早地、不明智地消耗了宝贵的能量，而对照组强棱蜥神清气爽、膘肥体壮、准备停当，只等雌性的到来，把自己更"理智"的基因遗传给下一代。你现在再来说说，到底谁才是失败者？

◇ 任务繁重的爸爸

高水平睾酮导致繁殖失败还有一种方式，这种方式是由英国进化生物学家、鸟类爱好者约翰·温菲尔德发现的。温菲尔德于 20 世纪五六十年代成长于英格兰乡村，从小对大自然极为热爱，而且对当地鸟类的行为随季节的变化产生了强烈的好奇心。他做的研究主要关于美国东部歌带鹀繁殖行为的激素调节，在整个行为内分泌学领域有极大的影响力。

歌带鹀是中等大小的鸟类，浑身棕白，歌声婉转。和大多数鸟类一样，歌带鹀是季节性繁殖的。随着严冬结束，春季到来，它们的羽色、叫声、交配行为和竞争倾向都会发生变化。在不需要精子、睾丸"关机"的非发情期，雄性歌带鹀之间的关系相对平稳，这一点与其他季节性繁殖动物如马鹿、强棱蜥是一样的。但当气温升高，雌鸟恢复生育能力时，雄鸟便会开始竞争筑巢地点（通常靠放声歌唱，但偶尔也会出现肢体冲突），试图吸引繁殖前景最好的雌鸟。一般来说，在整个繁殖季，一只雄鸟只会与一只雌鸟在其所守卫的领地中安顿下来，共同孵育几窝雏鸟。

　　不过，在整个繁殖季，雌鸟能连产几窝蛋，并在繁殖过程中循环往复。每次只要雌鸟恢复生育能力，不但它的"丈夫"会对它产生兴趣，同时附近的其他雄鸟也会觊觎其"美色"，这就会导致"出轨"行为频发——每一窝歌带鹀雏鸟，竟然有 1/4 左右是附近其他雄鸟的孩子！因此，每只雌鸟的"丈夫"得在保护自己的"老婆和孩子"不被捕食者侵袭，且为它们提供食物（雌鸟基本上不会离巢）的同时，把"老婆"保卫起来，让其他雄鸟与之保持距离。这种"雄竞"在初入繁殖季时最为激烈，雄鸟体内的睾酮浓度也在此时达到顶峰，但等到最初的交配权竞争结束，雄鸟和雌鸟大都两两组合之后，雄鸟的睾酮水平却下降了，降到了中等水平，恰巧足够维持交配和抚育雏鸟所需。

　　雄性歌带鹀的睾酮水平及其繁殖行为之间的关系，可以简略地用图 6-4 表示。

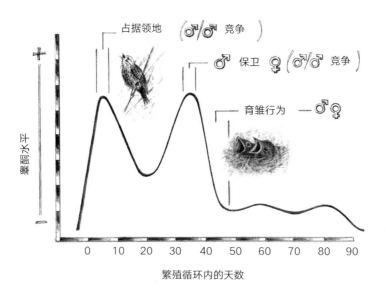

图 6-4　歌带鹀繁殖行为与睾酮水平的变化关系图

温菲尔德发现，雄性歌带鹀的行为不仅与睾酮水平变化相关，还直接受睾酮的调控。公鸡、雄性马鹿、雄性强棱蜥被阉割之后会发生什么你已经知道了，交配意愿和攻击性急剧减弱——处于繁殖期的雄性歌带鹀也是一样的，没有睾酮，就没有繁殖行为。但如果用人为干预的手段让正在育雏的雄鸟（处于中等的）睾酮水平不降反升，会发生什么呢？强棱蜥在自己的睾酮水平升高之后自我膨胀，最后只能忍饥挨饿，甚至死亡，那歌带鹀会落得一样的下场吗？不完全会。这是要付出代价的，但并不是雄性歌带鹀自己，而是它们的孩子们。

温菲尔德人为提高了一群雄鸟的睾酮水平。这群雄鸟本来是一群"好爸爸"，整天忙着搜集甲虫、种子、蠕虫之类的美味食物带回巢，但在睾酮水平上升之后，它们似乎找到了更有意思的事情去做，再也不花时间和资源去带孩子了。睾酮水平升高的"鸟爸爸"爱上了在领地边缘整天唱歌，让邻居滚远点儿，还想讨"小老婆"，于是就此忽视了家庭，让孩子更容易死于饥饿。

◇ 挑战假说

温菲尔德还用歌带鹀做过另一个实验。他把几只雄鸟（每只都关在笼子里）放在了已经被其他雄鸟占领的领地中央，让这几只雄鸟变成了入侵者。入侵者在笼中唱歌，但"原住民"雄鸟并不欣赏——它们发出了更高亢的鸣声，甚至去攻击笼子，这些都是它们的对策，以捍卫来之不易的领地。随后，温菲尔德团队捕捉了这些被激怒的雄鸟，并将它们的睾酮水平与附近生活正常的雄鸟做了比对。实验发现，入侵者，也就是对繁殖发起的挑战，让"原住民"的睾酮水平飙升到了最高。显而易见，睾酮能增强攻击性，攻击性也可以反过来提升睾酮水平。

和许多其他物种的雄性一样，雄性歌带鹀在大部分时间里也会将睾酮水平尽可能降至最低，以防激素对它们自身的健康、生存和繁殖成效产生不利影响。这是通过稳定的社会系统和地位信号来实现的，这些因素减弱了雄性动物日常的攻击性，因此动物便不再需要保持那么高的睾酮水平。但在社会不稳定时期，当雄性动物必须为交配权、确保其所需的地位或生存资源进行激烈竞争时，其睾酮水平便会提升，以迎接这些挑战。[39] 简而言之，睾酮水平的波动取决于雄性动物是需要做好繁殖准备，还是需要照顾家庭，或者击退竞争者。1990年，温菲尔德就此问题发表了论文，他将上述理论总结为"挑战假说"。[40]

挑战假说为众多将睾酮和脊椎动物攻击性联系起来的发现找到了合理的解释。雄性动物的睾酮水平对来自物理环境的信号有敏锐的反应，如季节性繁殖动物对昼长、温度的变化敏锐，因为这些信号是提醒它们增强（或弱化）生殖生理、增加（或减少）繁殖行为的可靠线索。但提醒雄性动物什么时候值得冒险提升睾酮水平，什么时候必须降低睾酮水平、保留攻击性，以求更高的繁殖成效的，却是来自社会环境的信号，如雄性竞争者的威胁、雌性动物的性吸引，或者饥饿幼崽的叫声。睾酮水平的起伏是要适应生存环境的，高水平并不一定比低水平更好，而是要根据环境具体分析，有时候甚至可能致命。[41] 截至目前，虽然许多新发现对温菲尔德最初提出的挑战假说做过诸多修正和革新，但已有数百项研究证明，其就睾酮与行为之间的关系所做的基本阐述准确无误，完全可以用来分析各种动物，不管是季节性繁殖的还是非季节性繁殖的，不管是一夫一妻制的还是一夫多妻制的，不管是鸟类、鱼类，还是哺乳动物，甚至是昆虫。[42] 挑战假说背后的机制体现了性选择的优雅。

我的博士论文导师之一、生殖内分泌学家彼得·埃利森曾经说："雄性动物的生殖生理学，粗略地讲，就是一个将能量转化为交配机会的系统。对这个系统进行管理，正是睾酮水平变化的功能意义。"[43]

毫无疑问，以上结论对非人哺乳动物是适用的，那人类的情况如何呢？

CHAPTER 7

VIOLENT
MEN

第七章
暴力的男人：
攻击性的性别差异

◇ 你给我坐好！

　　在新年前夕，作家迪蒙·费尔利斯和妻子莉亚娜一起出门，去加拿大多伦多的一个户外溜冰场里滑了一下午冰，夫妻俩心情都很好。回去的路上，两人坐在地铁里，准备一起去莉亚娜娘家庆祝新年。车厢里洋溢着节日的气氛，有些乘客已经进入过节模式了。然而，就在此时，一群醉醺醺、举止粗暴的男人一下子就吸引了全车乘客的注意。

　　费尔利斯看着一个 20 出头的醉鬼想在列车飞速穿过隧道时撬开车门，把头探出去，他越看越生气，越看越费解。车厢里的声音渐渐小了，其他乘客都紧张地盯着眼前的醉鬼。"没文化的傻子！"费尔利斯在心里悄悄骂了一句。后来，这群人的叫骂声越来越吵，车厢里的气氛也越来越紧张。费尔利斯觉得实在难以忍受，便在心里盘算了一下控制局势的胜算，认为自己更胜一筹。虽然眼前的醉鬼可能比他年轻 15 岁，而且人高马大，但他自己更魁梧——费尔利斯身高约 1.90 米，体重约 91 千克，而且身体状况更好，很清醒。最终，他下定决心：就算真的一发不可收拾，他也足以制服对手。[1] 费尔利斯在 2018 年出版的《热血狂怒：暴力男人的内心世界》一书中，写了这件事后来迅速失控的全过程：

　　　　一股冲动越来越强烈，迅速朝我袭来，就像一波涌向岸边的潮水，一股深沉、诱人的波浪。他就是个废物。一股清凉冲上我的太阳穴。我周围的人都害怕极了，紧张得很，一个个觉得受到了威胁。但我不怕，我和他们不同，我心里有一股奇痒，一种欲望，一种掠夺者的冲动。我要让他跪在我脚下，被我征服，为我恐惧，于是我站起来，走到了他身边。

"你给我坐好！"我朝那家伙叫道。我觉得脸部肌肉有些紧张，于是便龇着牙，做出奇怪的鬼脸。

他抬眼看我，吃了一惊。上下打量我一番之后，他抬起头，喊了句："你他妈是谁啊？"他边喊，边呼出温热的气息……

我倾身向前，几乎在他耳边低语："我就是那个能让你坐下的人！"

他又说了什么我已经不记得了，但肯定不是什么干净话。他把拳头举了起来，举过了头顶——他离莉亚娜太近了。

我站了起来，和他胸口贴着胸口。

"你说个没完，"我对他说，"但也不见你动手，你真没种。朝我这儿打，否则就他妈给我坐好！"

那股"波浪"冲了过去，瞬间，一切都变得清晰、简单。该怎么解决问题是显而易见的——办法很简单，我也松了口气。

我瞄准他的鼻梁，把额头当锤子，猛地砸了下去，可他却把头扭开了。撞上的瞬间，我眼冒金星——是真的，动画片里的那种星星。那家伙退了一步，但还站得住。

打他！有个声音在我脑海里尖叫。打他！打他！ [2]

有个人扑到费尔利斯身上拉架，其他乘客也纷纷上前想把他俩拉开，但两人一直在打架。费尔利斯还想去戳醉鬼的眼睛，想把他弄开。最终，醉鬼被警察铐起来带走了，所幸无人受伤。

这是个刺激的故事，但很可信。虽然男人身上不像马鹿那样长着武器，但两个男人确实很有可能发生冲突。但我只要做一处修改，就能让整个故事变得难以想象——改变两位主角的性别。我不是说女人就没有攻击性。女人当然也会生气，也能造成痛苦，就像男人一样，但要说起表达愤怒和伤害他人的方式，男人和女人却截然不同。

◇ 有害的男子气概

如今，人们普遍喜欢将男人的强攻击性归咎于父权制及其造就的社会规范。该理论认为，这些社会规范鼓励父母教导男孩（而非女孩）表达情绪和示弱是不好的，要坚忍，要具有攻击性。

举个例子。美国心理学会曾在 2018 年发表的一篇广为流传的通讯《有害的男子气概与暴力》阐述了这一理论，作者写道："初级性别角色社会化要求男性表现出主导行为和攻击行为，其主要目的就是维护父权制的行为规范。性别角色不是生物学概念，而是被心理和社会构建起来的观念，是可塑的。"[3]

《生而为男？——男性气概的人类学真相》一书的作者、布朗大学的人类学家顾德民认同这种观点。他指出，"刚刚向公众普及"的最新研究发现，"睾酮水平和攻击性之间几乎没有关系（除非睾酮水平极高或极低）"。这一点，再加上他对一些其他科学文献的解读，让他得出结论：男性的暴力不能用生物学因素尤其是睾酮来解释。顾德民说："要是你以为睾酮对男人的行为和思维方式有什么影响，那你就是在自欺欺人。男人的行为方式，是文化允许的，根本不是生理需要。"[4]

行为永远是动物接触的外部环境与其内部生理性质（包括基因）相互作用的产物。我重复一下本书的一个主要论点，那就是睾酮的主要作用就是调控雄性动物的生殖系统结构、生殖生理和交配行为，为繁殖服务。对许多需要竞争交配权的雄性动物（比如拉姆岛的马鹿）来说，有一种最能直接帮助其繁殖的行为，那就是攻击行为。

睾酮是雄性暴力的核心因素，它的这一角色在无数非人动物身上已经得到了很好的确立。男性真的是例外吗？

◇ 攻击行为的目的

广义上的攻击行为指的是意在伤害（至少是恐吓）对方的行为。攻击行为的存在是事实。动物为了生存和繁殖成功会做它们需要做的，它们需要进食、寻找配偶、避免被吃掉，还需要确保有足够多的后代能够繁殖。有时候，动物能通过不具有攻击性的策略来达到这些目的，它们有敏感的嗅觉来寻找食物，长成异性喜欢的样子，躲起来不让捕食者找到，还能产下成千上万个后代，总有一部分能长大，并留下自己的后代。但其他策略就带有攻击性了，比如击退争夺异性的对手，打跑威胁父母或后代的捕食者，等等。在整个动物界，不管是雄性还是雌性，攻击行为都是常使用的策略。

当两性在成功繁殖方面面临不同的挑战时，两性的策略也会不同。雄性相比雌性，繁殖成效受交配机会的限制更大。这意味着雄性的应对之策就更受性选择的影响，是发展出增强战斗能力的特征，比如长出更强大的武器，或者增强与对手打斗的动机。

◇ 不仅仅事关男人

男性在身体上更具攻击性这一刻板印象有大量数据的支持，但你不能因此就觉得女性无法推动甚至实施极端暴力行为。1994年，东非国家卢旺达发生种族灭绝，至少50万人被杀。时任家庭福利和妇女发展部长的保利娜·尼拉马苏胡科事后就被控犯有种族灭绝、强奸等罪。

一位目击者回忆称，尼拉马苏胡科曾命令民兵用自己车里的汽油烧死70名妇女和女孩，结果命令的话音未落，她就补了一句："你们不如在杀死她们之前强奸她们！"[5]

诚然，总体而言，男性比女性更有身体攻击性，但女性也可能有身体攻击性。亲密伴侣暴力指的是在现任伴侣或前任伴侣之间发生的暴力行为，这是令人沮丧的常见行为，但严重被低估了。对亲密伴侣暴力中体现的性别差异的研究争议很大，其方法各异，且在全世界范围内缺乏可靠数据。不过，虽然男性一般是各类暴力的施加者，但在这一领域，女性身体攻击的发生频率常常（至少在西方国家）与男性一样高。（有一点要说清楚，这里的"一样高"指的是身体攻击的发生频率，与严重程度和动机无关，也不涉及其他形式的虐待、胁迫和控制。）

举例来说，心理学家海伦·加文和特里萨·波特在著作《女性攻击性》中写到过两项研究。[6]第一项研究针对6 200起身体攻击事件，均发生在美国密歇根州底特律的已婚伴侣之间。在这些事件中，妻子往往是身体攻击的发起者，通过刀、枪等武器伤害丈夫。而在另一项研究中，研究人员调查了6座欧洲城市——伦敦、布达佩斯、斯图加特、雅典、波尔图、厄斯特松德（在瑞典）——亲密伴侣暴力的发生频率和特征。[7]他们发现女性并没有比男性更频繁地发起暴力袭击，认为"在每座城市中，男性和女性的受害者和加害者数量相当，且普遍存在"，但也指出"性胁迫是例外，往往是由男性发起的"。

我第一次读到这些研究证据的时候不太敢相信。这些结论与我过去了解的关于家庭暴力的一切相悖，我无法相信女人施暴的情况也这么常见。但我后来发现，这是因为我过去对这方面不够留心，如果留心观察，就能发现证据虽然令人不舒服，却是讲得通的。

虽然女人和男人对伴侣（或前伴侣）施加身体攻击的频率可能

没什么差异，但女人施暴造成严重身体伤害的可能性较低。平均而言，当女性扔盘子，或者掌掴、拳打、脚踢时，这些行为对伴侣造成的伤害比男性施暴对伴侣造成的伤害更轻。在这一点上，异性恋情侣尤甚，因为异性恋的两个人在体形和力量上几乎始终存在较大差异。

男人比女人更可能对施暴的目标造成严重伤害的原因不只是男人的体形更大，身体更强壮，还可能有心理上的因素。共情是我们理解他人感受的能力，但在各种文化中，男性都比女性更难做到共情。这个结论已经被反复论证，成了共识，而且不限于人类。不管是黑猩猩、倭黑猩猩、大猩猩，还是大象、狗、狼，人们都发现雄性比雌性体现的与共情相关的行为如照顾、合作、帮助、安慰等更少。[8] 共情能力低不仅能加剧本就更强的男性力量带来的影响，还可能有助于解释为什么男性对伴侣使用致命武器如枪支的情况更加常见。无论如何，虽然亲密伴侣暴力在两性之间的发生率大致相同，但造成的结果可谓天差地别。亲密伴侣暴力的最极端形式就是凶杀，而在全世界范围内，男性造成的此类凶杀可是远多于女性的。女性死在亲密伴侣手里的概率比男性大 6 倍。[9]

与此同时，两性对伴侣进行身体攻击的动机也有所不同。虽然男性和女性在害怕伴侣"出轨"时都可能诉诸暴力，但男性使用暴力阻止伴侣"出轨"的情况明显更多。而在世界各地，女性严重伤害甚至谋杀伴侣，更有可能是对该伴侣对她们自己、孩子或其他家庭成员威胁或虐待的回应。女性的施暴动机是自卫的情况更为常见。[10]

女人，和其他所有雌性动物一样，在需要的时候完全可以展现攻击性。在她们自己的生命，或者孩子的生命，或者她们未来的繁殖成效受到威胁的时候，就是她们需要展现攻击性的时候。

◇ 坏女孩

人类在许多方面都是奇怪的，比如，我们会想方设法给彼此造成痛苦。并不是所有的人类攻击行为都是直接对抗，比如当着别人的面大喊："你这个孬种！"或者朝别人的脸挥拳头，或者就像马鹿一样面对面撞击鹿角。间接攻击是人类这个物种所特有的行为，形式就是利用语言把别人当枪使，来达成你自己的"卑鄙"目的，比如散播某位朋友或同事的八卦，促使他们离开。[11]

你要是对中学女生有所了解，那对这种攻击行为应该不陌生。我上初中的时候，朋友圈里带头的女孩就用这种办法把我的一个发小儿排挤出了小群体。说来惭愧，我当时没敢和带头的女孩当面对质，也没有为朋友说话。一直以来我都体会不到这对朋友来说有多可怕，直到我俩在高中同学聚会相遇，她才和我说当时她有多痛苦（不过，好在那段经历让她后来交到了更忠实的新朋友）。当然，有些男性也喜欢这么干，但似乎还是女性更常用这种恶毒的间接攻击。[12]

激发雌性更强攻击性的还是对其孩子的威胁。我得承认，一天早晨送儿子上学的路上，我和儿子想过马路，我冲着一名冲过停车标志的司机人喊大叫来着——这种现象叫作母性攻击。母性攻击行为对雌性（不管是人类还是非人动物）实现繁殖的目标是有帮助的，但与睾酮并不相关。事实上，动物实验表明，怀孕和哺乳相关激素增加了母性攻击的可能性。由于雌性动物和雄性动物想通过攻击行为达成的目的不同，因此调控这些行为的激素也就不同了。[13]

你如果对攻击行为的定义较为宽泛，包括上文讨论过的间接攻击、母性攻击、亲密伴侣暴力等行为，那么就容易证明女性和男性一样具有攻击性。女人还和男人一样容易生气，这也是有确凿证据证明的。[14]但是，要是把攻击行为定义得狭隘一点儿，只包括施暴者让对方面临人身危险的侵犯行为，比如通过用头猛撞、强奸、谋杀等行为造成身体伤害，那么毫无疑问，男人必胜。

◇ 攻击行为的分类

综上所述，攻击行为涵盖的范围很广。朝抢你停车位的人大喊大叫、排挤朋友、威胁要惩罚孩子、策划暗杀，都具有攻击性，但除此之外，这些行为似乎没什么共同点了。那么，攻击行为应该如何分类呢？我在上文讲过了几种方法，比如分为直接攻击和间接攻击，但研究人员还提出过更多分类方法。

另一种对我们接下来的讨论很重要的分类方法，就是分为反应性攻击和主动性攻击。要分清两者的区别，你可以想象这么一幅画面：你在某个工作日突然回家，走进卧室，发现你的伴侣蜷缩在床上，头发凌乱，赤身裸体，身旁有伴。顿时，你感到脸颊发烫，心脏在胸腔里狂跳不止。你尖叫起来，咒骂、威胁，把相框摘下来朝他俩的脑袋扔过去，相框里还有你和伴侣的照片。这就是反应性攻击。[15]

假如你没有这么做，反而在心里冷静地盘算了一番。你没有扔相框，而是拿出手机拍了一张他俩的照片，然后发到社交网站上对"小三"发起了人肉搜索，用这种方法来报复他俩。这就是另外一种攻击，即主动性攻击。并没有哪种性别"垄断"过这两类攻击方式。[16]

2019 年，理查德·兰厄姆在《人性悖论——人类进化中的美德与暴力》一书中指出，反应性攻击更可能发生在两个个体之间（如本章开头讲过的两个人打架），而主动性攻击更可能由群体甚至特定的机构发起。兰厄姆认为，这种"联盟式"的主动性攻击正是战争、酷刑、处刑、奴役、屠杀等诸多暴行的本质。[17]

神经系统在主动性攻击中的作用目前是比较活跃的研究领域，但

雄激素：关于冒险、竞争与赢

证明睾酮与主动性攻击有关联的证据并不多。[18] 在这一章节，我将重点讨论男人对统治地位、交配权，以及获得它们所需的资源的竞争。在此类竞争中，总能出现反应性攻击的影子。本章即将证明，睾酮在背后极大地推动了反应性攻击。

◇ **攻击性的衡量**

衡量攻击性并不容易。我们获取动物行为最好数据的办法是在野外生境，也就是它们长久以来进化适应得最好的栖息地内进行观察。但把这种方法套用在我们自己身上就没那么有用了，因为人类的行为是住在狭窄的空间里，每天花大量的时间上学或上班，刷手机，靠麦当劳获取营养，而我们并没有朝这个方向进化。而且，攻击行为的目击者的证词常常带有偏见，如果目击者同时也是参与者，那偏见就更深了。（解决这一问题的一种方法是参考不同来源的证词，如同龄人的口供。如果分析的是儿童行为，还可以参考父母和教师的说法。）我们当然也可以在实验室设计实验，在实验室环境下，人们对攻击行为的量化更加客观，且对被试的激素水平及激发攻击行为的因素的把控也更精确。但是，有时还不清楚如何从这些人工环境下的行为推断外界环境下人类真实的行为。[19]

在某种程度上，这个问题可以通过研究过往的暴力犯罪来解决。虽然一般犯罪的统计数据良莠不齐，但对暴力犯罪的报道和记录却会更加准确。而且，虽然不是每一桩犯罪案件都能告破，但暴力犯罪的破案率反而比轻微犯罪高得多，尤其是谋杀案。这是因为谋杀案更少受偏见的影响。两个人互相朝对方挥拳头，只要不致命，就不会有人说他们是谋杀，而且谋杀案很少能做到神不知鬼不觉。

暴力犯罪的统计数据对评估攻击行为性别差异的进化基础也很有

用，因为这些数据来自不同时期、不同文化、不同地域。不过，暴力犯罪的数据也是片面的，因为其统计的范围只有身体攻击的极端情况，这就好像你在调查身高时只统计了极端身高。找 100 个身高超过两米的人，能有一个女人就很不容易了。选出男人的概率高达 99.9%，这个性别差异可真够大的！但如果不看极端身高，而看身高平均值，那男女重叠的部分就大了。找 100 个身高超过 1.65 米的人，其中估计能有 22 个女人。在身高的例子中，相比在极端值上的性别差异，在平均值附近的性别差异就小多了。

攻击性的性别差异也是同理（几乎所有方面的性别差异都差不多）。大多数人一辈子都没毒打过人，更没杀过人，但若把推人、口头威胁别人、朝别人扔东西都算上，那做过的人就多了，男人和女人都很多。这些行为是更典型的攻击行为，但并不会被纳入犯罪统计，而且男人和女人在这些行为上的差异，比在暴力犯罪上的差异小得多。

记住上面的结论，让我们再来考虑这些身体攻击的极端情况，看一些令人难受的事实。不论在何时何地，男人犯下谋杀、身体攻击、性侵犯等罪行的次数都远远多于女性。在全世界范围内，有 90%～95% 的谋杀案凶手都是男性，他们最常杀害的也是其他男性。[20] 被男性谋杀的女性一般是男性凶手的妻子、女友，或者前妻、前女友。男人谋杀女人的动机通常是性嫉妒，杀死她们，是男人对她们的抛弃或不忠的惩罚。[21]

估计你在想，为什么男人会进化出杀死妻子或女友的行为呢？根据进化论，男人最应该保护的不就是妻子或女友吗？这个问题提得很合理。当伴侣不愿意在身体和情感上保持忠诚时，有些男人就会对其进行肢体层面的恐吓或胁迫，并可能为了证明其威吓的可信度，过度"升级"其行为，变为谋杀。两位研究配偶谋杀的进化基础的杰出学者马丁·戴利和马戈·威尔逊指出：

雄激素：关于冒险、竞争与赢

男人控制女人的手段多种多样，成功率参差不齐，但女人则想要抵制胁迫，维护自己的选择。此类竞争中存在"边缘政策"，而任一性别的人将其伴侣杀死，都是因为在这场危险游戏中"玩"得失误了。

其他类型的暴力犯罪（如袭击）的统计数据，都不如谋杀的数据准确，尤其是强奸，很可能有大量案件未被报告和审理，而且各国法律对强奸的定义也不尽相同（不管如何定义，女性都几乎从未因此被捕过）。不过，显而易见，不论暴力犯罪的精确数字是多少，男人都是各类暴力犯罪的"主力军"。[22] 如果用逮捕率来粗略估计犯罪者的性别构成，可以发现，在美国，有 80%～85% 的暴力犯罪都是男人犯下的，其他国家也相差不大。[23] 虽然各国的比例不同，但总体上，由男性实施的身体攻击（故意伤害他人）约占总数的 90%，而在盗窃中所占比例仅为 80% 左右（但如果是人身风险更高的盗窃，如盗窃汽车、撬锁入户，则占比更高）。如果所犯之罪涉及的人身风险低，如伪造支票或挪用公款，则女性犯罪的占比就会比女性实施暴力犯罪的占比高。在全世界范围内，男性犯欺诈罪的比例高于女性，其占比约为 70%（在不同文化背景下数据差异很大）。[24]

暴力行为越危险、极端、残忍，其性别差异就越大，男性罪犯的比例也越高（见图 7-1）。心理学家约翰·阿彻是研究攻击行为的专家，他表示："男性和女性将攻击行为升级到危险水平的程度是有差异的。"[25] 男人最终可能会撞头或杀人，而女人更有可能甩脸子、叫骂、推搡、踢打或者扇耳光。

男性的攻击性更强，这一点似乎长久以来都是人类的一个特征，可以一直追溯到我们的古老祖先。[26] 古代的人类头骨化石上也留有棍棒、石头、长矛等武器造成的裂缝和孔洞，这些都是暴力冲突留下的痕迹。带着这种"伤痕"的男性头骨比女性头骨多多了。[27] 而且，在现存的狩

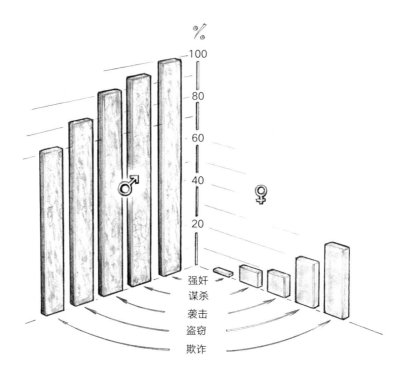

图 7-1 全世界范围内犯罪率的性别差异

猎采集部落中，他们的凶杀案所呈现的性别差异也和世界上其他地区的情况差不多：几乎所有谋杀都是由男性实施的，而且针对的大多数是其他男性。[28]

◇ 攻击性与性选择

大多数物种的雄性接触交配对象的机会并不均等，因此才会有繁殖的赢家，也就是进化的赢家。比如上一章中的雄性马鹿智慧 11，就是个大赢家。它赢的越多，其他雄鹿输的就越多，因为可育的雌鹿总数是有限的。但雌鹿却不搞这种零和博弈，它们虽然也会为了繁殖成

雄激素：关于冒险、竞争与赢

效竞争食物等生存资源，却从来不用为了交配而内讧。对雌鹿来说，争夺交配权风险巨大，且收效甚微。很多其他动物（包括人类），雌性确实会因为配偶产生一些竞争，但要冒的身体风险比雄性小得多。

一般来说（并不绝对），身体攻击能够给雄性动物带来进化红利，但给雌性动物带不来。如果雄性能够利用攻击性赢得交配机会，并阻止其他雄性接近自己的配偶，或者防止雌性"出轨"，那性选择的力量就将促进攻击行为背后基因的保留。

那么，有没有证据表明，经过进化，男人变得史适合与其他男人暴力竞争配偶了呢？当然有，而且证据不少。男人一般比女人更高大、更强壮，在最佳生育年龄更具攻击性，而且更愿意承担更大的身体风险（如死于车祸和溺水的年轻男性比年轻女性多得多）。[29] 和许多灵长目动物一样，人类男孩比女孩参与了更多的打闹游戏，这是一种很好的练习，有益于他们以后会卷入的身体比赛。[30] 而且，不管是在非洲、亚洲还是美洲，暴力接触运动（综合格斗、拳击等）几乎成了男人的专属。[31] 暴力电子游戏的玩家往往也都是男性，且男性比女性更频繁地幻想与他人搏斗。[32]

做好使用暴力的准备是要付出代价的，有时候，这个代价甚至是生命。只有当攻击行为给繁殖带来的好处超过受伤要付出的代价时，进化的天平才会向攻击性的一端倾斜。如果雄性适应了与其他雄性竞争，就必然会有繁殖的赢家（如智慧 11）和输家，而相比之下，雌性留下的后代数目则应越来越趋同，这正是我们在人类组建的不同社会中观察到的共性（除了极少数例外）：男性留下的后代数目差异比女性大得多。[33] 在现代西方国家，不同人后代数目的差异相对小。[34] 但在更加传统的社会，如巴拉圭的亚契人狩猎采集部落或肯尼亚的基普西吉斯人（Kipsigis）中，这种差异就很显著。而在一夫多妻制的社会中，由于少数男人可以占有两个以上的妻子，进化赢家与输家之间就更是天差地别了。[35]

性选择让动物适应交配竞争，而睾酮则能通过调控雄性动物的生殖生理和行为来帮助它们利用好这些适应性变化。[36] 这些变化的背后难道有一个神奇的"开关"，让它们在影响人类的时候就"关掉"？这是不可能的。就算我们不深入研究睾酮对人类男性攻击行为的调控[37]，目前的证据也足以让我们相信，睾酮必然是暴力行为存在性别差异背后的关键因素。[38]

◇ 男人、雄性黑猩猩、歌带鹀爸爸

和马鹿、强棱蜥、歌带鹀不同，我们在动物界关系最近的"亲戚"黑猩猩不是季节性繁殖的（更顽皮但脾气更好的倭黑猩猩也不是，它们是我们的另一种近亲）。在周围没有可育雌性的时候，雄性马鹿、强棱蜥和歌带鹀的睾丸长期"关机"，让雌性能在一年中的大部分时间都过着相对风平浪静、清心寡欲的生活。但男人和成年雄性黑猩猩的睾丸"超长待机"，永远要做好交配和竞争的准备。长时间维持睾酮水平在高位的成本很高，为了节省这部分成本，它们平时就只把睾酮水平控制在能够产生精子和维持第二性征（长出额外的肌肉、保持打斗倾向）的程度，然后随时保持警惕，在紧急情况下再让睾酮水平飙升。人类、黑猩猩等非季节性繁殖的动物不以季节变换作为调整睾酮水平的信号，而是时刻对其他雄性的威胁高度敏感。雄性黑猩猩在雌性黑猩猩接近排卵期、能够受孕时，威胁和打斗得更加频繁。

雌性黑猩猩"宣传"自己拥有生育能力，靠的是臀部上巨大的肉质突起——性皮肿胀。拥有这个显眼信号的雌性黑猩猩，在雄性黑猩猩眼里很有性吸引力（见图7-2）。人类学家马丁·穆勒和理查德·兰厄姆在乌干达的坎亚瓦拉黑猩猩研究基地（就是我在读博之前去做研究的那个基地）调查发现，在雌性黑猩猩发情期间，成年雄性黑猩猩

图 7-2　雄性黑猩猩看着发情的雌性黑猩猩

的睾酮水平升到了最高。[39]

　　马鹿、强棱蜥、歌带鹀群体也有同样的规律：睾酮水平、攻击性、交配行为均与雌性生育能力以及争夺交配权或获得交配权所需的资源的需要协调一致。

　　然而，人类女性和其他雌性动物就不一样了，人类女性的排卵期没有外在表现。也就是说，女人不会在排卵期长"红屁股"，不会发出男人难以抗拒的性感气味，不会突然卖弄风情，向男人宣传自己有了生育能力（不过，一些证据表明，男人可以潜意识地察觉到女人排卵前后在气味或行为模式上的微妙变化）。[40] 相反，女人在整个育龄期都处于性吸引力的巅峰，对自己究竟何时可以怀孕并没有释放过多的信号（这有助于解释男人为什么在女人无法怀孕的时候也不会弃她们而去，大多数哺乳动物做不到这一点，但这不属于本书要讨论的话题）。[41]

　　除了隐秘排卵，人类和黑猩猩（以及其他 95% 的哺乳动物）还有一个巨大的区别，那就是孩子在父亲也出力照顾时，更有可能存活并茁壮成长。这可能就是许多男人愿意花时间和精力带孩子的原因。[42] 同时，我们发现，人类爸爸和歌带鹀爸爸一样，当处于浪漫的伴侣关系中，并参与照顾孩子的时候，睾酮水平会下降。[43] 男人的睾酮水平变化与行为之间的联系虽然不像非人动物那么紧密，但道理是一样的：睾酮水平的下降，可以让男人更专注于自己的伴侣和孩子，而不是外面的竞争对手和其他"交配对象"。[44]

◇ 地位的竞争

从进化的角度来看，我们应该把暴力留到回报值得的时候再使用，当成破釜沉舟的手段。一个能够让强者和弱者都受益的系统，提前就能让双方知道和对方打一架的胜算有多少，谁应该退缩、对抗或挑战谁，最大限度地避免真正的打斗。这个系统会让每只动物都知道自己的地位，知道自己什么时候应该恭顺，什么时候应该大胆；让动物群体享受共同生活的好处——和谐地共同组建家庭、寻找食物、四处散步、保卫领地、尽情交配，并在必要时通力合作。这个系统就是地位等级。

回想一下作家费尔利斯与醉鬼在地铁里的遭遇，这就是男性之间暴力行为的典型表现：一场鸡毛蒜皮的小冲突升了级，双方都没退让，最后大打出手。走到这一步，情况还能继续恶化，许多男人之间的谋杀就是这么开始的，情况也有可能好转，许多冲突在这个阶段很快就会不了了之。

那么，两个男人会这么平白无故打架吗？从某种意义上说，会。他们就是可以这么不为任何有形的东西而打架，不为黄金，不为领地边界。从另一种意义上说，也不会。让他们打起来的其实是虽然看不见摸不着，却无比重要的东西——社会地位。我们对一个人给予的尊敬和顺从越多，这个人的社会地位就越高。地铁里的醉鬼，没有对费尔利斯这样地位更高的中产阶级的规则给予足够的尊重，没有做到"不喊叫、不骂人、不恐吓其他乘客"，以及"就算你要这么做，也别靠近我的老婆"。

许多灵长目动物都有类似的地位等级体系。为了爬上或维持更高的地位，雄性不光要有社交能力和合作能力，更要会制造实打实的暴力威胁。雄性动物学会展现攻击性来支配其他动物后，形成的地位等级体系可以降低打斗的强度和频率。"喘哼"是黑猩猩表达顺从的方式——知道自己在群体中的地位，并向占统治地位的个体表明你的顺从，这么做的话，群体中的个体就没必要在每次发生冲突的时候就真的干一架。出现发情的雌性了，或者找到理想的觅食地点了，谁最有可能竞争到手，每个个体都心知肚明。但是，如果有个体不遵守群体内的地位规则，高层就会出手干预。群体里的高层最想要的是维持现状，毕竟，它们是既得利益者，而它们得到的不仅仅是最好的食物、栖息地点、金钱或者权力，它们还赢得了配偶，击败了竞争对手，将自己的基因遗传给了后代。[45]

可是，这么说的话，费尔利斯究竟为什么要对地铁上的醉鬼大打出手呢？他并不认识这个醉鬼，以后也不会再见，为什么要承担打斗的风险？费尔利斯的社会地位并没有受到醉鬼的威胁，醉鬼也抢不走他的工作，更抢不走他的老婆，他为什么就不能视而不见呢？

这个问题的答案我们只能去推测，可以追溯到我们遥远的过去。人类在进化过程中，适应的是远古时代的环境，和我们当今的社会环境截然不同。人们根据现代狩猎采集者估计，远古时期的狩猎采集者组成的部落平均有 1 000 人左右，其中至少一半是儿童。每个部落又分成多个更小、流动性更强的群体杂居，共享土地、语言和民俗。每个群体平均有 50 名成员左右，超过 300 人的群体很少见。[46]

因此，陌生人其实是人类社会步入现代之后的新特征。在过去，特定部落中的人都互相认识，男人不仅在自己生活的群体里知道自己的地位，也在更大范围的部落里知道自己的地位，更知道自己在这辈子能接触的几百个男人中处于什么样的位置。[47] 地位透明让他们的任何特定的行为都能深远而持久地影响自己的地位，而在势均力敌的竞争对手面前当缩头乌龟，对自己来之不易的地位可不是什么好事。

由此可见，虽然那班地铁里挤满了陌生人，费尔利斯和对手的反应方式也仍是进化和睾酮为他们量身打造的。这就好像他们二人"穿越"回了祖先生活的群体中，地位亟待确定，根本不能和平共处到下一站。

◇ 睾酮的快速变化

和女性相比，人类男性在出生前、婴儿早期、青春期和整个成年期的大部分时间都暴露在高浓度的睾酮中。睾酮在胎儿期和青春期发育中能够"装备"男人的大脑和身体，让他们做好准备，在成年后对高水平睾酮做出适当的反应。睾酮还是一种工具，帮助男人"安排"能量的使用，以完成繁殖的任务，即寻找和留住伴侣。

男人体内的睾酮浓度全天都处在变化当中，从早到晚下降的幅度可达 40%～50%（有时甚至下降得更多）。[48] 而且，睾丸会每 60～90 分钟向血液中释放一次睾酮，全身的睾酮浓度会随之周期性波动。但许多雄性动物（包括男人）在响应与繁殖有关的社会互动时，体内睾酮浓度可以变化得更加急剧，在几分钟内快速变化。这种由社交引起的睾酮水平的快速变化，有助于雄性针对当下和未来与交配和地位竞争相关的社交活动做出适应性反应（在我们的进化史中，以增加繁殖成效的方式）。面对此时此刻的社交活动，应该大胆地支配还是害怕地屈从呢？应该打斗还是逃跑呢？事到临头，根本没时间停下来仔细思量，权衡利弊，犹豫要不要和对手正面对战。睾酮就是这种时候前来

　　　　　　　　　　　　雄激素：关于冒险、竞争与赢

救场的，让男人得以迅速评估其竞争成功率，增加其做出适应性反应的可能性。

无论在实验室环境中，还是自然环境中，人们在男性身上曾多次观察到这种短时间内睾酮水平的快速变化，其中一个在如今最常见的场合，就是男人们互相竞技的时候，也就是职业运动的赛场之上。乍看之下，足球比赛或拳击比赛似乎和一个人选择配偶的前景没什么关系，但体育运动提供了一个测试和提高一个人的竞争能力、合作能力，并最终提高社会地位的机会。[49]

◇ 成王败寇

1994 年 7 月 17 日，在美国加州帕萨迪纳的玫瑰碗球场，意大利和巴西打响了世界杯的最后一战。世界杯，全世界最盛大的体育赛事，给了佐治亚州立大学的行为内分泌学家一个做科研的创意。

赛前，研究人员带着试管和问卷来到了帕萨迪纳，去比萨餐厅找了一群意大利队男球迷，又去酒吧找了一群巴西队男球迷，让两群人分别在赛前和赛后提供唾液样本。他们将用这些样本来测定这些人的睾酮水平，实验很简单。[50]

比赛进行了 90 分钟，两队均无建树。足球嘛，这种情况常有，结果没想到加时赛还是没人进球，把比赛拖进了令人揪心的点球决胜。全世界都屏住了呼吸，等着双方球员——射门。

最后谁赢了呢？研究人员只需查看男球迷唾液样本中的睾酮浓度，就能得知比赛的结果了。巴西队男球迷的睾酮浓度在比赛结束后维持不变或有所上升，意大利队男球迷的睾酮浓度不升反降，看来巴西队获胜！许多实验都得出过类似的结果，赢家和输家的睾酮水平在比赛前都会上升，但赢家的睾酮水平保持在高位的时间比输家明显更长。甚至在非运动竞技项目（如国际象棋、电竞）中，只要是男性参与者多的，都能看到这种趋势。不过，虽然人类和非人动物的睾酮水平都呈现这种变化，但这个结果并不是很稳定。实验的环境（比如竞争是在实验室，还是在"现实世界"中精心策划的）、参与者是否在乎输赢，或者其他激素的水平等许多因素，都会影响睾酮对竞争的反应。[51]

体力竞争的输赢是动物战斗能力的体现。赢者能够持续发挥自己的能力优势，而输者只能在未来面对挑战的时候格外谨慎，毕竟被揍个鼻青脸肿可不利于交配——这种现象就叫赢者输者效应。这种效应已被昆虫、鱼类、鸟类、哺乳动物等多个动物门类证明，而且人们可以明显观察到，至少非人动物体现的这种效应都是由睾酮（或某些动物体内的睾酮变体）主导的。[52]

我再拿一种被人研究透了的动物——雄性叙利亚仓鼠举个例子。我儿子就养了一只雄性仓鼠，沾了披头士乐队第四名成员林戈·斯塔尔的光，起名叫林戈。如果我把另一只更大的雄性仓鼠放进林戈的笼子里，两者就会打起来，胆小的林戈很可能会失败、投降。第二天，可怜的林戈继续沉浸在之前的失败当中，变得草木皆兵。如果我此时再放另一只仓鼠进去，就算新的仓鼠骨瘦如柴、毫无攻击能力，林戈也只会畏首畏尾，面对攻击时只会尽力自卫。这种现象会在叙利亚仓鼠身上持续一个月左右，原因就是睾酮水平的下降。[53]

对打输的雄性叙利亚仓鼠的研究表明，如果在刚刚打输时为它们注入额外的睾酮，它们就不会有典型的输者反应，反而会像赢者似的扬扬得意，继续积极地捍卫家园。由此可见，竞争失败之后，如果能获取一剂睾酮，就可以减轻压力和恐惧，在未来面对新挑战时抛弃逃跑的念头，增强再战的动力。

当然，在野外，过分自信同样不是好事。有过失败经历的动物得格外谨慎才能保住性命，而让睾酮水平下降正是做到"格外谨慎"的关键。动物大脑对威胁的感知和反应靠的是多种激素和神经递质的协同作用，而睾酮水平的变化可以为大脑传递信号，改变其对这些激素和神经递质的敏感性。动物在竞争失败一次之后，再次受到威胁时，很可能就会感到更强的恐惧、疼痛或焦虑，从而降低攻击性反应的可能性，提高生存率。如果林戈在第一场打斗中胜出，它体内的睾酮浓度就会升高，它在再次遇到对手时就更可能鼓起勇气，在自己的地盘上迎战入侵者。在自然界，成为雄性主导者，明智地利用攻击性，一般来说都可以提高繁殖成效。

◇ 性格至关重要

男人不管是在打曲棍球、玩电脑游戏，还是吵架，甚至打拳的时候，都可能会觉得自己的地位或声誉岌岌可危。这种感受驱使他们不择手段地取胜。毫无疑问，在这种情况下，睾酮就会做出反应（至少是瞬时反应），激发男人去竞争，有时这种竞争还可能变成攻击行为。这种变化符合挑战假说，即雄性动物的睾酮水平会随着地位或资源受到威胁而升高。但其中仍有很多问题，人们还没有完全弄清楚，比如：睾酮水平变化的目的是什么？其背后的生物化学机制是什么？睾酮水平变化的男人有什么特征？什么样的社交互动会引发睾酮水平的变化呢？

幸运的是，已经有科学家着手解决这些问题，并做出一些令人惊喜的成果了。加拿大心理学家肖恩·热尼奥勒和朱斯坦·卡雷带领团队做过多项实验，探讨了睾酮水平的升高对男性攻击性的影响。[54] 他们发现，主导型男性的特征为坚定、强大、自信，这样的人有更强的动力来获得地位和权力。但如果一个人在坚定、强大、自信的同时，还有另一个特征——缺乏自控能力，那他在被挑衅的时候就更可能做出攻击性反应。研究人员指出，既是主导型又很冲动（缺乏自控能力）的男人，在实验中睾酮水平升高时（通常就是他们面对竞争时）往往会展现攻击性。

也就是说，睾酮虽然可以增强攻击性，但仅有一部分男人受此影响。这就能解释为什么过去的许多研究结果缺乏一致性。如果一项研究的对象不多，那产生显著结果的可能性就很低，因为拥有合适性格特征的实验对象根本就不够，而此类实验过程复杂、成本很高，一般来说参与人数都不会太多。

为了更充分地探索睾酮与攻击性的关系，热尼奥勒和卡雷又做了一项后续研究。他们招来了 300 多名男性，组织了史上最大规模的同类实验，并在实验中让每人填了一份性格问卷，还玩了一款电脑游戏——可不是《侠盗猎车手》那种流行游戏，而是一种常见的科研工具，学术名称叫减点攻击模式（PSAP）。经过充分验证，减点攻击模式可以在实验中衡量玩家的攻击性。

在做测试时，研究人员会让玩家相信与他们竞争的是他们在视频中看到的另一名玩家（同为男性），但其实他们对战的是电脑程序。PSAP 的目的是让玩家按下特定的按键，尽量赚取积分，积分在测试结束后都可以换成钱。玩家除了按特定的按键让自己得分，还能按另一个按键给对手减分。给对手减分不会给玩家自己带来好处，只会伤害他眼中的"另一名玩家"。攻击性强的人，如暴力犯罪分子，或其他自称有攻击性的人，通常自己的得分更少，最后挣的钱也更少，但会花更多时间去剥夺竞争对手的积分。从本质上讲，这些人愿意只为用暴力回应挑战而付出代价。

测试开始之前，研究人员给每个被试的鼻孔里都喷了一种凝胶。有些人的凝胶里含有睾酮成分，可在 15 分钟内提高其血液中的睾酮浓度，而有些人的凝胶不含任何活性成分，属于安慰剂。实验的全过程中，被试都不知道自己被分配的是含睾酮的凝胶还是安慰剂。

测试结果证实了过去的研究结果。被喷了含睾酮的凝胶的男性表现出了更强的攻击性，也就是说，他们剥夺了"另一名玩家"更多的积分。而且，和之前的实验一样，这种行为主要发生在易冲动的主导型男性身上。

◇ 基因也很重要

但是，性格还不是唯一的决定因素。研究人员不仅观察了被试的性格，还关注了他们的基因，尤其是编码雄激素受体的基因。还记得我在第三章中写过的我的那个学生珍妮吗？她的雄激素受体基因就发生了突变，让雄激素受体完全失去了功能。PAIS患者的雄激素受体虽然还有功能，但对雄激素的敏感性远不如正常的。因此，男人表现出的攻击性不仅与其睾酮水平相关，也与其雄激素受体是否正常工作，以及与睾酮结合的雄激素受体有多大能力调控靶基因（例如促进胡须生长、肌肉生长、攻击性增强的基因）制造蛋白质相关。研究发现，就算是功能齐全的正常雄激素受体，其调控靶基因表达的效率也分高低，有的能促进产生的蛋白质多一些，有的则少一些。

热尼奥勒和卡雷想要了解如果给予被试一定量的睾酮，是否会增强雄激素受体效率相对高的人的攻击性，于是还收集了所有被试用过的漱口水，从中提取了他们的DNA。

编码雄激素受体的基因片段中存在CAG重复序列，也就是一小段由"C-A-G"不断重复组成的碱基序列，一般会重复8～37次。[55]重复的次数越少，其制造的雄激素受体的工作效率就越高，反之，效率就越低。那么，在其他条件保持一致的情况下，对定量给予的睾酮反应最强烈的人，就应该是雄激素受体基因中CAG重复序列最短的人。

人们曾经发现，CAG重复序列的长度影响人体的许多方面，例如前列腺癌的易感性（CAG重复序列越短，越易患前列腺癌）、妊娠结果（CAG重复序列越短，越容易自然流产）等，甚至种族背景不同，CAG

重复序列的长度也可能不同。[56]

　　这么来看，CAG 重复序列的长度还能影响人体对睾酮产生反应、激发攻击性的能力。在所有易冲动的主导型男人当中，CAG 重复序列长度较短，因此对睾酮敏感性较高的人，果然用更强的攻击性对含睾酮的凝胶做出了反应，剥夺了"对手"更多的积分。

　　除此以外，CAG 重复序列长度更短的男性被试，还报告说他们从攻击行为中获得的乐趣更大！这一发现为睾酮可能如何激发男人攻击性提供了一些见解。睾酮增加了人体对奖励的敏感性，因此睾酮水平的升高就成了一种激励。举例来说，如果让小鼠选择它们喜欢在笼子的哪一侧度日，它们普遍会选择曾经得到睾酮药剂的一侧。[57]多巴胺是一种神经递质，能够控制人们做事的动机，而在多巴胺浓度高的脑区，雄激素受体也很多。[58]吃甜食、做爱、吓退竞争对手这些行为对我们适应生存环境有利（或对适应进化史上的远古生存环境有利），因此当我们做这些行为的时候，我们就会分泌大量多巴胺，而多巴胺反过来就会促使我们做更多这样的行为，因为这些行为能让我们感觉良好，给我们做下去的动力。[59]动物实验已经证明，睾酮不但能增加大脑奖励中心的雄激素受体的数量，还能增加身体因取胜而释放的多巴胺的量！这些变化都让在既往的竞争中获胜的动物更愿意直面未来的威胁。

　　总结一下这项研究的结论：在适当的条件下，睾酮水平的升高对拥有合适性格、合适雄激素受体基因的男人具有激励性，能带来正向回报。[60]这个结论里的每一个因素都很重要，但这并不是说睾酮与攻击性的关系很弱，恰恰相反，这说明睾酮与攻击性的关系很复杂，研究两者关系背后机制的实验也很复杂。[61]

　　与此同时，睾酮还能通过其他方式让男人做出更严重的攻击行为。[62]睾酮能降低共情能力，当睾酮水平升高时，人们的动机和奖励增加，恐惧和疼痛感降低，促使他们更加激烈地打斗。[63]降低睾酮水平，以上变化就会反过来，证明睾酮水平低或下降的人更容易受到疼痛和恐惧的影响，更不会参与打斗，更容易逃避。[64] 非人动物展现了同样的规律。

对任何动物来说，睾酮水平和攻击性之间都绝不是简单的因果关系，而是受既往经验、性格特征、地位等级等多个因素共同调节。斯坦福大学教授罗伯特·萨波尔斯基研究攻击性背后的内分泌学原理，他在著作《睾酮的麻烦》中，用一群圈养的侏长尾猴做实验证明了上述关系。[65] 实验者饲养这群猴子的时间足够长，猴群中的成员彼此熟悉，并形成了一定的等级关系。此时，实验者提高其中一只猴子的睾酮水平，提高到"足以在它大脑的每个神经元上长出鹿角和胡须"，可以发现这只猴子更加频繁地做出追逐、抓握、撕咬的行为了。[66] 但真正有意思的还不是它攻击性增强，而是它攻击的对象，它并没有无差别地骚扰所有惹怒它的猴子，而是只盯着比自己地位低的猴子欺负，对地位比自己高的依然彬彬有礼。

睾酮不是将"小绵羊"转变成"狂战士"的灵药，它的影响在很大程度上取决于个人特质和环境因素，对人类来说尤其如此，因为我们不怎么需要肢体冲突也可以爬上更高的地位。决定睾酮具体作用的是环境的要求。有一次，萨波尔斯基在演讲时开玩笑说，要是给僧侣注射睾酮，他们不会到处打人，只会到处行善。[67]

◇ 睾酮水平快速变化的机制

当男性处在竞争状态中时，睾酮是如何迅速产生的呢？我们还不知道。指挥睾丸分泌睾酮的信号源自大脑，是由下丘脑发出的，下丘脑将促性腺激素释放激素传递给其下方的垂体，刺激垂体将黄体生成素释放到血液中。相应地，血液中的黄体生成素需要大约一个小时才能从大脑抵达睾丸，在那里告知睾丸需要分泌更多睾酮并释放到血液中。这个过程跨越的距离很长，信号传递速度较慢，那么，在发生社交互动之后，男人的睾酮水平究竟是如何在区区几分钟之内就升高的呢？[68] 这依然是亟待解开的谜团。过去的实验结果指向了一种可能[69]：在面临心理或生理压力时（例如在大赛前夕或面对威胁时），身体会释放肾上腺素和去甲肾上腺素两种激素，这两种激素可以绕过黄体生成素系统，刺激性腺分泌睾酮，方式可能是直接刺激，也可能是增加性腺的血液供应。

还有一个谜题，那就是睾酮在抵达细胞尤其是神经元后，如何快速发挥作用。正如我在第三章中解释的，一般来说，睾酮需要先激活细胞内的雄激素受体，最终影响细胞核内某些基因的表达。这个过程很费时间，而且据我们所知，在好几分钟之内都影响不了外在的行为。这说明 CAG 重复序列的长度与睾酮激发攻击性的程度之间的关系可能并没有我们原本以为的那么直接。背后的机制不可能只是睾酮调控靶基因的表达效率那么简单，因为这种调控所需的时间太长了。不过，已有新的研究提供了令人惊叹的实验证据，表明睾酮可能还对其他"非基因"因素有重要影响。[70] 意思就是，睾酮除了进入细胞内部影响基因的表达，还能在细胞表面发挥作用，更像神经递质或蛋白质类激素的作用方式——复杂性简直更上一层楼了。我在上大学之前对自然科学一窍不通，所以现在在研究睾酮时总喜欢问一些看似很基础的问题，但这些问题让我意识到神经、激素、基因等因素对行为的影响虽然烦琐，但也很有趣。对这方面的持续研究，能够极大地帮助人们了解睾酮究竟在以什么方式调控着动物的攻击性。

◇ 睾酮与女性的攻击性

女人一样会为了地位、资源和配偶竞争，有时激烈程度甚至不亚于男人。有时候，非人雌性动物之间的竞争行为也与睾酮水平有关。因此，女人在面对竞争的时候，体内的睾酮水平也会出现起伏吗？[71] 很多专家深以为然，所以设计了实验，想验证女人也符合由睾酮主导的赢者输者效应，这种效应在男人身上很常见。

但是，这类实验都会遇到一个难题。不管是男人还是女人，雄激素都能由肾上腺分泌。在压力大时，肾上腺的活动会增强，而竞争显然增加了压力。这样一来，女性在赢者输者效应中表现出的睾酮水平变化就很难解释了。女性的睾酮水平本来就难以准确测定，由肾上腺制造的睾酮还占女性睾酮总量的一半左右。就算实验发现女性的睾酮水平在她们面对竞争时上升，这可能只是肾上腺对压力做出反应时附带产生的结果。[72]

过去的科学文献很少提到睾酮对女性竞争能力的调控，有些文献就算在研究赢者输者效应时用到了女性样本，也基本上忽视了睾酮水平的变化与女性地位、地位变化或竞争输赢的相关性。[73] 而对这些东西的调控正是睾酮在男性竞争中的作用。

这不奇怪。我们之前讲过，从进化的角度来看，男人和女人对竞争威胁的反应是不同的。用身体攻击来应对竞争往往对男性更有利，女性非但获利更少，还可能在繁殖方面蒙受损失。竞争一变激烈，女性就倾向于避开肢体冲突，更快地从攻击性互动中退出。鉴于男性和女性的适应性和生理特征的诸多差异，两性在面对竞争时注定不会以同样的方式分泌睾酮。[74]

但这些都不是为了证明女人不在意输赢，在某些方面，女人的好胜心不比男人弱。在商业、体育、学业上争到头破血流的女人比比皆是，这是因为与竞争相关的激素不只有睾酮，还有其他几种，比如皮质醇。它近年来也获得了不少关注（是它应得的），而且在女性体内，雌激素和孕酮很可能起类似的调控作用。[75] 激烈竞争是一种男性特征，纯属刻板印象，我们不要为了证明女人也拥有这种"男性特征"，就去寻找睾酮也会调控女人的证据。我期待着未来能出现更多研究，关注女性竞争的激素调控。

◇ 环境的影响

迪蒙·费尔利斯在新年前夕和多伦多地铁上的醉鬼大打出手，与我们的社会有一套特定的行事规则和社交标准脱不了干系。我没猜错，他的行为没有遭到其他乘客，甚至多伦多警察的反对。"警察指出了我的自卫行为有多危险，但一边说，一边对我点了点头表示赞同……我们互相理解，他们明白，为了保护我的老婆，我甘愿冒这点儿风险。"[76]

许多社会都积极鼓励像费尔利斯这样的行为，人们期望男人动用"武力"，捍卫家庭和声誉。美国南方就有典型的"荣誉文化"，那里的暴力犯罪率历来高于美国北方。历史学家大卫·费舍尔就分析过"荣誉文化"如何影响男孩的成长：

> 在男孩很小的时候，父母就教育他们重视自己的荣誉，还要积极捍卫自己的荣誉。在这个社会，荣誉代表着男人的尊严，体现了男人的勇气、力量和斗争精神。社会要求男孩在捍卫自己荣誉的时候不能有一丝迟疑，要将野蛮的暴力一股脑儿地施加到胆敢挑战他们的人身上。[77]

假如费尔利斯和醉鬼坐在新加坡地铁里，那我敢说事情最后绝不会发展到打架的地步。（不过话说回来，新加坡的年轻人应该也不会在公共场所喝醉。在新加坡，在公共场所喝醉属于严重违法行为，许多游客付出过代价才发现这一点。）新加坡的暴力犯罪率和牙买加、美国比起来简直微不足道，连相对"和平"的加拿大，袭击罪的发生率都比新加坡高约 50 倍。新加坡是全世界谋杀率最低的国家之一，仅次于日本。

为什么新加坡如此与众不同？这个问题的答案潜藏在新加坡的文化中，是多种因素共同促成的，包括遵纪守法、家规严格、贫困率低、严惩犯罪等因素。

暴力犯罪率不仅在不同国家不同，在不同时期也有所不同。平克在著作《人性中的善良天使》中写道，欧洲的谋杀率从 13 世纪就开始急剧下降，从每年每 10 万人中有 100 人，降到了今天的每 10 万人中有 1 人左右。暴力犯罪率降低背后的原因不是人类的基因有了改变，而是几百年来文化和社会环境发生了翻天覆地的变化，包括国家对暴力的垄断。[78]

不过，尽管有上述变化，有一点是亘古不变的——不论何时何地，男人永远比女人更暴力。这种说法耸人听闻，必须有个解释，而最简洁的解释就是由睾酮引起的性选择，这是无数动物实验证据支持的。

尽管人类没有受进化力量、基因或激素的绝对束缚，但它们的深远影响在我们身上依然清晰可见。不过在很多重要的方面，我们在动物界中都是独树一帜的，就比如我们能够仔细考虑自己行为的后果，还能抑制许多低级本能。对这些塑造我们的力量，我们了解得越深，对自己行为的控制能力就越强。

综上所述，体现性别差异的行为往往受到文化的严重影响，就比如攻击性。法律、文化、社会规范既可以增强也可以减弱攻击性。我们希望社会的变革可以减少主要由男性实施的暴力行为，但若混淆了问题的根源，那问题就永远无法得到解决。直面睾酮带来的影响，能够帮助我们研究社会环境的变化如何控制有问题的男性行为。扩大或缩小攻击性的性别差异的能力掌握在我们自己手里，但必须承认的是，这些差异的产生早于任何文化的发展，其源头是睾酮，否认这一点不会为改变现状带来任何好处。

CHAPTER 8

GETTING
IT ON

第八章

兴奋起来：
睾酮与性冲动

◇ 人鼠之间

　　给你讲个故事。这是每个学内分泌学的学生早晚会听到的故事。我估计这个故事不是真的，但它能一代传一代，必然有自己的道理，我后面会解释。

　　20 世纪 20 年代，美国总统柯立芝和妻子参观了一座实验性的政府农场。两人是分开走的，在柯立芝夫人参观家禽区时，她发现公鸡的交配非常频繁，于是就问饲养员公鸡一天交配多少次。饲养员回答："一天几十次吧。"听罢，柯立芝夫人说："说给柯立芝先生听。"等农场的人把口信传达给柯立芝总统后，总统问："公鸡每次交配都是和同一只母鸡吗？"饲养员回答："不是，每次都和不同的母鸡。"听罢，总统说："去说给柯立芝夫人听吧。"[1]

　　我的学生听完这个故事确实会笑，但这可能只是对我"努力"讲笑话的回应，或者想从我手里拿更高的分数。不过，不管你觉得好不好笑，这个故事都说明了一种非常真实的现象：动物在面对新的潜在性伴侣时，性欲可以被重复唤起。这种现象也叫柯立芝效应。研究人员已经在许多动物身上都验证了这种效应，比如老鼠、鱼、绵羊、牛、猴子、黑猩猩。[2] 我有个很喜欢的实验，实验中，研究人员用一道不透明的屏障将笼子分成了两部分，然后把一只成年雄鼠放进笼子。雄鼠头顶的毛被剃光了，一根微透析探针从它的头顶伸出来，这样子并不好看。探针让雄鼠的头顶肿起很大一块，但连着长导线，可以给雄鼠活动的自由，还能让研究人员监测其大脑中神经递质多巴胺的水平。多巴胺的功能很多，其中之一就是增加动机和奖励。多巴胺水平升高证明动物在期待奖励，并被激励去追求某个目标。[3]

　　起初，雄鼠只会闲逛，秃秃的头顶伸出一根滑稽的"天线"。此时，它的多巴胺水平正常。但很快一切就不一样了。研究人员将一只发情的雌鼠放入分隔笼子的屏障的另一侧，两只老鼠很快警惕起来，疯狂地嗅着，想从对方的气味中获得想要的信息：健康状况，午餐吃了什么，激素水平，还不止这些——雌鼠能嗅出雄鼠是不是拥有高水平睾酮的成熟雄性，而雄鼠也能嗅出雌鼠是不是处在合适的生理周期阶段（能否怀孕）。嗖的一下，雄鼠的多巴胺水平蹿升了50%。[4]

　　研究人员用笼中的屏障让这两只老鼠见不到面。这就好像你要饿死的时候，有人把你最爱吃的食物端到你的面前，香味飘进你的鼻子，可你的双手却被绑在背后。人们给动物交配行为的这个阶段起了个恰当的名字，叫欲求阶段，也给动物真正交配的阶段起了名字，叫完成阶段。激发对交配的追求和获得交配的奖励的神经系统（包括多巴胺的变化），与激发对食物的寻找和进食带来的满足感的神经系统非常相似。[5]

　　最后，屏障被移除了，两只老鼠进入了正题。雄鼠的多巴胺水平和一开始相比翻了一倍，且直到射精都保持在很高的水平上，随后有所下降。这还没完！雄鼠对雌鼠仍有感情，于是它们继续交配了几次，每次交配之后休息一会儿。每次射精，雄鼠的多巴胺水平都会下降一些，等它彻底"泄欲"完毕，多巴胺水平也回到了最初的低位。

　　但我必须指出，雌鼠在这个过程中并不是被动的。若雌鼠能控制交配节奏，它受孕的概率就更高，其多巴胺水平也能比没有控制权时升高更多。[6]这表明交配中的控制权对雌鼠来说是激励性的，利于适应环境。

　　雄鼠停止交配，多巴胺水平保持低位15分钟后，研究人员拿走了雌鼠，然后让雄鼠独处了15分钟，又将同一雌鼠放在了屏障之后。

　　什么都没有发生。

　　即使后来屏障被移除，两只老鼠可以自由接触，雄鼠也没有对刚刚的性伴侣表示新的兴趣，其多巴胺水平也没有回升。它已经疲惫了，"弹匣"已空。研究人员再次拿走了雌鼠，这次没再让它回去。

等等，实验还没结束！又过了几分钟，研究人员将另一只雌鼠放到了屏障另一侧。雄鼠闻到了第二只雌鼠清新、性感的气味，多巴胺水平开始回升。接着，研究人员移走屏障，雄鼠立即站起来，扑了上去，不过这次没有刚刚那么激烈了。这个变化和其多巴胺水平的变化完全一致。虽然回升幅度没有上次那么大，但足够雄鼠再次求爱、交配、射精。它又和第二只雌鼠交配了好几次。[7]

性对我们来说可能是很自然的东西，但获得性、正确地享受性，却是一项复杂的壮举。站在雄鼠的角度想想吧，为了成功交配，它要做的前期工作可不少。首先，它要决定追求谁，做出实际追求的行为，还要让自己的求爱被接受。然后，它必须让阴茎勃起，骑跨到雌鼠身体的正确部位，插入、冲刺，最后把精子释放进雌鼠的生殖道。这才算完事。[8]

多巴胺与雄鼠体内的睾酮、外部环境中的性信号协作，帮助雄鼠完成了以上过程。多巴胺对动物来说至关重要，可以帮助动物完成所有动机性行为，如寻找食物和水、躲避捕食者、远离能造成伤害的东西等。[9]同时，多巴胺也是控制肌肉运动的核心，将行为所需的动机与运动协调起来（举个例子，帕金森病患者的多巴胺水平很低，他们因此很难控制肌肉的运动）。在雄鼠体内，多巴胺和睾酮协作，雄鼠才能将注意力全部放在发情的雌鼠身上，而不会把时间浪费在别的动物或无生命的物体上。

表现出柯立芝效应，是许多物种的雄性经过进化获得的适应性特征，这意味着这种特征会提高繁殖成效。如果与同一雌性多次交配也无法增加其受孕的可能性，那雄性完全可以不重复与之交配。但如果此时出现了另一只可育的雌性，那就是另一个留下后代的机会，机不可失。[10]

我在本章主要想要探讨睾酮在男性和女性性行为差异中的作用，那么我在开头讲述用老鼠来验证柯立芝效应的实验，是为了什么呢？

柯立芝夫妇的故事很好笑，因为它体现了一种刻板印象，即男人比女人更渴望新的性伴侣。我在本章中会分析，这种刻板印象确实是正确的，而且和睾酮有很大的关系。

总的来说，男人和女人在性偏好和性行为上有许多共同点，比如男人和女人都有强烈的性欲，都寻求漂亮、善良、健康、聪明、忠诚的伴侣。但男人往往想要更频繁的性行为，想要与更多人发生性关系，这一点我很快就会讲到。[11] 不过，在性行为方面，男人和女人存在一个性别差异，这个差异很显著，却经常被忽视，那就是性吸引的目标：绝大多数男性会被女性吸引，反之亦然。睾酮能够帮雄鼠锁定发情的雌性，那它在人类的性取向中发挥着什么作用呢？

我会在本章中先讲讲性新奇和性冲动，再来讲性取向。就让我们先从人类开始变得真正"性感"的时候——青春期开始吧！

◇ 动心、亲吻、一路发展

在青春期性激素激增之前，大多数孩子只会觉得和性有关的事情都是恶心的。这可能是因为虽然他们能感受到性的吸引力，在情感上却还没准备好接受性。但从女孩六七岁、男孩七八岁开始，雄激素就做好了飙升的准备。这发生在睾丸、卵巢"开机"，分别产生精子、卵子以及分泌性激素之前。早期增加的雄激素并不是由性腺产生的，而是由肾上腺（提醒你一下，就是位于肾脏上方的腺体，它也能产生皮质醇等激素）产生的。肾上腺分泌的雄激素可以一直增加到 20 出头，然后开始缓慢减少。肾上腺分泌的雄激素的主要成分名字有点儿拗口，叫脱氢表雄酮。不管是男孩还是女孩，其肾上腺都会释放脱氢表雄酮到血液。在肝脏、肾脏、大脑等外周组织，脱氢表雄酮会进一步转化为低水平的睾酮[12]，正是这种源于肾上腺的睾酮诱导男孩和女孩首次出现阴毛、青春痘和体味。[13] 可以说，肾上腺分泌的雄激素或许能诱导最早的心动感和性暗示。不过，光凭肾上腺分泌的雄激素还不足以刺激人体突然开始生长发育，真正的青春期要等到几年之后才会开始。[14]

让我们先简单回顾一下有关青春期的知识。青春期开始于大脑和性腺通过下丘脑-垂体-性腺轴通信。在大脑中，下丘脑释放促性腺激素释放激素，向垂体发送信号，垂体进而释放黄体生成素和卵泡刺激素给血液，让血液带给性腺作为回应。黄体生成素和卵泡刺激素能刺激卵巢和睾丸产生性激素、卵子或精子（可参考图 5-5）。这些身体和情感的变化并非西方小孩独有，全世界的男孩、女孩都会经历。[15]

性激素——女孩体内的孕酮、雌激素，男孩体内的睾酮——开启了青春期。青春期开启的特征是阴毛生长加速、女孩乳腺发育、男孩睾丸增大。女孩普遍比男孩早一年（约在 10 岁半到 11 岁半，在不同文化、环境、种族中有很大差异）进入青春期，且通常会在同龄男孩进入青春期前迎来初潮。[16]男孩发育稍迟，这一点在许多动物物种中也能观察到，因为成年雄性会争夺雌性，幼年期较长可以让雄性长得更大，然后让睾酮将能量重新分配给第二性征的发育（如肌肉量增加），更有助于交配权的竞争。[17]

随着性激素的激增，处于青春期早期的男孩和女孩对性和爱情的兴趣会提高。大多数人都会在此时开始对他人动心（女孩动心的次数更多），而且此时的动心很快就会开始带上性的意味。[18]不过庆幸的是，这个年龄段的孩子通常不会把"性趣"释放在别人身上，反而会释放在自己身上——到 14 岁时，已经有约 90% 的美国男孩和约 20% 的美国女孩自慰过。同时，在美国，青少年初吻的年龄是 15 岁左右，大多数青少年第一次发生性行为是在 18 岁之前。[19]

性激素水平的上升必然会带来性冲动与性能力的提升，这是不足为奇的。这不就是青春期的意义吗——在身体和行为上为繁殖做好准备，包括寻找配偶、求爱、交配、哺育后代。这也正是性激素的功能：

调控基因的表达，并以此缓慢协调多个器官系统（包括大脑）的广泛变化，带来持久影响。[20] 而且，刺激性冲动与性能力提升的可不是性激素的微弱变化，而是青春期的显著变化——比如随着年龄的增长，性激素的水平会逐步下降。

女孩的睾酮水平在童年几乎检测不到，到成年后也维持在很低的水平，但孕酮和雌激素却明显增加。[21] 在雌性哺乳动物（包括人类）中，激素变化对性行为的影响是显而易见的。雌性会成为雄性（也不排除雌性）性欲的焦点，且两性都会对可能发生的性关系感到兴奋。而相比之下，男孩的睾酮水平则会在 9 岁到 10 岁时开始上升，在 13 岁到 15 岁开始急剧上升，在 17 岁左右趋于平稳，然后稳定一段时间，最后缓慢下降，尤其在 40 岁之后，回落趋势明显。

如图 8-1（和我们在第三章中看到的）所示，早在出生前，睾酮水平就已经有性别差异了。男性胎儿在妊娠第八周接触的睾酮水平比女性胎儿高得多。我们在第四章中讲过，更高水平的睾酮让男性胎儿的大脑男性化（塑造能力）。在青春期，先前被男性化塑造过的大脑再次暴露在了高水平的睾酮之下，被进一步塑造，以响应个人的经历和环境，最后激发了男性的性行为。[22]

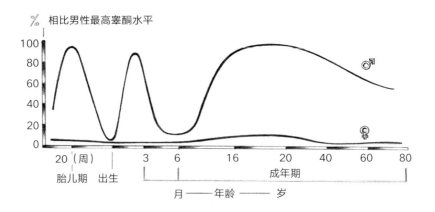

图 8-1 男性和女性一生中的睾酮水平

雄激素：关于冒险、竞争与赢

考虑到每一种性别为了最大限度地提高繁殖成效而承受的进化压力，我们期待男性和女性在性欲上表现出什么样的区别？再考虑到环境的重要性，我们又期待男性和女性在真正的性行为上表现出什么样的区别呢？

◇ 进化、一夜情、留在家里

我再怎么强调文化很重要也不为过。我要列出社会环境影响性行为的许多方面的几个例子。美国的摩门教传统上实行一夫多妻制，因为教派创始人约瑟夫·史密斯大约有 40 个老婆；1882 年，美国通过了《埃德蒙兹反一夫多妻法》。再比如，在古罗马，人们觉得同性恋行为是男子气概的体现，插入的一方是被人们广泛接受的，而被插入的一方则被认为是顺从的、奴性的。[23] 在现代中东和非洲的大部分地区，同性恋被认定为违法，甚至可以判处死刑，而在欧洲和美洲的大部分地区，同性恋者可以合法结婚或同居。[24] 在美国的许多地方，如果年轻女性（尤其是社会经济地位较高的女性）拥有好几个性伴侣，那她很可能会受到来自社会的"荡妇羞辱"。[25] 而滥交的年轻男性可能会得到赞扬，尤其是社会经济地位较低的男性，更容易因为这种行为被称赞为"种马"。

然而，尽管有以上差异，从进化的角度来看，在"文化噪声"中应当隐藏着一种生物学的信号。我们依然认为，男人对随意性行为的态度比女人更开放，更愿意有多个性伴侣，并且有更强的性欲。另一方面，男人和女人对建立长期伴侣关系有几乎同等程度的渴望。

从理论上讲，男性的繁殖成效只受限于他们有能力竞争到一夜情的次数，以及有体力支撑多少次性行为。但研究显示，在大多数狩猎采集社会中，最成功的男人只能生育 25 个孩子左右，这个数字对生育能力强的女性来说并非遥不可及。[26] 历史上，"最强爸爸"的桂冠应当属于 13 世纪大蒙古国的可汗成吉思汗。相传成吉思汗有好几百个孩子，任何女人一辈子也不可能生这么多。[27] 成吉思汗的儿子似乎也继承了父亲的"嗜好"，让现今全世界大约每 200 个人里就有一个是这位大汗的后人。[28] 随着时代的发展，拥有这种生育能力的男人越来越罕见了，但并没有绝种——一位诨名"大爸爸"的安哥拉男性去世，留下了 156 个还在世的儿女和 250 个孙子女。[29]

当然，大多数人类父亲远没有成吉思汗和"大爸爸"那么"多产"。和其他性别差异一样，繁殖成效的性别差异在极端情况下最为明显。男人不是马鹿，一般情况下不会拥有"后宫"。雄鹿之所以可以有"后宫"，部分因为是小鹿不需要父亲就可以生存。很多食草动物都会面临随时被捕食者当成午餐的威胁，因此它们只能跑。新生的马鹿幼崽在出生后几个小时内就能站起来行走了。但我举个极端的反例——歌带鹀，它们出生时全无能力，只能依赖父母照顾。歌带鹀雏鸟看不见，不会飞，得靠妈妈才能取暖。如果没有爸爸照顾，它们就很难活下来。爸爸要是还想将基因传下去，那就得留下来带孩子。这有助于解释为什么将近 90% 的鸟类在一个季节或更长时间内（甚至一生）首选结成伴侣作为交配模式。

人类婴儿的情况有点儿复杂。他们眼睛能看见，也能自己保暖，但在将近一年的时间里，他们都无法站立行走，学会自己找食物要花费的时间就更长了。没有爸爸带孩子，孩子当然也不是活不下去，但不管是当代社会还是进化史上，人类婴儿的成活率在父亲帮忙的情况下都会高很多。[30]

一个生活在狩猎采集社会的女性，是不能靠超市来获得喂养和照顾她的孩子所需的能量的。女性生育孩子的最快速度约为三年一个。不考虑双胞胎或多胞胎的情况，在 25 年的育龄期中，一个女人大概能生 8 个孩子。对于一个过着我们祖先的典型生活方式的女人来说，维持住一个高质量、高地位、高投入的性伴侣，从繁殖的角度来看，可比增加性伴侣的数量划算多了。[31] 如果父亲能帮母亲变得更健康，减轻她的生活压力，让她有机会摄入更多能量，她的后代就有更大的生存机会。如果她拥有了更多能量用于繁殖，两次生育的时间间隔也将缩短，她一生中就能生出更多的孩子。虽然家庭其他成员也能够对女性给予帮助，但丈夫在帮助妻子保持最佳生育状态方面尤为重要。可以想见，女性往往更喜欢那些不仅有很高社会地位，还表示愿意在自己和孩子身上投入时间和精力的性伴侣。[32] 男性如果只为"爽一把"，不能表现出这些品质，则可能很难找到健康、可育的伴侣，这是因为女性在行使生育选择权。

对大多数男人来说，留在家里照顾配偶和孩子是比公开竞争新配偶风险更低、回报更高的繁殖策略。回顾一下有可靠文献记载的所有人类文明，一夫一妻制都是最主流的结合形式。不过话说回来，就算增加配偶的数量，能够从中获利的基本上也只有男性。在历史上，一夫多妻制比一妻多夫制常见太多了。[33]

从进化的角度来看，人类最大限度地提高后代存活率的最佳方式，就是父母双方都留在家里，组成一个团队一起照顾孩子。在遥远的过去，父母能够依赖大家庭或社区其他成员的力量，但如今，许多夫妇只能单打独斗。不过，就算没有额外的帮助，大自然也在鼓励所有父母（包括养父母、单亲父母、两个妈妈或两个爸爸）留在家里，全情投入。经过进化，人类发展出了一套心理机制，能帮助我们应对育儿的高要求——对于有伴侣在侧的人，浪漫爱情能巩固二人之间的关系，让团队协作更易接受。与此同时，父母之爱还能进一步激发参与和牺牲，甚至让他们对整个育儿过程感到有回报——无论如何，平衡。

不管怎么说，在哺育后代上的巨大投入，无论是孕期还是产后，对女人来说都是强制性的，对男人却不然。差异尤其明显的例子就是一夜情，也就是专业人士所谓的短期性关系。从理论上讲，愿意随时创造并抓住繁殖机会的男人，就应该能更多地把自己的基因传给后代。男人和女人的繁殖策略必然有很多一致之处，尤其在夫妻配对方面，但要论起对性和"尝鲜"的渴望和品味，男人和女人又必然截然不同——我们观察到的实际结果的确证明了这些推测。[34]

◇ 床笫之间和实验室内的性别差异

人们总说男人比女人更饥渴，无时无刻不想"乘兴而做"。除非你生活在地底下，不然你肯定也觉得这种刻板印象有一定的道理。这话确实不假，但有没有可能这种刻板印象只是受某些特定的社会文化的束缚，并不是放之四海而皆准的呢？曾有研究人员利用多种不同的方法，针对男人和女人在性欲和对性新奇的偏好上的差异，广泛地从各种不同的社会文化中收集了海量数据。

比如在 2009 年，心理学家理查德·利帕带领团队分析过一项大规模互联网调查的数据。调查是 BBC 联合世界各地的专家共同进行的，收到了无数网友的反馈。[35] 来自美国、巴基斯坦、巴西、俄罗斯、印度、新加坡、中国等 53 个国家的 20 多万人（以英国人和美国人为主）贡献了自己的观点。利帕团队在分析后指出，虽然男性不一定在每次产生性欲后都和伴侣实际发生性行为，但平均而言，男性的性欲远高于女性。

而为了衡量人们对性新奇的渴望程度，研究人员从《社会性性取向量表》（Sociosexual Orientation Inventory）里抽了几个问题。《社会性性取向量表》是一种常用的研究工具，可以评估人们对随意性行为的接受程度。你看过美国 HBO（家庭票房电视网）20 世纪 90 年代出品的热门电视剧《欲望都市》吗？里面有个角色叫萨曼莎，说得委婉点儿，她在性方面放飞自我，在许多集里她都对新勾搭上的征服对象表现出了极大的"性趣"（她的性伴侣不少）。要是萨曼莎去做《社会性性取向量表》的测试，肯定能得高分。你如果也想知道自己得多少分，可以去网上搜一搜、测一测。利帕团队用的量表是简化版的，共有三道问题，每题按程度选择 1～7 分，程度最弱为"不同意"，最强为"同意"。这三道题分别为："我可以接受有性无爱"，"我可以想象自己和多个性伴侣舒适地享受随意性行为"，"在享受舒适的性行为前，我必须和对方有心理上、情感上的密切联系"。

不出所料，男性的得分普遍高于女性。男性对不用负责任的随意性行为抱有更强烈的渴望，这是人类所有心理性别差异中最大的差异之一。我可以给你一个数据，让你更清晰地了解世界各地人们的社会性性行为指数差异的平均大小[36]：你可以随机选择一名女性，她对随意性行为的兴趣比男性低的概率为 70%。在性欲方面，各地的性别差异稍小一些。

这个规律在世界各国都存在，无一例外，男性在社会性性行为指数上的得分更高，但各国得分的差异却很大。冰岛、奥地利、丹麦、瑞典、法国等较为富裕、性别平等推进得较好的国家得分差异较小，主要是因为这些国家的女性在性方面拥有更多自由（社会性性行为指数高），得分更接近男性。而菲律宾、巴基斯坦、沙特阿拉伯、土耳其等性别平等程度较低的国家，得分的差异也会加大。在得分差异大的国家，女性性行为受到的限制多（社会性性行为指数低），导致女性的得分远远落后于男性。（英、美两国在社会性性行为指数上的性别差距处于中间水平。）可以看出，尽管不同国家得分差异不同，但性别差异都是显著存在的，因此利帕得出结论，调查数据可证，社会性性行为指数受"文化和生理的双重影响"。

与之相对的是，虽然根据对性欲的衡量标准"我是否很容易被唤起性兴奋"以及"我是否拥有很强的性动机"，世界各地的男性普遍比女性性欲强，但国家之间的差异并不大。

性欲很少受文化影响，这在情理之中。社会环境能够塑造我们的信仰和行为，但难以改变我们的生理需求，如对饮食、睡眠、性的需求。巴基斯坦人和丹麦人饿了都要吃饭，这是一样的，只是满足这种需求的方式大不相同。丹麦人喜欢吃猪肉，但巴基斯坦人不吃猪肉，因为伊斯兰教禁食猪肉。丹麦的文化价值观让丹麦人相信猪肉健康、美味，但巴基斯坦人认为猪肉不洁。虽然文化不能影响性欲，但可以想见，不同社会的道德标准和期望必将影响人们的社会性性行为指数，让人们对有性无爱的接受程度产生差异。

◇ 下体从不说谎

上述结果只是大规模跨文化研究的冰山一角。[37] 这些研究的结果都很一致，那就是男性的性欲比女性更强，且男性偏爱性多样化，但后者的差异更容易受社会文化的影响。不过，这类研究也有自己的弊端——要依赖参与者自己的报告，说不定参与者不说实话呢。有几种办法可以在一定程度上避免参与者说谎，比如设计多个问题相互对照，保证参与者的回答前后对得上，再比如你可以更有创意一点儿，让参与者戴上测谎仪。[38]

但是，男人的阴茎是不会说谎的，至少性学研究者是这么认为的，我非常同意。我们不可能把微透析探针插到男人、女人的脑子里，然后让他们兴奋起来，把他们熟悉的性伴侣换成新的，然后记录实验数据。但我们可以使用性学研究者最喜欢的实验器具——阴茎体积描记器。阴茎体积描记器可以在男人的"小兄弟"上套上一个环，分别在男人观看自然纪录片和色情片，或者在听古典音乐和色情录音时，测量其周长的变化。

　　　　　　　　　　　雄激素：关于冒险、竞争与赢

结果证明，当男性参与者（大多数是欧洲和美洲的男大学生）进入实验室，用上阴茎体积描记器对其性兴奋进行"客观"测量时，人们发现测量结果与他们的口头报告都是能对上的。也就是说，参与者的阴茎"认可"了他们口头报告的兴奋程度。[39]

在实验中我们发现，男人在观看色情片时，如果片中的演员一直不改变，他们的性兴奋（可用阴茎周长变化来表明）就会随着时间的推移而逐渐减弱。但当新演员登场时，参与者会重新兴奋起来。一组研究人员还用过别的指标来衡量参与者对观看色情作品的兴奋程度，比如射精时间、射精量、精子活力（精液中"优秀游泳选手"所占的比例）等。所有实验均证明，和老鼠一样，男人在与新的性伴侣有性接触（哪怕是性接触的虚拟暗示）时，能够恢复强烈的性兴奋。[40]

可见，不管性取向如何，男性都能表现出明显的柯立芝效应，但女性就弱得多了。[41]

还有许多其他证据也能佐证这种对"尝鲜"的偏好和性欲的性别差异。比如，男人自慰的次数多于女人，而且比女人更经常在选择自慰的时机和地点时犯低级错误。CNN（美国有线电视新闻网）评论员、作家杰弗里·图宾前几年就出过这么一档子事。在和《纽约客》杂志的同行开视频会议的时候，图宾竟然开始自慰，结果还忘了关摄像头！在全世界，色情作品的主要消费者就是男人，这让他们在不付出任何努力的情况下就能饱览饥渴裸女（或裸男）。[42]而且，他们倾向于跳过培养感情的"前戏"（女人普遍喜欢"前戏"阶段）。男人更多幻想与陌生人或多人发生性关系，而女人倾向于幻想与当前的伴侣或认识的人发生性关系。出卖身体是人类最古老的职业之一，但纵观历史，几乎只见"男买女卖"，鲜见"男卖女买"。[43]使用"约炮网站"、对陌生人的"上床邀请"积极回应的，往往也是男人。

◇ 男人与性：睾酮应该背这个黑锅吗？

基于过往对人类进化的了解，以及男人之间存在交配权竞争的事实，我们可以对上述性别差异的出现做出简洁的解释：是进化的力量让男人变得性欲更强，对性新奇更加偏爱。社会文化也很重要，但它不足以解释全球性行为中一致的性别差异模式。

适应性进化的出现需要进化机制，也就是大自然选择并保留能够带来繁殖优势的基因。举个例子，我家养了一只猫，名叫洛拉，它有狩猎的习性。它很喜欢躲在客厅的沙发后，跟踪毛绒小球玩具，然后一个猛冲，扑向"猎物"，试图用锋利的爪子和大大的犬齿将其"开膛破肚"。猫的爪子和犬齿就是复杂的进化机制带来的，对其捕猎很有助益。

那么，一旦承认男人拥有更强的性欲和对性新奇的偏好是一种适应性进化，毫无疑问，睾酮参与了这种进化。不管这种进化的推动力是什么，它都在男人和女人的体内有巨大的差异。高水平睾酮是男性睾丸的产物，睾丸能产生精子，而睾酮很明显地给男人催生了许多提高繁殖成效的生理、行为特征。由此推理，睾酮与男人性欲更旺盛、更爱"尝鲜"有关，是十分合理的。

且不说动物实验，光看人类，我们也知道，大幅提升男性的睾酮水平（从极低到正常）能够增强男性性欲、性功能，提高性唤起程度，而且反之亦然。在下一章我们就会分析，对于那些出于治疗目的或在变性过程中中断了睾酮的分泌的男性来说，性欲、性唤起程度和性功能都会有所下降。[44]

男性的睾酮能够对生理、社会、环境做出反应，使男性倾向于以平均而言对繁殖有益的方式行事。[45] 有时，这种反应可能促进男性寻找多个性伴侣，但一般不会。还记得我们在第六章中讲到的雄性歌带鹀吗？在当了爸爸之后，雄性体内的睾酮浓度就会下降。我提到过，人类也有类似的现象发生。首先，当男人刚刚确定伴侣关系时，其睾酮水平很可能就会降低，在这种情况下，睾酮水平降低能够让他更加忠诚。与此相对，高水平睾酮就成了"骑驴找马"的男人更常见的特征。

有了孩子以后，男人的睾酮水平会进一步降低。[46] 此时减少的睾酮，配合着浓度变化的其他激素，可能会让育儿工作变得没那么枯燥，反而有获得感、喜悦感。此外，它还能削弱男人与其他男性竞争、寻找其他配偶的动力，雄性歌带鹀育雏时也有同样的变化。

男人在有后代之后，体内激素怎么变化，在很大程度上取决于他成长的社会环境和他与孩子互动的时间。[47] 例如，坦桑尼亚的哈扎狩猎采集部落一般实行一夫一妻制，哈扎部落的父亲经常抱孩子，陪孩子玩，给孩子喂饭。而与之相邻的达托加牧民实行一夫多妻制，达托加部落的父亲经常离开家庭，把孩子扔给母亲或其他监护人。你可以猜猜，哪个部落的父亲睾酮水平更低。肯定是哈扎部落。研究发现，哈扎部落的父亲的睾酮水平比没有孩子的同部落男性低将近50%，而达托加部落男性不管有没有孩子，睾酮水平都差不多。[48]

与年幼的孩子进行身体上的互动，比如喂食、玩耍、抱、换尿布等，均能引发父亲的睾酮水平降低。在很多情况下，一个父亲对家庭的关注度越高，就越能提升繁殖成效。[49]（不过，男人在成家之后，睾酮水平也不是越低越好，比如在听到孩子啼哭时，男人的睾酮水平就会上升，或许啼哭能激发男人的保护欲吧。[50]）

◇ 女人性兴奋靠的也是睾酮吗？

读到这儿，你可能想问，睾酮除了能当雌激素的前体，在女性体内还有什么作用。在英语里，"estrus"（发情）一词来源于拉丁语

"oestrus"——意为"疯狂"。[51] 雌性动物（包括女人）在寻求交配的时候确实能做出疯狂的行为，却没有什么证据证明女性的性兴奋和睾酮有关。[52]

关注睾酮对男性性行为——性欲、性表现、勃起质量等方面的作用的论文实在太多，对此我不意外，但我们真的不太了解睾酮等性激素对女性性行为的作用。这可能是因为女性激素水平的起伏比较复杂，相关的研究才比较少。女性体内的各种性激素（包括睾酮）在月经周期内浓度变化幅度很大。比如，雌激素和睾酮浓度在排卵期前后达到峰值，因此女性在月经周期起点和中期的睾酮水平可能会有很大差异。我在第五章中也讲过，利用传统技术（放射免疫分析）根本测不准女性的睾酮水平。综上所述，我们没有发现睾酮与女性的性欲和性功能等方面的关系，有可能是因为真的没有关系，但也可能是因为研究的方法出了问题。[53]

如果你对性（无论是和伴侣做爱还是自慰）没有兴趣，或者极少萌生与性有关的念头，那你可能就属于性冷淡人群。当然，只有当你自己觉得性冷淡影响你的生活时，它才算是问题。影响一个人对性的兴趣的因素有很多，如年龄、心理健康、生理健康、是否处于亲密关系中等。

综观全球，性冷淡女性的人数大约是性冷淡男性的两倍，但其比例在不同地区和年龄段的人群中存在巨大差异。[54] 针对性冷淡人群进行的最大规模的调查涵盖了 29 个国家，包括英国、德国、美国、澳大利亚、土耳其、印度尼西亚、南非等。研究人员询问了约 2 万名参与者（40～80 岁，有男有女）的性欲状况，最终发现，中东和东南亚的女性最常出现性冷淡的情况（43%），而北欧和中南美洲的女性最少出现性冷淡的情况（分别为 26% 和 29%）。年轻女性更少出现性冷淡的情况，据报道，美国 40 岁以下的女性只有 20%～30% 出现性冷淡的情况。[55]

医生经常给希望增强性欲的女性开"标签外"睾酮，但我敢说，肯定没什么效果。"标签外"的意思是睾酮的这种用途未经美国食品和药物管理局批准。[56] 男性性欲随年龄的增长减退时，医生也经常给他们过量开睾酮，但男性和女性性欲减退一样，原因很复杂。[57]

大多数性欲减退的育龄女性（一般指 18～39 岁）的睾酮水平并不低。额外补充睾酮是不会改善她们的性欲或行为方式的，除非把她们的睾酮水平提升到远高于正常女性的范围。在这种情况下，性欲倒是能增强，但睾酮也会让女性的整个身体呈现男性化特征，如长出痤疮、冒出胡须。[58] 在下一章我会讲到有些女性希望变为男性，因此睾酮诱导出的男性化特征就不再是副作用，反而成了她们想要的。

绝经后的女性（一般在 50 多岁），卵巢大部分功能已经丧失，和卵巢功能正常、仍能分泌性激素的育龄女性相比，出现性冷淡的概率更大。[59] 女性绝经后，雌激素的主要"产地"就会变为肾上腺，同时，肾上腺也能为循环系统供应低浓度的雄激素。绝经女性的睾酮水平比育龄女性低 30%～50%[60]，而且由于男性的性欲和性功能与睾酮水平显著相关，所以人们普遍怀疑导致绝经女性性欲、性功能减退的罪魁祸首也是睾酮。

但前面说过，凡是和女性性行为有关的研究都是很复杂的。性欲减退（不管是男性还是女性）的原因可能是激素，也可能不是。我们和伴侣一起变老，随着年龄的增长，精力和健康状况都会变差。关于睾酮究竟能否增强绝经女性的性欲，有些研究说效果不明显，有些研究说完全没效果。[61] 总的来说，人们尚未找到强有力的证据来证明睾酮和绝经女性性欲减退相关。

若要对"睾酮对典型女性性行为是否至关重要"这一问题来个终极测试，我们就得找一个过去从未接触过睾酮的女人。如果她很少有或根本没有性欲，或者性功能有很大问题，那就可以证明激素对正常女性性行为至关重要。CAIS 患者（比如第三章中的珍妮）完全不受雄激素的影响，但经历了雌激素的所有影响，是合适的人选，但她们似乎都有典型的性反应、性欲望，达到性高潮的能力也很正常。[62]

性行为是复杂的，女性的性行为尤甚。和男性相比，女性的性冲动和性唤起更受社会和情感因素影响。[63] 在性行为中，男人和女人都会分泌更多的多巴胺，这是两性的共同点，但两性的性激素却天差地别——女性的雌激素水平高得多，而雄激素水平低得多。[64] 而且，通过对人类女性和非人雌性的研究，我们得知，雌激素才是性动机的关键。看来，女人总有许多独特的"处世之法"，这一点在生活的方方面面都有所体现。

综上所述，我们不能因为男人性欲靠睾酮，女人不靠，就推定男人总是"欲壑难填"，女人总是"清心寡欲"，这是思维陷阱。回想一下柯立芝效应的故事，你能看出这里头有一种讽刺意味吗？对频繁交配更感兴趣的是柯立芝夫人，而不是丈夫柯立芝先生。

◇ 同性恋老鼠

我在讲柯立芝效应和男人对"尝鲜"的偏好时，举的是老鼠的例子。其实，卑微的老鼠还能拿来讲解本章的第二个话题——睾酮与性取向的关系。

根据人们目前的研究，自然界中不存在同性恋老鼠，也就是不存在只被和自己具有相同性别的其他老鼠性吸引的老鼠。（实际上，明确具有真性同性恋特征的非人动物只有雄性家养绵羊一种。[65]）然而，假性同性恋行为在动物界却很普遍，老鼠种群内也时有发生。我在第四章中讲过，雌鼠有时会尝试骑跨其他同类（既有雌鼠也有雄鼠），雄鼠有时也会做出雌鼠才有的弓背姿势。通过人为手段改变老鼠的激素状况，人们便可增加这种行为的频率。去除老鼠的性腺，并为老鼠提供跨性别激素，人们成功诱导了这种同性恋行为的发生。

　　研究人员的具体做法是：在老鼠对激素敏感的时期（出生后几天，此时老鼠对激素的敏感性比出生前更高）将其暴露在高浓度的睾酮环境中。给一只雌鼠提供正常雄鼠的睾酮（在敏感期早期和成年期均注射高浓度睾酮），雌鼠就会更喜欢骑跨同类。同理，将雄鼠阉割，并在其成年期为其提供正常雌鼠的性激素环境，雄鼠也会做出正常雌鼠的交配行为。[66] 人们以其他动物为对象，还做过成百上千次类似的实验，得到的结果都差不多。[67] 那么，人类形成同性恋倾向也是因为接触过浓度非同寻常的性激素吗？

◇ "女同" 机师和 "男同" 空乘

　　关于激素在人类性取向中的作用，老鼠的确能给我们一些启发，但人类的性取向比起老鼠，还是复杂多了，也有趣多了。人类的性取向影响的绝不只有发生性关系的对象。举个例子，这一小节的标题就反映了一种刻板印象，同性恋女性比异性恋女性更有可能当机师，同性恋男性比异性恋男性更有可能当空乘。当然，这只是刻板印象，无法体现同性恋者职业偏好的多样性，但其中不乏科学事实。

　　和异性恋女性相比，同性恋女性更容易被男性主导的工作吸引，比如卡车驾驶、房屋修建、电器维修等，这些工作和人接触得少，和物接触得多。[68] 而同性恋男性则更多地从事女性主导的工作，如美发、护理、室内设计等，这些工作和人接触得多，和物接触得少。换句话说，相比异性恋者，同性恋者对更具异性特征的工作更感兴趣。这是自然的，表现出这种偏好的同性恋者，一般都觉得自己没有同性别的异性恋者那么男性化或者女性化。[69] 这些非典型的性别感受不是同性恋者成年以后才突然出现的，对那些有这种感受的人来说，它们一开始就存在。

所谓的非典型性别特征，无外乎在特定人群中，男性表现出了女性的典型性别特征而已，女性也同理。（这里的非典型与人们的出身无关，也与特征好坏无关。）比如，我在上小学的时候参加过少年棒球联盟，在 20 世纪 70 年代的美国新英格兰，女孩参加少年棒球联盟就是非典型的，因为里头的孩子基本上都是男孩。不过现在时代不同了，少年棒球联盟里的女孩已经越来越多，再也不非典型了。

表现出非典型性别特征（回避粗野的打闹游戏，喜欢打扮或化妆，喜欢娃娃，喜欢和女孩玩耍）的男孩，和表现出典型性别特征的男孩相比，长大后更可能表现出同性恋倾向。同样，不穿裙子、喜欢粗野的运动、喜欢和男孩打闹的女孩，长大后更可能表现出同性恋倾向。[70] 不管是美国的孩子，还是菲律宾、萨摩亚、危地马拉、英国、巴西这些国家的孩子，哪怕文化背景不同，童年时期的非典型性别特征和长大后的同性恋或双性恋倾向之间都有密不可分的联系。[71]

我可以再举一项相关的研究作为例子。这是同类型中规模最大的研究之一，非常经典。时任加州大学洛杉矶分校精神病学家的理查德·格林领导的团队跟踪研究了一群男孩从童年到成年早期的成长轨迹，想看童年时期表现出的非典型性别特征能否预测其成年后的性取向。[72]他的团队招募了 66 名"广泛地表现出非典型性别特征"的男孩，年龄在 4～11 岁，然后把这群女性化男孩和另一组 56 名男孩进行比较。第二组男孩在人口学上和第一组匹配，而不看性别化行为。结果发现，第一组非典型男孩中的大部分（70%）经常穿典型女孩的衣服，但第二组典型男孩中没人经常穿女装，不过有 20% 的男孩偶尔穿过。而且，更多的非典型男孩（85%）表示他们希望自己是女孩，而只有 10% 的典型男孩有过这样的想法。

多年以后，两组男孩有的长大成人，有的正处于青春期末尾（有

　　　　　　　　　　　　雄激素：关于冒险、竞争与赢

些已经退出了研究），格林的团队随访了他们。第二组具有典型性别特征的男孩都是异性恋者，而第一组具有非典型性别特征的男孩，有75%是同性恋者或双性恋者。[73]

第一组男孩的非典型性别特征是社会文化塑造的吗？并没有相关证据。相反，他们的行为普遍遭到了社会的强烈反对，却依然没有"改观"。许多性别特征不够"典型"的孩子都在忍受他人的不赞同、羞辱，包括来自家人和同龄人的排斥。

你可能也想到了，男孩表现出女性化的特征，可能是因为他们在子宫中接触的睾酮浓度偏低。低浓度的睾酮影响了他们童年的行为，也影响了他们成年后的性取向——这是个容易想到的假说。对男性化的女孩（假小子）来说，情况就正好相反，她们在子宫中接触的睾酮浓度偏高？难道是高浓度的睾酮让她们在童年爱上了典型男孩的游戏，在成年后变成了同性恋者？

如果是这样，出生前接触的睾酮到底是怎么让孩子爱上具有非典型性别特征的游戏的呢？有可能是以最直接的方式，也就是让孩子喜欢上某些特定的行为本身，也可能没那么直接，靠的是缓解孩子的恐惧、焦虑，增强冒险精神和对新奇事物的兴趣，还可能是促使孩子对异性典型的行为模式产生偏好，不管它们是什么（或以上所有）。我举个例子来说明。假如我在子宫里接触了高浓度的睾酮，它可能直接增强我砸东西、扔东西的欲望，也可能让我想要像我认识的男孩那样玩耍。没人知道哪种是对的。睾酮直接影响特定的行为（如打闹游戏）更常见于非人动物，或者当我们在睾酮与行为之间的关系中看到跨时代和文化的一致模式时。尤其对人类来说，睾酮的作用应该是直接、间接兼有的。[74]

综上所述，我们究竟能不能说，我们如果在出生前接触了较高浓度的睾酮，就会变得男性化，喜欢女性，而如果在出生前接触了较低浓度的睾酮，就会变得女性化，喜欢男性呢？答案不是绝对的，其中的原理很复杂。有些证据能证明睾酮似乎对女性的性取向有影响，但对男性来说没什么证据，或者就算有证据也不能令人信服。

◇ 胎儿期的睾酮水平与同性恋倾向

在第四章中，我讲过 CAH 女孩的行为模式。患有 CAH 的女孩，在胎儿期就在子宫中接触了过高浓度的睾酮。与同龄的未患病女孩相比，CAH 女孩更可能以打闹的男孩风格玩耍，长大后在男性主导的职业中所占比例过高。与其他女性相比，她们成年后成为同性恋者的概率更大——大约有 30% 的 CAH 女孩认为自己的性取向"不完全是异性恋"，虽然 30% 也不算太高[75]，但和一般人群中非异性恋者的占比（4% 左右）相比，高多了。

我们再分析另一种情况——CAIS 女孩（如第三章中的珍妮）。她们有典型男性的 XY 染色体，但其雄激素完全无法发挥作用。她们的玩耍行为模式与染色体为 XX 的普通女孩别无二致，且长大后也只喜欢男性。[76]

当然，上述两种情况都很极端，大多数人无论出生前还是出生后，在发育过程中接触的睾酮水平都处于符合其性别特征的正常范围内。大多数同性恋男性只比异性恋男性略显女性化，大多数同性恋女性也只比异性恋女性略显男性化而已。你可能会想，那我们怎么才能找到答案呢？

我们想弄懂的是男性胎儿和女性胎儿接触的睾酮的相对水平。和同性别胎儿的一般水平相比，同性恋者在胎儿期接触的睾酮水平更高还是更低？但要研究这个问题，取样的时机也是关键的考虑因素。男性胎儿在第 8 周和第 18 周时睾酮水平升高，外生殖器和大脑分别在这两个时期分化。[77]这还不算完，在刚出生几个月的"迷你青春期"，男婴的睾酮水平还会上升一次，也可能对性取向产生影响（可参考图 8-1）。

如果胎儿期或初生期的睾酮水平能影响性取向，我们就得在这些关键时期测定胎儿血液中的睾酮水平，测定其他时期的水平意义不大。[78] 但实际上，在这些时期取样是很困难的，至少在人类身上如此。没几个孕妇愿意让别人在自己身上戳来戳去，要是为了孩子的健康还好，为了科研是不可能的。一般来说，胎儿接触的睾酮水平需要利用羊水或脐带血来测定，但羊水和脐带血中的睾酮水平也不一定等同于胎儿体内的睾酮水平。而且，我们也说不好胎儿大脑分化的准确时间，难以确认取样的时间是不是最佳时机。[79] 综上所述，由于有操作层面的种种难题，我们至今都没能弄懂同性恋的根源是不是激素也就不足为奇了。

◇ 让我看看你的手

人们还常用另一种方法来估测胎儿期的睾酮水平，它就是计算指长比，即一个人无名指与食指的长度之比。指长比和睾酮水平能有什么关系？我理解，乍听之下肯定挺奇怪的，但你试试，举起双手，手心朝向自己，把手指伸直，你可能会发现每只手的无名指和食指的相对长度是不同的。如果你是女性，你的食指很可能比无名指略长或一样长，男性则相反（见图 8-2）。许多脊椎动物都有这种性别差异，在出生之前，食指和无名指的长度差异就已经出现了，且受睾酮水平的影响。CAH 女孩（胎儿期接触的睾酮水平高）就普遍比健康女孩指长比低（食指相对短，无名指相对长）。指长比低一般是男性化的特征，指长比高一般是女性化的特征。[80]

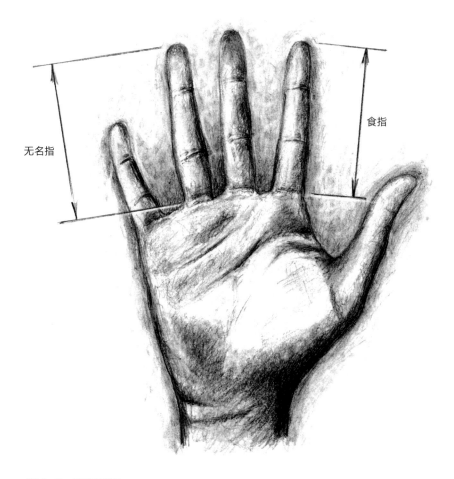

无名指

食指

图 8-2　测量指长比

　　不过，指长比也不是判定胎儿期睾酮水平的可靠指标，其影响因素不只有睾酮水平。要想证明胎儿期睾酮水平与某种特定特征有关联，我们需要对数百人进行抽样。[81] 然而，虽然指长比只能用来粗略地研究胎儿期睾酮水平，且只能得出趋势，看不出个体差异，但由于测量指长比是相对来说简单易行、成本低的将激素水平与行为特征联系起来的方式，人们还是做足了研究，提出了各种各样的结果。有说指长比与攻击性、认知能力、运动能力有关，也有说它与性取向有关。有的结果被媒体大肆渲染，且大多数结果写得神乎其神，甚至还有说指长比能预测人们信不信超自然力量的。[82] 当然，这也可能是因为没那么"耸人听闻"的研究没人发表罢了。

说了这么多，指长比研究到底表明了什么呢？有人发现同性恋女性普遍具有较低的指长比（男性化特征），但并不是所有人都认同这个结果。至于同性恋男性，光靠指长比根本没法儿证明他们在出生前接触的睾酮水平比其他男性低。而且，不管是同性恋男性还是同性恋女性，在成年后的睾酮水平和同性别的异性恋者根本就没什么差异。[83] 更重要的是，还有一项研究表明，同性恋男性阴茎的平均长度比异性恋男性长（勃起时 16 厘米比 15.24 厘米），而阴茎长度确实是和胎儿期接触的睾酮水平正相关的！[84]

睾酮对身体构造和行为模式的两性异形有影响，尤其是对攻击性和性行为有影响，这是经过充分论证的，但睾酮是否也造就了一个人的性取向呢？我们完全没弄清楚。CAH 女孩中拥有男性化偏好、兴趣，长大后成为同性恋者的个体占比更大，这表明胎儿期接触的睾酮可能更容易影响女孩的性取向。至于睾酮在胎儿发育期能否以不同的方式塑造男性的性取向，以目前的技术，我们还难以监测。[85]

◇ 同性恋者带来的启发

虽然男同性恋倾向与睾酮的关系目前尚有争议，但关于本章的第一个论题——男性性行为，尤其是男性对性新奇的偏好，同性恋男性是能给我们不少启发的。

高产作家、社会评论家安德鲁·沙利文曾在《纽约杂志》上发表一篇名叫《"我也是"运动与自然界中的禁忌话题》的文章。在文章中他讲了个笑话："同性恋女性在第二次约会时会带什么？回答：整个家都带给你。同性恋男性在第二次约会时会带什么？回答：还能有第二次约会？"[86]

这个笑话和本章开头柯立芝效应的故事一样，也利用了刻板印象，这次是同性恋男女在爱情和性上的倾向。我要再次强调，刻板印象之所以存在，是因为它是有一定道理的。与同性别的异性恋者相比，平均而言，同性恋男性拥有的性伴侣更多，同性恋女性则不然，她们更愿意只与单一伴侣发生性关系。[87]

几乎没有证据证明同性恋男性在性欲强度、对随意性行为的渴望程度、对年龄的偏好，以及对潜在性伴侣外貌的重视程度等方面，与典型男性有任何区别。就算是小时候玩耍行为模式偏女性化的同性恋男性，成年后的性行为模式也不会偏女性化（除了吸引他们的对象也是男性）。和男性（不管是同性恋还是异性恋）相比，女性（不管是同性恋还是异性恋）更愿意保持单一伴侣关系，对随意性行为的兴趣更小，一生中想要的性伴侣数量也更少。[88] 这么来看，不论性取向如何，只要一个成年人具有典型男性的睾酮水平，这个人就会具有典型男性的性倾向，只要具有典型女性的睾酮水平，这个人就会具有典型女性的性倾向。

处于同性恋关系中的人们的性兴趣和性行为为我们提供了一个视角，让我们得以研究两性如果能摆脱异性为其附加的约束和期望，将做出什么行为。沙利文自己就是同性恋者，他可以现身说法，分析和推测文化与激素能否塑造男性的行为模式：

> 男性具有侵略性的性行为和时刻高涨的性欲是父权文化"催生"的吗？还是睾酮"造就"的呢？……我认为生理因素大过社会因素。除了科研结果，我这么说还有一个原因，那就是我本人是同性恋者，我的爱情与性都没有女性参与，因

此根本不会有父权文化。在同性恋亚文化中，搭讪、恋爱、结婚，所有"直男""直女"能经历的性欲释放形式，我们也都有……说实话，如果没有女人，男人的性欲将释放得更加充分，如果没有社会的限制，其表达会更加自然，将会充满抚摸、物化、欲望、侵略、激情，以及无尽的对征服的追求。[89]

我并不是说同性恋男性只追求没完没了的"约炮"，也不是说每个同性恋男性都喜欢"约炮"。一定有许多同性恋男性拥有长期、稳定的关系，包括充满亲密感情、爱和承诺的婚姻，也一定有许多同性恋女性单身一辈子。我想说的是，沙利文发现，同性恋男性和一般男性在性态度和性行为上没什么区别，在这一点上我是认同的。

当然，同性恋亚文化对拥有多个性伴侣的男性是友好的，但光靠文化无法解释为什么同性恋男性相对滥交。主流的社会文化都是异性恋主导的，并不鼓励同性恋男性滥交（何止不鼓励，应该说是完全反对）。况且，同性恋女性也可以去自己的聚集地，匿名勾搭性伴侣，但她们并没有。同性恋男性、同性恋女性，以及人们关注较少的双性恋彼此心照不宣地遵循着各自群体的倾向，很少有反例出现。

对这种现象只有一个显而易见的解释，那就是男性更有动力发生性关系，且更愿意拥有多个性伴侣。同性恋男性的性生活更丰富，只是因为他们有这种能力：这不是同性恋的特性，而是男人的特性。[90]

CHAPTER 9

T IN
TRANSITION

第九章

睾酮与性别改变

◇ 睾酮水平的变化

NPR 的广播节目《美国生活》曾用整整一集来探讨睾酮。在其中一个片段中，制片人采访了格里芬·汉斯伯里，一位女变男的跨性别者。以下是他刚开始接受激素治疗时睾酮水平上升带来的感受：

> 我走在第五大道上，有个女人走在我前面。她穿着小短裙、短上衣，而我就光盯着她的屁股看。我对自己说，别看，别看，可就是挪不开眼睛，于是我走到了她的前面。没想到，我脑海里的声音又响了起来：扭头，看看她的胸部，扭头，扭头……这时，我脑海里又有女性主义的声音对我说：你敢扭头！你这头猪！不准扭头！这两个声音就这么吵了一整个街区，最后我还是扭头看了她一眼。在这件事发生前，我一直很酷，过去的我是个"铁 T"，新潮得很，既性感又真实，甚至会为街上的漂亮姑娘读诗，但现在我成了一个浑蛋。
>
> 我感觉我的脑海就像一家电影院，每天只放色情片。我连关都关不掉，什么都关不掉。我看见的一切、摸到的一切，最终都会和性扯上关系。[1]

汉斯伯里使用跨性别激素来变性，这种方法也叫性别肯定激素疗法，利用这种疗法的人还有很多。每个人对激素治疗的反应不同，而且随着时间的推移，人们的反应也会变。比如，汉斯伯里第一次开始服用睾酮的时候，他正处于男性青春期的中期，迷茫、不知所措（如上文他自己的描述）。话虽如此，人们选择接受这样的治疗，为的是最终的结果——给身体和精神带来可预测的变化。

跨性别者会通过医学手段彻底改变自己体内的睾酮水平。一旦跨越睾酮划下的界限，从一种性别的世界跨入另一种性别的世界，他们就成了一个独一无二的群体，比其他人都更有权讲述激素治疗给生活带来的变化。在本章中，几名跨性别者将会给我们分享他们的感受。他们所说的一切和相关领域的大量文献是相符的。

这一章的分析都基于他们在服用睾酮前后的亲身经历。改变体内的睾酮水平，可以影响胡须生长、大脑思维、喉结产生等。读下去，你将会发现，这些人希望从一种生理性别过渡到另一种生理性别，对他们中的一部分人来说，睾酮是问题本身，而对另一部分人来说，睾酮却是灵丹妙药。

◇ 为什么要变性

"跨性别者"的含义很广，指的是"性别认同或性别角色与其出生时的生理性别不符的所有人"[2]。近年来，自认定为跨性别者的人数迅速增加，但增加的原因却不明确。一篇文献综述估计，2017 年，美国的跨性别者约占总人口的 1/250（约有 100 万人），已达 10 年前的两倍（其他估计给出了更大的数字）。[3] 将自己定义为"非二元性别"（既不是男性也不是女性）已成为流行趋势，跨性别者中的年轻人比老年人更多。

许多跨性别者有（至少曾经有）性别焦虑——对自身的生理性别特征或对自己在社会中的性别角色感到焦虑和不安。[4]

你可能很难想象性别焦虑者的感受。我举个不恰当的例子吧，请你想一想身体上的不适将怎样影响你自己的心理健康。很多人对自己身体的某些部位感到羞耻，觉得脂肪太多，觉得身高太矮或太高，或者觉得皮肤不好、显老、有皱纹……有人嫌自己乳房太小，嫌自己胡子太多，还有人嫌自己肱二头肌太小，嫌自己声调太高。你很可能会认为就是这些"不好的"特征让你无法被别人看到真实的自己，或者根本无法被别人看到。你可能还会因为对自己这些身体特征过于在意，以至于养成了不健康的饮食习惯、锻炼习惯，或者变得焦虑、孤立、孤独、抑郁。[5]为了改变这些特征，你什么都愿意做。就因为这种心态，医疗美容产业在全球范围内市值高达数百亿美元。

跨性别"网红"雅茨·詹宁斯说自己刚一学会说话就觉得自己应该是女孩。[6]她在3岁时就确诊了性别焦虑。当然，性别焦虑也可能在青春期或成年后才出现。[7]有些儿童的性别焦虑随着青春期的结束而消失，就算没有消失，成年人应对性别焦虑的能力也会更强。[8]但对某些起病急、缓解无方的性别焦虑者来说，变性治疗不失为一种良方。变性治疗可以让一个人彻底变为另一种性别，也可以让人停留在两种性别的中间状态。无论治疗的终极目标为何，让一个人更加贴近自己心目中的身份，总是能带来快乐、安慰和自由的。[9]变性涉及社会文化方面的，如调整衣着、发型、称谓等，通常情况下，也有医学方面的，如服用跨性别激素，可能还给乳房、生殖器甚至面部骨骼施行手术。美国拍摄的系列纪录片《我是雅茨》详细地讲述雅茨变性的故事，包括利用未发育的阴茎塑造新阴道的情节。

近年来，前往跨性别专科诊所就诊的儿童和青少年数量激增，其中女孩的数量明显多于男孩，因此服用睾酮的人数也随之增加。举例来说，在英国，被转诊到国家开办的性别认同发展服务部下属的医疗机构的年轻先天女性（出生时为女性）的人数[10]，在过去10年中增长了50倍！其他国家也有类似的趋势，针对跨性别者的激素疗法与手术治疗正在迅猛地发展。[11]

将先天女性体内的睾酮浓度提升到男性水平时，产生的效果是十分惊人的，这是因为男性和女性都具有雄激素受体（编码雄激素受体的基因位于X染色体上，女性有两条），女性也有能力对高浓度睾酮做出反应。当一个人体内的睾酮浓度很高时，这些睾酮也会反过来驱使身体产生更多的雄激素受体。[12]

你去网上查查"巴克·安吉尔"就明白我的意思了。巴克肌肉发达，嘴里叼着雪茄，留着浓密的胡须（有时他也留山羊胡），从外表看有点儿像美国打星范·迪塞尔，却比范·迪塞尔胡须更密、文身更多。然而，长着这副面孔的巴克却在自己的网站上介绍道，自己在 1962 年 6 月 5 日出生时是女性，但他从不认为自己是女性，每天都很挣扎，直到终于得到机会变性为男性，才过上了"真实"的生活。[13] 巴克 28 岁时开始服用睾酮，随后声调变低了，阴蒂也增大了几厘米，他留起了胡须，而且靠举重练出了一身肌肉。

◇ 艾伦的故事

为了直接了解跨越"睾酮边界"、跨入另一个性别世界的感受，我和艾伦聊了聊。艾伦和上文中的巴克、格里芬·汉斯伯里一样，是一位跨性别男性。

> 小时候，我绝对是个假小子。和我一起玩的小孩大多数是男孩，而且我什么体育运动都喜欢。
>
> 我也不傻，知道在别人眼里我是女孩，但我不这么看自己。早在三四岁的时候，我就觉得自己身体有些地方很不对劲。我不知道为什么自己的身体是女孩的身体，但它一定需要修理，总有一天我会知道该怎么修理它。
>
> 上小学时，老师讲了什么是青春期，青春期时身体会发生什么变化，我当时就暗暗希望这些变化不要发生在我身上。可一到 11 岁，我的乳房就开始发育了。每天，我都用尽全

力把乳房绑起来、压平，把它们藏起来。那时候，我幻想我能生个病、受个伤，去医院，让他们必须手术切除我的乳房。直到 12 岁，我才发现还有人和我有一样的想法，而且将来真的有那么一天，可以做手术把乳房切除，而且不是因为生病或受伤，就因为我真实的想法——它们不属于我的身体。切除乳房之后，我也剪短了头发，用尽办法将符合我认知的男性形象展现出来。

我家人最终都支持我变性。13 岁时，我接受了性别肯定激素疗法的治疗，开始服用睾酮。开始服药后，我首先感受到的就是如释重负——我终于活在了正确的身体里，终于能表达真实的自己了。

我现在每周打一针睾酮。如果哪次忘了打，哪怕只晚一天，我都能感觉到自己情绪变差——我平时很开朗的。我在 15 岁时就切除了乳房，几年之后又切除了子宫和卵巢。如今，我已经和相恋多年的女朋友订婚了，也热爱自己的事业，我对现在的生活很满意，而且我坚持锻炼，身体不错。我不后悔变性，变性对我来说是绝对正确的选择。我后悔没更早变性，要是在青春期之前就变性，说不定还能再长高几厘米呢！但对现状，我已经很满足了。

要是你能见艾伦一面，我打赌你连眼都不会眨一下（也不能这么绝对，你可能会眨眼的），他真的太帅了。艾伦平常对自己的"历史"闭口不谈，因此在日常的社交场合不存在被"出柜"的风险。他虽然不是"一米八大帅哥"，但也绝对不矮。可以说，对艾伦和巴克来说，睾酮彻底改变了他们的生活。

◇ 筑起一座砖房

睾酮和相关的雄激素（以及雌激素）能引导身体的能量，将其用于构建特定的分子和组织，而其他激素，如皮质醇和肾上腺素，则可分解特定的分子和组织，释放能量，为工作中的肌肉供能（皮质醇和肾上腺素也有其他功能）。[14] 将男孩的身体组织培养、重塑成成熟男人的身体组织，在生理学上可不是一件小事。完成这么重大的蜕变需要大量能量，也需要生殖、神经、内分泌、新陈代谢等多个系统之间的紧密协调。睾酮就像是这个大型建设或改造工程的包工头，带着一个具有不同技能的工人团队，按部就班地指挥着各种工作，确保多种材料的顺利供应。睾酮招募了一整个激素团队来协同工作，团队中有生长激素、雌激素、胰岛素、甲状腺激素等，因为它们都有各自的专业领域，在成长的不同阶段决定着哪些组织优先发育。[15] 例如，生长激素负责儿童的生长，睾酮负责青春期的肌肉发育，孕酮支持妊娠期的子宫功能。在睾酮的"监工"之下，这个团队确保了必需的材料在正确的时机被配送到正确的位置，确保从男孩向男人的转变顺利完成。

就算中途把睾酮"撤职"，你也不能消除它已经做好的工作，把睾酮换成高浓度雌激素也不能。你可以把这种情况想象成盖一座砖房。砖墙一旦砌成，平时就不怎么需要维护，但也很难翻新、改变。不过，房屋的其他部分还是需要定期维护的，比如内外墙的粉刷、空调过滤器的更换、屋顶的修缮、草坪的浇灌等。由睾酮主导的工作分为两种：不需要维护的永久性变化，以及需要经常维护的。将男孩的骨骼强化为成年男性的骨骼，包括长骨生长、下巴和眉脊等面部骨骼男性化、声带伸长（用术语讲，叫"褶皱伸长"）等变化，就像筑起砖墙，砖墙坚固而稳定，难以改变或拆除。而上体肌肉增强、生殖系统发育、全身脂肪的重新分布等，就像粉刷墙壁、安装空调，如果没有睾

雄激素：关于冒险、竞争与赢

酮包工头监督团队维护和修理，这些变化就会逐渐退化，失去原本的功能。

生理上男变女比女变男困难得多，原因就是睾酮的这种"砖墙效应"。睾酮在青春期主导的多种第二性征，如肩膀变宽、下巴变得棱角分明、身高变高等，都是很典型的男性特征变化，难以彻底消除，连显著重塑或回退都很难。我在第五章中分析了睾酮对青春期骨骼发育的影响，接下来让我们再仔细看看睾酮诱发的另外三种男性特征——低沉的嗓音、突出的喉结以及全身的毛发。经历过男性青春期的跨性别女性（男变女）巴不得这些特征全部消失，而跨性别男性（女变男）对这些特征却是求而不得。

◇ 嗓音低沉

你还记得我在第二章中介绍过的阉人歌手吗？那些小男孩有歌唱潜力，可惜睾丸在青春期之前就全被切除了。切除睾丸为的是防止他们发育出成熟男性的嗓音。没有了正常男性青春期时体内的高浓度睾酮，他们得以终生保持唱高音的能力。

我儿子 11 岁时，嗓音听起来还像小男孩的。再过几年，他的嗓音就会下降一个八度，那个时候我就会知道，他的童年结束了。一个人的嗓音特性，包括气音强度、音高、音量，实际上蕴含着巨大的信息，可以让周围人感知到这个人的性别、年龄、健康状况、社会地位，如果是女性，甚至还能透露其正处于月经周期中的哪个阶段。[16] 低沉、强劲的声音是有男子气概、性吸引力强的有力信号，也是有能力统御其他男人的体现。[17]

接下来出场的这位名叫卡利斯蒂，她变性的方向和艾伦相反，是从男性变为女性。但不像艾伦在十几岁的时候就做了手术，卡利斯蒂是在 30 出头的时候才行动的，因此忍受了男性青春期带来的所有变化。

> 小时候，我总喜欢试穿妈妈的衣服。我知道自己生错了性别，但那些说我是男孩的人掌管着我的生活，花钱把我养大，所以我听他们的话。但在心里，我知道自己不是男孩。衣服不只有字面的意义，小时候，我就知道衣服有更深的意义。我们做演员的，都明白衣服能够表达出更深刻、更丰富的东西。对我来说，那就是一种与生俱来做女孩的感觉。衣服能帮我融入、表达这种感受，我感觉自己终于……正确了，我感觉我在一定程度上做了自己。
>
> 在我成年后通过激素变性时，睾酮确实给我带来了不小的影响。

艾伦希望自己能早点儿迎接男性的青春期，这样就能长得更高，而卡利斯蒂却长成了一名身高约 1.93 米的跨性别女性。如果身高没这么高，骨骼结构没发育得这么男性化，她的生活必定顺遂得多。

青春期也让卡利斯蒂的嗓音变得很低沉。她可以通过治疗手段让嗓音在一定程度上变得女性化（很多跨性别女性会这么做），但依然难以完全摆脱男性特质。[18] 给她打电话的时候，连我都难以忽视她嗓音里的男性特质，也难怪这副嗓子会给她的生活带来种种不便了。

许多激素都能作用于我们的发音器官（见图 9-1，最典型的就是喉），影响我们的嗓音，比如雌激素、孕酮、生长激素、甲状腺激素等。在一生中的不同阶段，这些激素的浓度也在不断变化。在这些激素中，对嗓音影响最为显著的就是男性青春期的睾酮。正处于青春期的男性，其睾酮水平比同龄女性高 20～30 倍。[19]（然而，同样是在青春期，性激素对女性嗓音的影响却很小，相比之下，性激素在更年期对女性嗓音的影响更大，会让女性的嗓音变得沙哑。）

雄激素：关于冒险、竞争与赢

你可以把喉想象成管状结构。它位于颈部顶端，其下方连接着气管。气管是另一种管状结构，从喉下方一直延伸到胸腔，然后分支进入肺。喉和气管组成的系统可供空气通过鼻子或口腔进入身体，流入肺。喉还可以起阀门的作用，在你做吞咽动作时关闭气道，将其保护起来。容易想见，喉和气管对一个人的生存至关重要，但它们除了为你保命，也能调节你吸入身体的气流，让气流发生变化，这样你就能说话、喊叫、唱歌了。[20]

声带位于喉内部，是一对短短的组织，就像两根橡皮筋拉伸在喉中间（见图9-2）。我们能够操控声带，改变其振动的频率，进而改变其发出的声音。通过放松和收缩附着在声带上的肌肉，我们就能改变两条声带的形状、张力和它们之间的空间大小，这个过程有点儿像你控制上下嘴唇拉伸、闭合和张开。喉内部的组织具有丰富的雄激素受体，男性进入青春期后，这些受体就可以与睾酮相互作用，使这些组织伸长、增大。[21]睾酮会导致喉管直径增大，让声带增厚、延长。

声带的长度和厚度是决定一个人嗓音低沉程度的重要因素。要是你会弹弦乐器，那你对其中的原理肯定非常熟悉，但你如果不熟悉，可以拿一根橡皮筋做实验。将橡皮筋用两根手指拉开，拉到很细、很紧的程度，然后拨一拨。再将橡皮筋放松一点儿，拨一拨。你可以改变橡皮筋的长度，多测试几次。越长、越粗的橡皮筋（或者琴弦、绳子）在受力后就振动得越慢，产生的声调就越低，而越短、越细的橡皮筋（或者琴弦、绳子）在受力后就振动得越快，产生的声调就越高。

睾酮还能增加喉内的韧带强度，促进喉内的肌肉发育，促进面部骨骼生长以增大鼻腔和鼻窦腔，这些作用都能让一个人的嗓音更加男性化。[22]在男性青春期，睾酮也能降低喉在颈部的位置，从而降低声音的共振频率，让男性发出更大的声音成为可能。[23]

就算阻断睾酮，或者在青春期后服用雌激素，睾酮给声带带来的变化也不会消除。一旦声带增厚和延长，唯一能使声带恢复如初的

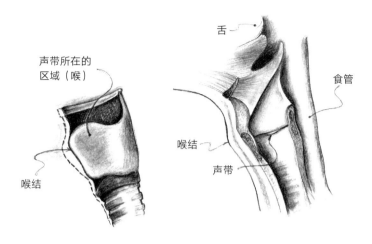

声带所在的
区域（喉）

喉结

舌

食管

喉结

声带

图 9-1　发音器官

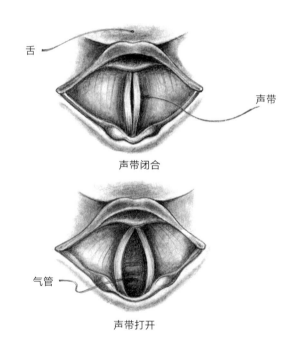

舌

声带

声带闭合

气管

声带打开

图 9-2　喉和声带的剖面图

方法就是做手术。然而，让跨性别男性获得男性化的嗓音却相对容易。不论他们从什么年龄开始服用激素，他们的嗓音都可以在体内睾酮浓度达到正常男性水平后的 2 到 5 个月内开始变低沉，并在一年内逐渐稳定，虽然通过这种方式改变的嗓音可能不如男性先天的那么低沉。

这是因为先天女性的身体在经历青春期的发育和重塑后，喉结构已经非常稳定，即便摄入高浓度睾酮可以使声带增厚，其对喉的影响却非常有限（同理，女性典型的宽臀也无法收窄）。青春期过后，女性的喉的直径相对小，高浓度睾酮也没办法让它增大，因此声带也就没有了延长的空间。[24] 较小的喉、声带和共鸣腔（胸腔、鼻腔）让女性难以发出低沉、有力的嗓音。不过，总的来说，大多数跨性别男性对睾酮带来的发音变化已经很满意了。[25]

目前，卡利斯蒂已经接受了自己的嗓音。但还有另一个男性特征是她不做手术就永远摆脱不了的，那就是喉结。和嗓音一样，喉结的出现也是睾酮发挥作用的结果。

◇ "亚当的苹果"

一旦你开始关注自己的喉结，你以后就很难忽视它的存在了，至少我自己是这样的。女人也有喉结，只是不像男人的喉结那样突出。你也很好奇吧，喉结到底是什么，为什么男人的喉结比女人的喉结更大。

在英语里，喉结又叫"亚当的苹果"。你可能很好奇喉结和苹果有什么关系。流行、公认的一种说法是这样的：亚当咬了一口伊甸园里的禁果，结果禁果卡在了亚当的嗓子眼里，成了喉结。很遗憾，这个故事只是个神话。也有语言学家提出过别的理论，认为拉丁文

"pomum Adami"即"亚当的苹果"，是古人在翻译希伯来语词组"男人的肿块"时出错而创造出来的。[26] 但很明显，这也是无稽之谈。著名的词典出版社韦氏也有自己的说法："亚当的苹果"源于中世纪的阿拉伯医学作家，他们本来将男人喉内的凸起称作石榴，结果"石榴"在被翻译为英语的过程中发生了一系列复杂的流变，最终成了"亚当的苹果"。好了，这个话题，咱们就聊到这儿吧。[27]

不讨论"亚当的苹果"的来源了。我们可以确定的是，喉结是一个人喉部最显眼的一个结构，它的本质是甲状软骨，覆盖在声带之上，对声带起保护作用。甲状软骨由左右两个软骨板拼合而成，两块软骨板相接之处就是喉结。在青春期高浓度睾酮的作用下，男性的喉部发育，其声带相比女性更长、更厚实，因此覆盖着声带的两块软骨板相交的角就更尖锐。[28] 男性的两块软骨板的交角可以达到约 90 度，而女性软骨板的交角则是约 120 度。[29] 经历过青春期睾酮水平升高的人和没经历过的人相比，喉部更大，软骨板交角更小，导致喉结更加突出。如果跨性别男性在青春期之后才开始变性，其喉结可以在外服睾酮之后开始发育，但效果因人而异。

最后，让我们再讨论一下最后也最显眼的一种性别特征——面部毛发。这是许多跨性别男性梦寐以求的特征，而睾酮可以帮他们轻松实现梦想。艾伦 13 岁开始服用睾酮，留着整洁、深黑的短胡子。巴克一直等到 28 岁才服用睾酮，但也长出了许多男人引以为豪的茂盛胡须。

◇ 毛发生长

许多人觉得自己身上的毛多余，头上的毛不够。睾酮水平较高的人可能感受尤其深刻。但你要知道，人类的毛发状况，放在整个哺乳动物世界中其实是不正常的。大多数哺乳动物的体表长有一层厚厚的毛，可以保护皮肤，但人类在自然状态下，大部分皮肤都暴露在环境当中。头顶长出异于身体其他部位的毛发也是人类的一种奇怪的特征，连我们的灵长目近亲都和我们不一样，更接近典型哺乳动物的样子。学术界对"人类无毛"的主流解释是"汗多者生存假说"。[30] 该假说认为，大约在 700 万年前，人类的祖先进化出了直立行走的特征，走出了非洲雨林，来到了阳光明媚的热带草原。在草原，直立行走的人类对有效散热的需求增加，于是便脱掉"毛皮大衣"，让汗腺密布的身体暴露出来，从而更快地降低体温。但是，直立行走也意味着我们的头顶将直接暴露在正午的阳光之下，变成了最脆弱的地方，急需某种方法遮蔽阳光。有什么好方法呢？干脆就让头顶长出浓密的毛发，让其他地方少长些毛吧！

在进入青春期之前，所有孩子的全身都覆盖着柔软、轻薄的毳毛，有点儿像水蜜桃表面的毛。随着青春期的临近，不管是男孩还是女孩，其肾上腺都会开始分泌少量雄激素。这部分雄激素会让男孩和女孩出现进入青春期的最初几种特征，比如开始"冒痘"、长出阴毛和腋毛。但在几年之后，青春期正式开始时，卵巢和睾丸就会分泌不同的激素，男孩和女孩也就走上了不同的发育道路。巴克走的是女孩的道路，睾酮水平很低，因此长着毳毛的毛囊不会进一步发育，它们继续长出柔软纤细的毛。女性双臂、双腿上的毛较薄、颜色较浅，脸上也没有粗黑的胡须，就是这个原因。

而卡利斯蒂走的是男孩的道路，睾酮水平高，让卡利斯蒂长出了"我们物种中男性性成熟的最显眼的生物学标记"（这是一位研究毛发的著名学者的原话）。[31] 高浓度睾酮让大量的毳毛毛囊（尤其是面部和胸部的毳毛毛囊）发育成终毛毛囊，进而长出更粗、更黑的终毛。男人，虽然和其他哺乳动物相比还是"光滑"得很，但和女人比起来，就是"长毛怪"。

然而，男性多毛的罪魁祸首其实并不是睾酮本身。回想一下第四章中的塔曼，那个患有 5α-还原酶缺乏症的男孩。虽然塔曼体内的睾酮浓度高，但由于编码 5α-还原酶的基因发生突变，他无法将睾酮转化为作用更强的衍生物——双氢睾酮。如果缺乏双氢睾酮，塔曼不仅无法在早期发育过程中长出阴茎，成年后面部也长不出胡须。

除头皮外，你全身上下各个部位的毛囊都需要双氢睾酮才能长出终毛。睾酮可在毛囊细胞中转化为双氢睾酮，后者与那里的雄激素受体紧密结合。通过这种方式，双氢睾酮可以上调促进终毛生长的基因的转录与表达。

跨性别男性（出生时为女性）在将体内的睾酮浓度从女性水平提高至男性水平后，体表及面部的毛发量几乎一定会明显增加，这种变化一般在激素治疗的第一年内就会发生。有些跨性别男性的胡须可能长不了那么浓密，达不到他们满意的程度（有这种问题的先天男性可能也不少）。[32] 造成这种情况的因素有很多，有可能是他们没有足够数量的毛囊，也可能是他们的毛囊对雄激素不够敏感，还可能是他们无法产生足够多的双氢睾酮。

然而，跨性别女性（出生时为男性）如果经历过男性青春期，再去逆转睾酮对毛发的作用可就难了。一旦睾酮让毳毛毛囊增大，并提高其对雄激素的敏感性，变成终毛毛囊，它们就再也变不回去了。在女性化激素治疗的过程中阻断睾酮分泌、增加雌激素可以减缓终毛的生长，让新生的终毛变细，但无法从根本上解决问题。[33] 对像卡利斯蒂这样的跨性别女性来说，睾酮给她们的身体带来的永久影响是痛苦的，逼得她们每天（甚至更频繁地）刮胡子。有些人如果有条件，也可以尝试激光脱毛或电解脱毛，效果也不错，卡利斯蒂现在就在利用这些手段和顽固的毛囊做着艰苦的斗争。

不管是男孩还是女孩，青春期都会给其身体留下不可磨灭的印记，因此在青春期之后再改变性别难上加难。而且，对艾伦这样的人来说，可能青春期本身就是痛苦的。艾伦小时候十分畏惧青春期给他的身体带来的变化，乳房变大的那天，他的噩梦就开始了。外在的女性特征违背了他真正的内心感受。

女性一般比男性早一年进入青春期，许多女孩还没上高中，身体就已经非常成熟了。艾伦虽然 13 岁就已经开始服用睾酮，但依然为时已晚，他的女性第二性征（乳房发育、臀部变宽）已经无法阻止了。

艾伦和卡利斯蒂都维持着先天性别走完了青春期的发育之路，最终留下了不少他们并不想要的身体特征，而现代化的药物治疗是可以阻止这种情况发生的。

◇ 阻滞青春期

随着接受变性治疗的人越来越多，"青春期阻滞剂"的需求猛增。[34] 这些药物可以让身体不分泌性激素，以阻止身体发生青春期的种种变化。从历史上看，它们是用来治疗性早熟的。[35] 性早熟是一种严重的综合征，患儿在进入青春期之前性激素水平就会升高，导致乳房发育，或胡须生长，睾丸变大，阴茎变长、变粗。哪怕是三岁的孩子，如果患有性早熟，也会发生这些变化。青春期阻滞剂可以帮助性早熟患儿拥有正常的童年，在正常的时间让身体发育。

用阻滞剂来治疗性别焦虑的初衷是为孩子争取时间，让青春期的变化晚点儿出现，不让这些变化"夺走"他们理想中的身体。如果患者想要在生理上改变性别，可以停掉阻滞剂，开始服用跨性别激素，否则，青春期就会在停药后自然开始。

接下来，我和 12 岁的萨沙聊了聊使用阻滞剂延迟青春期的经历。萨沙出生时是男性。

◇ 萨沙的故事

　　小时候，我父母愿意让我自己选择想穿的衣服。那时候我天天穿粉色衣服，佩戴粉色饰品，在女孩专区买东西。我得先说明，父母没有给我设定性别上的阻碍，没有什么衣服是"坏"的，也没有什么衣服是"只有一类人可以穿的"。我想穿什么就穿什么。

　　我去过一个跨性别者的野营，我都去好几年了。第一次去的时候，我虽然穿得女性化，但自我认同还是男性，称谓也都是男的，因为当时我还不知道可以不这样。但营地里的朋友都去医院监测自己什么时候会进入青春期，青春期开始的时候就吃医生开的阻滞剂。这些我以前都没听说过。

　　从营地回家的时候，我在车上和妈妈提了一句——我没说我想要，只说医院有这种检查可以做。结果我妈妈说："萨沙，咱们约个时间去医院检查看看吧。"这让我开始仔细考虑这个问题，然后我发现，我确实不想要经历男性青春期。

　　随着我越长越大，学校里的男同学都开始变声，也开始长喉结了。我不想变声，也不想要喉结。如果要经历男性青春期，我也会变声，那样在别人眼里我就成了男人了。青春期阻滞剂只是暂时的，但男性青春期的变化可是永久的，我的决定其实偏向于"永远不经历男性青春期"，但当时我觉得先阻滞青春期就够了。

　　我自己也知道，我穿衣的风格、日常的行为都很女性化，我喜欢这样。我的名字"萨沙"有点儿听不出男女的，但超级女性化。我既不想当"他"也不想当"她"，我就是萨沙，我哪个都不选。我觉得，我大部分时候比较女性化，但也不喜欢把自己称作女性。

在公共场合，有人把我当成女孩，我也完全没问题。要是有人把我当男孩，过去我也没问题，因为我根本不在乎，但在我思考过自己的穿着和行为之后，我开始在乎了。如果要我经历男性青春期，我肯定会活得痛苦死了。

嗓音变低沉，脸上长胡子，颈部长喉结，想想我都不喜欢。我不喜欢自己长出男孩的长相。我对自己天生的样子很满意，但不想要身上长毛，那样我就永远成不了女人了。

照镜子的时候，我完全不想看到自己的……男孩的东西。

讲讲去跨性别诊所的经历吧！

大约在我和妈妈聊过之后一个月，我们就约了一次检查。我挺想去的，但也没那么想去，所以当医生问我想不想要青春期阻滞剂的时候，我说的是："差不多吧，想要又不想要，我不确定。"后来我又去看了 5 次医生，态度逐渐变化，回答从"可能吧"变成了"挺想的"，又变成"是的，我很想要"，最后到"非常想要，我需要它"。每次看完医生我都会反思，然后越来越想要。所以最终他们验了我的血，帮我看我的青春期还有多久到来，最后做手术把阻滞剂植入了我的身体，太酷了。

我现在觉得将来如果停用阻滞剂，我可能会想要服用雌激素。我其实不想服用雌激素，真的不想，但不服用的话，另一条路就是男性青春期，所以我得服用，这是我唯一的"解药"。我不介意长出女性特征，摆脱男人的一切，才是最重要的。我可以接受服用雌激素，因为另一条路就是经历男性青春期，比什么都让我更受不了。我不想经历男性青春期。

萨沙还没想清楚自己长大想做什么，但觉得时装设计师或者化妆师还蛮不错的。

◇ 骚扰垂体，阻断睾酮，还有青春期

市面上有些激素阻滞剂发挥作用靠的是阻断身体各处激素受体的功能，但大多数青春期阻滞剂发挥作用的地点在"上游"，能从根本上阻止大脑发出分泌性激素的信号。一般来说，只有在大脑向性腺发送信号，命令其分泌性激素时，青春期才宣告开始，只要大脑发出的信号不停，性激素的分泌就不会停。（男人成年后，这种信号会一直不断，女人成年后，这种信号会到更年期停止。）大脑指挥性激素分泌的具体过程我在前面分析过，在这里简单复述一下：信号的起源是下丘脑分泌的促性腺激素释放激素，促性腺激素释放激素下行一小段距离来到垂体，刺激垂体释放黄体生成素和卵泡刺激素。随后，黄体生成素和卵泡刺激素去往性腺，刺激性腺产生和释放雌激素、睾酮等性激素。[36]

萨沙服用的青春期阻滞剂是最常用的一类，这类阻滞剂起作用的原理听起来有点儿不合常理，是激活垂体中的促性腺激素释放激素受体。青春期阻滞剂是促性腺激素释放激素类似物，能够模仿促性腺激素释放激素的功能。那么，为什么它能阻断性激素的释放呢？促性腺激素释放激素类似物不会像促性腺激素释放激素一样，指挥性腺分泌性激素吗？

青春期阻滞剂起阻滞作用的原因如下。正常来说，促性腺激素释放激素是一拨儿一拨儿、像脉冲一样抵达垂体的，这种脉冲属性是大脑与性腺之间的整个通信系统正常工作的关键。下丘脑只有以完美的节奏（约每 60～90 分钟一次脉冲）向垂体输送促性腺激素释放激素，垂体才能领命，向血液中释放黄体生成素和卵泡刺激素。[37] 这就

好像你得好声好气地给垂体"下订单",每笔"订单"之间还得歇口气,垂体才会给你生产和输送它的两种产品。如果下丘脑严守工作流程,且每次下命令之后都留出足够的休息时间,垂体就能为它勤奋工作,可它要是打破规则,让促性腺激素释放激素疯狂骚扰垂体,垂体就会彻底罢工,嘴里嚷着:"老子不干了!"这么一来,黄体生成素和卵泡刺激素就根本不会释放,性腺也就得不到让它们产生性激素的信号了。综上所述,青春期阻滞剂发挥作用靠的就是骚扰垂体,让垂体罢工。如果罢工的垂体属于男性,那这个男人就分泌不出睾酮了。

一般来说,青春期阻滞剂从青春期早期(10~12岁)开始使用,最长可使用 4 年。在服药期间,服药者必须决定停药后是让青春期自然开始,还是服用跨性别激素。服用跨性别激素会导致服药者的身体出现异性的青春期发育特征,也就是男性或女性的典型第二性征,如长出胡须、嗓音变低沉、乳房变大、脂肪重新分布、肌肉增加等,但服用跨性别激素无法让生殖系统也朝异性的方向发育。

◇ 给青春期按下暂停键的后果

青春期阻滞剂不只干扰繁殖能力的自然发展,还会中断大脑中任何相关的变化。人们到现在还没完全弄清楚性激素在青春期对大脑的影响,但青春期很可能是大脑"二次发育"的时机,睾酮和雌激素很可能在此时悄然塑造着无数神经回路,其留下的影响是终生的。[38]

因为给性别焦虑患儿使用青春期阻滞剂的疗法比较新潮,目前人们对服药儿童长期预后的研究还很缺乏。但我们已经发现了青春期阻滞剂在社会、生理、心理和生殖方面的一些风险,必须谨慎对待。和同龄的其他儿童相比,服用青春期阻滞剂的儿童不会经历青春期的身高突增，因此通常较矮，身体通常较弱。虽然在停药后，服药儿童能够恢复正常发育，但和同龄人的身体发育不会再同步，这可能会给他们的心理造成伤害。此外，青春期也是增加骨密度的关键时期，延迟青春期可能会让骨骼强度不可逆转地降低（但这只是推测，没有研究证据）。[39] 除了生理上的后果，青春期阻滞剂也能影响人们对自己的看法。在青春期，我们会逐步探索自己对性别的感受，因此服药也可能减少一个人在生理、认知、情感上成熟时获得更多信息的机会。[40]

停药后，与服药者生理性别对应的青春期就会开始，此时开始的青春期虽然也可能与正常青春期略有不同，但总体上说，青春期阻滞剂的干预效果还是暂时的、可逆的。然而，服用跨性别激素尤其是睾酮可就不是这样的了。如果一个人决定接受性别肯定激素疗法的治疗，那么不管年龄几何，他／她未来一辈子都要依赖医学手段来补充激素了（有的人可能还会选择做变性手术，有些变性手术非常复杂）。[41] 选择经历跨性别青春期，比选择服用青春期阻滞剂更艰难，要面对更多持续终生的严重后果，但服用青春期阻滞剂的性别焦虑患儿，有大约95%会做出这样的选择。[42]

正因为几乎所有服用青春期阻滞剂的孩子在停药后都会开始补充跨性别激素，我们必须在给孩子服药之前就先考虑好未来的生育情况。如果一个孩子在停掉青春期阻滞剂后直接开始服用跨性别激素，他的生殖系统就无暇发育成熟，那么生育能力也就基本不保了。[43] 也就是说，假如一个跨性别男孩使用了青春期阻滞剂来阻止卵巢发育，又服用睾酮，经历了男性青春期，他恐怕就再也没机会产生可用的卵子了。同理，如果一个跨性别女孩阻止了睾丸发育，然后服用雌激素，经历了女性青春期，她就不能产生有活力的精子了。然而，如果一个人保留出生时的性别，并经历了足够长时间的青春期，让生殖系统发育成熟，生成了精子或卵子，那么哪怕将来他／她接受了激素治疗，我们也有手段收获配子并为其保存起来（冷冻）。通过这种方法，跨性别者将来也就可以通过医学辅助手段生育了。而且，如果一个人在青春期结束、性腺发育完成后再接受激素治疗，只要性腺不被摘除，其若要停用跨性别激素，生育能力还可以自行恢复。

最后，我还是要强调，本书不提供任何医学建议。是否要让孩子服用青春期阻滞剂，还请各位父母和照顾者咨询持证的专业人士，而且最好不要只听一家之言。但有一点是可以肯定的：为了给这些年纪轻轻就要做出影响一辈子的重大抉择的人提供最好的支持，我们必须做更多相关的科研。

◇ 服用了睾酮又变回去

大多数服用跨性别激素做激素治疗的人都对结果比较满意，但不满意的人肯定也存在。这些不满意的人希望能够再次变性，重新以出生时的性别生活。[44] 目前，人们没有关于"去变性者"占比的可靠数据，但愿意分享自己故事的"去变性者"还挺好找的。接下来找我聊天的人叫斯特拉，一名"去变性"女性。[45] 她给我讲了自己服用睾酮、变成男人的三年时光：

> 15 岁刚过的时候我就"出柜"了，16 岁开始通过激素治疗变性。
>
> 小时候，我非常孤独、抑郁。我讨厌自己的身体、自己的生活，和父母的关系也不好。我没有朋友，每天都在哭。那时我还没有性别焦虑，这病是在我十几岁的时候找上我的。我恨上了自己的女性器官，不想和女性性别有任何关系。我都不想承认自己长了乳房和阴道，不想看那些部位，让别人

看、触碰就更不可能了。我有性欲，但在服用睾酮之前，我没和任何人有过任何形式的性接触。我知道我被女性吸引，可那时候还没搞清楚自己的性取向。[46]

我每周注射一次睾酮。第一次打完之后，我觉得自己简直像吃了速效的抗抑郁药。那三年都是这样的，每次打完之后，我的情绪能迅速提振起来，让我感到自己的决定无比正确，连身体都在提醒我，我又夺回控制权了！[47]在那段时间里，睾酮的效果很好，我如释重负。我一度以为自己的痛苦是这副身体带来的，而睾酮能帮我摆脱。

我研究过注射睾酮之后会发生的变化，而且一切都如期发生了。我的嗓音变低沉了，很好，我也在想要的地方长出了毛发，脸上、胸口都长了，腿上更多（说实话，真的是哪儿都长毛了，肚子、胸口、后背、肩膀……连屁股上都长毛了，你去问跨性别男性吧，肯定都长了）。打针不到 6 个月，我就完全变成了一副男人样。我每天都要去健身房"举铁"，"举铁"帮我缓解了压力。现在回想起来，我觉得"举铁"是让我觉得自己需要去变性的事情之一。我对自己的身体很在意，而且当时练得浑身肌肉，从外表看霸气极了，可我还是对变性的结果不满意。不管外表多男性化，我都觉得没什么东西能让我真正安心做一个跨性别男人，手术都不行。从我的本心来讲，这永远不够。

在注射睾酮之前我面对的许多问题，在注射睾酮之后依然存在。18 岁左右，我去考大学但没被录取，那时我开始反问自己想要的到底是什么，结果根本想不通。我长胖了，然后又开始疯狂锻炼，把长出来的肉都减掉了。此时我才意识到，我是真喜欢自己的身体！虽然我一直没做切除乳房的手术，但过去我讨厌自己的乳房，可后来我发现自己其实没那么介意，我讨厌乳房只是因为觉得乳房"不该出现在男人身上"，而我的身体没有任何问题。

我没意识到自己还能再变性回去，但我已经可以摆脱睾酮，让身体自然地发生变化了。我逐渐认识到让身体以自己的方式运作并没有错，也逐渐找到了适应自己身体的方式。即便带着自己这副身体，我也可以变成自己想成为的人，无须做任何身体上的改变。因此，19岁时，我停掉了睾酮，重新补上了我的身体能自然产生的雌激素。

严格来讲，我不需要做任何身体上的改变就能变回过去的性别，在过去的一年里，只要让卵巢产生自己的激素就好了！这几年，我的外表也逐渐变了回去，我重新变成女人，又开始正常生活了，但有些东西确实已经无法变回去。

就比如我的嗓音还是很男性化。有时候，人们听不出我是个女人，我觉得很后悔。嗓音是我在服用睾酮之前最期待改变的了。我也长了喉结，喉结现在成了我不安全感的最大来源，所以我也打算做手术把它变小。我脸上和身体上的毛也太多了，现在在做激光脱毛。激光脱毛又烦琐又贵，但对付浓密的体毛也没有别的办法了。还有，我的阴蒂也比平均水平大，但这完全没问题。

现在我明白了，就算我改变了自己在别人眼里的样子，我也不可能脱离自己的身体而活。我喜欢我能学会对自己的身体感到满意。

现在我20岁了，上大二，很开心。总体而言，我比以前更快乐了，虽然内心还是纠结自己的女性性别，不能完全做自己。我还没想好主修什么专业，但我将来想把自己的这些经历都写下来。

◇ 睾酮与性

除了萨沙仍在服用青春期阻滞剂，本章和我聊过天的所有人都提到了性欲方面的极端变化，这可能才是在变性过程中睾酮带来的最显著的影响。

下面就让我们和艾伦（跨性别男性）、卡利斯蒂（跨性别女性）和斯特拉（去变性女性）聊聊他们在让睾酮水平发生剧变之后，性取向发生了什么变化吧。

艾伦：

> 我过去性欲旺盛，一直被女人吸引，这一点并没有改变，但我并不想长着未变性的女性身体和女人发生性关系。这对我来说很重要，我想先变性，变成男人，让别人看到真正的我，再和伴侣发生性关系。
>
> 我开始服用睾酮后，性欲确实很快就增强了。服用睾酮之前，我不知道什么叫勃起，但服用睾酮之后，每次我性兴奋的时候，我都觉得阴蒂突然升起一种压迫感，而且性唤起的频率比之前明显更高了。

卡利斯蒂：

> 变性之前，我经历了从青少年到成年的转变，我喜欢女孩，以为自己是双性恋（现在我觉得自己是酷儿）。但无论如何，我都不想再经历一次被睾酮控制的男性青春期了。我根本承受不住，我根本没法儿控制自己的性反应。有一次上数学课，我在发呆了一阵之后，突然发现自己勃起了！当时我就专心不了了。睾酮是令人兴奋的东西，老话说得没错，男

人都是用下半身思考的。

开始接受激素治疗（阻断睾酮，补充雌激素）之后，我的性吸引模式也变了。我变得更喜欢男人，不过偶尔也喜欢女人，而且不会像以前那样整天沉迷在性爱的想法里。[48] 失去过去那么强烈的性欲对我来说是种解脱，让我更享受性爱了。一切都在变好，不仅因为我拥有女人的身体之后更舒服，还因为我有了更好的高潮体验。高潮的感受虽然可能没有那么强烈，却可以不局限在那一瞬间，不局限在生殖器的部位，然后就结束。那时候，我的整个身体似乎都成了性器官，都能有性反应，高潮持续的时间也更长，似乎影响了我的整个身体。过去，我在性行为中其实就很重视情感投入了，但现在，我和伴侣的情感联系对我在性行为中的反应和享受更加重要。

斯特拉：

我知道注射睾酮之后性欲会增强，但我没想到简直日日夜夜都有性欲。注射睾酮几个月后，我和男人发生了几次性关系，虽然内心还是喜欢女人。我开始每天想着谁在看我，我喜不喜欢他们，如果我喜欢对方，我就得立刻得到满足。谈恋爱的感觉很好，我在注射睾酮之后高潮的体验也不错，感觉释放得更快、更集中了，而变性之前，我的感受更缓慢、更分散在全身。

停药之后，我的性欲消失了几个月，但现在都回来了，虽然感觉有些不同。这种区别很明显，我注射睾酮的时候，如果有了性欲，我就得立刻释放，高潮之后的感受更多是身体上的满足。注射睾酮之后的高潮让我变得极其敏感，但现在如果只经历一次高潮，我都觉得似乎不完整，不像一种释放，反而像是在积攒着更大的东西。可能是我以偏概全吧，但在把两种高潮都体验过之后，我确信我更喜欢没有睾酮疗法的高潮。

艾伦、卡利斯蒂、斯特拉三个人的经历基本上和研究人员对经历过激素治疗的跨性别者的研究结果吻合：性欲和睾酮是成正比的。一个人外服睾酮，从女性变为男性之后，其性欲常常仿佛"打开了新世界的大门"，能增强到令人震惊的程度，需要时间来适应。[49] 而从男性变为女性的激素治疗，却常常导致性欲减退。从男性变为女性当然不至于性欲完全丧失，但随着雌激素水平的提升，性行为带来的乐趣常常会减弱，并逐步变成一种"全身"的体验。

虽然有这样的现象，我们也不能草率地认为睾酮造成性行为变化的原因是其对大脑的作用。变性对身体各方面都会造成极大的改变，也会改变心理状况，让跨性别者获得控制感，获得自己想要的身体。睾酮能造成那么多改变，你不能无视其他各种可能的因素，单单说睾酮改变了神经，进而影响性行为。不过话虽如此，不管是跨性别男性还是跨性别女性，他们的性行为变化模式确实都是一样的，而且都先于其身体的其他变化出现。改变激素水平不仅让跨性别者的性愉悦感更强（有人会说这是因为激素治疗缓解了焦虑），还让他们找到了享受性爱的另一种方式。睾酮假设与数据相符。

在大多数情况下，这些性行为方面的变化都是跨性别者想要的。跨性别女性认为，更加女性化的性体验是一种宽慰[50]，更符合她们的自我认同，也并不介意摆脱对性的执念。而跨性别男性的感受也很类似，他们体验到了更加真实的性，对他们来说，男人世界的性行为让他们大开眼界，格里芬·汉斯伯里就是这么说的。

雄激素：关于冒险、竞争与赢

◇ 睾酮与情绪

有关服用睾酮前后情绪变化的研究少得多，但依然有证据表明，艾伦、卡利斯蒂和斯特拉的经历相当普遍。[51]

艾伦：

> 我过去很少生气，现在也一样，所以这方面没有变化。
>
> 服用睾酮之前，我哭的频率应该还算正常，回想起来，我还挺容易流眼泪的。可现在，就算情绪到了，我一般也不会流泪，想哭也哭不出来。过去可能一悲伤或者一感动就会哭，但现在都不会了。我现在好几年也哭不了一次，也不是说现在肯定不会哭，只不过现在哭的门槛高多了。

卡利斯蒂：

> 我过去控制不住自己的愤怒情绪。高中二年级的时候，我身高约 1.93 米，满脸大胡子，是个呆子，整天听歌、看电影。我进入青春期很早，有些又矮又调皮的同学总喜欢靠取笑我来显摆自己。我很生气，但从没打过他们，虽然我确实想打。我那时候一生气就打墙、打门，真的打坏过不少，可是我从不会去打架，不会伤害别人。变性之前，我生气生得不那么理性，更需要发泄。有一回我甚至打了一个停车场计时器，还打输了，被那玩意儿弄伤了脚指头。要是现在，我根本不可能干那种事。总体上看，我现在的情绪平稳多了。我 33 岁开始变性，摆脱原有的睾酮，服用了雌激素。那时候有过哭哭啼啼、青春期发脾气的经历，可现在我已经平和太

多了。

斯特拉：

注射睾酮之后，我觉得整个人情绪都麻木了，但过一段时间就恢复了某种意义上的正常。我注射睾酮的那三年一共才哭了三次，之前我每天都是泪人。现在，我又能感到开心和兴奋。注射睾酮的时候，我都没意识到我丢失了这些情绪，因为那时候我的情绪经常迟钝。焦虑、喜悦、抑郁、兴奋，都仿佛以各自的方式被放大了。停药之后唯一一种反而变得更迟钝的情绪好像就是愤怒，注射睾酮那会儿，愤怒可是我最常有的情绪。现在我的愤怒和过去不一样了，更悲伤，而少了几分怒火。我觉得注射睾酮之前我的激烈情绪可能大都是因为青春期还没过去，现在我成年了，情绪平稳。

我特地向艾伦、卡利斯蒂和斯特拉询问了关于哭泣的问题，可能是因为我自己也爱哭吧，所以我很好奇。这三人在这方面都经历过激烈的变化，而且变化的模式都在我们的意料之中。跨性别男性林登·克劳福德（出生时为女性）最近在《纽约时报》上写了篇文章，介绍了自己服用睾酮一年后的情绪变化。[52] 他说他仍有想哭的冲动，但那股冲动"在抵达泪腺之前就会消失，仿佛我的情感核心和表面之间有一个厚厚的绝缘层"。或许，男人和女人能感受到的情绪没什么两样，但女人更愿意把情绪宣泄出来，而男人更愿意把情绪闷在心里。[53]

平均来看，女人哭泣的次数确实比男人多，但男婴和女婴的哭泣频率并无差异。在大多数情况下，女孩从童年长到青春期这几年哭泣的倾向并没有太大变化，但男儿有泪不轻弹，男孩的泪水却在成长的道路上逐渐干涸了。[54] 我个人觉得得不到的东西是最好的，我倒希望我能冷酷一点儿呢。

　　女性不仅哭泣的次数更多，罹患抑郁症的概率也更大，这很可能与女性睾酮水平较低有关。比如斯特拉，她就说过在注射睾酮后"我的情绪能迅速提振起来"。当然，这不能算直接的证据，但确实有研究表明，患上抑郁症的男性的睾酮水平常常处于正常范围内的低值（甚至低于正常范围），若提高睾酮水平，可能有助于患者缓解部分抑郁症状。但如果一名男性身体健康、睾酮水平正常，那你再怎么提高他的睾酮水平，基本上也不能改善他的情绪状况。由此可见，注射睾酮确实很可能真的提振了斯特拉的情绪，但也可能只是安慰剂效应。

　　变性前后的愤怒体验没有一致的变化规律。这不奇怪，毕竟男人和女人在感受和表达愤怒的频率上并没有太大区别，但男人和女人的攻击性却有很大差异，这是完全为睾酮所左右的。[55] 然而，虽然男人攻击性强、女人攻击性弱的原因是睾酮水平不同，但我们不能因此就说仅仅改变一个成年人的睾酮水平就能够改变其攻击性。许多针对顺性别者的研究都证实了这一点。提高一名先天男性的睾酮水平，就算提高到很高的水平，他的攻击性也不会随之增强。有些男性患有睾丸或神经病变，睾酮水平很低（只有女性水平），将他们的睾酮水平提高至正常水平，这些男性的攻击性也不会随之增强。这和我们在跨性别者身上观察的真实情况也吻合。诚然，卡利斯蒂说了她的攻击欲望逐渐变低，但这很有可能只是她随着年龄增长逐渐成熟的结果，也可能是变性之后她感到越来越幸福的结果。[56] 影响愤怒情绪的个人和环境因素多种多样，但不管怎么说，睾酮都不会把一个静如处子的跨性别男孩变成暴跳如雷的绿巨人的。[57]

◇ 跨性别者带来的思考

有一点我们要牢记：跨性别男性并不像普通男性那样，在胎儿期就接触了高浓度的睾酮，同样地，跨性别女性也不像普通女性那样，在胎儿期接触低浓度的睾酮。大多数跨性别者都会经历先天性别的青春期。除此以外，跨性别者从童年开始所处的社会环境很可能也和顺性别者不同，他们的行为举止常常有别于同龄人的典型性别特征，可能会因此遭受他人的冷待。以上各种因素都让我们更难理解睾酮水平的变化对性别改变的影响——我们绝不能武断地认为睾酮对发育环境不同的人造成的影响都相同。

在本章中，我们重点分析了睾酮在性别改变中的作用。看完本章，你可能会想，不同人的睾酮水平具有自然的差异，是否首先就与变性有关？鉴于我们前面对睾酮的理解，你会这么问也是合乎逻辑的。但遗憾的是，我给不了你明确的答案。没什么人研究过这个问题，仅有的研究成果还不能为睾酮水平（或雄激素受体）的自然差异与变性找到经得起反复推敲的联系。不过，现有的成果可以证明的是，胎儿期的睾酮水平异于常人，能让女孩呈现非典型性别特征，进而更可能成长为同性恋女性。这很可能也能证明睾酮和变性确有联系，因为童年患上性别焦虑的女孩，大多数都会成长为同性恋者。[58] 也就是说，睾酮会影响女孩做出具有非典型性别特征的行为，也（可能）影响女孩的性取向，以同样的方式，睾酮可能也在影响女孩变性的可能性。但截至目前，这些都只是推论。

跨性别者的经历能为我们提供许多关于睾酮的宝贵知识。这部分经历和性选择的进化理论、对非人动物和顺性别群体的内分泌学研究，以及我在本书讨论过的其他研究证据，都是我们在探索睾酮的道路上得到的重要成果。通过外服或阻断睾酮来改变性别，和通过医学手段治疗 CAIS、CAH 等疾病是一样的。而且，跨性别者为我们带来了独特的证据，证明男性性行为绝不只是文化中盛行的教养和性标准的产物，睾酮的影响对解释男性性行为不可或缺。这种证据和视角是其他群体很难给我们带来的。总而言之，跨性别者改变自身的睾酮水平的经历，向我们证实了一个多世纪以来积累的大量而多样研究的结论——睾酮真可谓神通广大。

CHAPTER

10

TIME
FOR T

第十章

睾酮时刻：
男性社会角色的再审视

◇ "呵，男人"

如果你是女人，那我敢说你一定跟朋友说过这句话，而且不用多说，你朋友就知道你指的是什么，可能是丈夫，可能是同事，也可能是政治人物。我估计这句话就是你在和朋友吐槽时说出来的。当然，反过来也成立，男人也肯定吐槽过："呵，女人！"俗话说，"男人来自火星，女人来自金星"，我们可能会把两性间的差异粗略地归为类似的内分泌学版本："女人激素太多，男人睾酮太多。"根据我个人的观察，玩笑话似的"呵，男人"可以是对男人物化女人的反抗，可以是对男人无法共情、有口难言的失望，也可以是看到男人拿过度自信来补足不安全感的反应。这句话带有性别歧视的意味，所以大多数人都只会和同性伙伴表达这种感受。

男人沉迷看球、喜欢聊女人，这些行为虽然也和睾酮有关，但没什么破坏性，可有些受睾酮驱使而做出的破坏性行为，就只会让人（不只女人，也有男人）想要大声喊停了。

性侵犯是一种复杂的行为，既是性行为，也属于攻击行为，在哺乳动物（包括人）由睾酮主导的行为中，它占了两个方面。有些男人利用更高的社会地位和权力对女性实施性侵犯，有些男人则专挑弱势的女性下手，让女性别无选择，有些时候则兼而有之。

考虑到性侵犯的恶劣性，我们必须谨慎对待所有基于证据的科学假设，因此必须接受睾酮也是导致性侵犯的重要因素的假说，这也是可能之一。

要想解决问题，就必须先阐明问题的起因。如果我们一叶障目，始终只看重一种可能的原因（比如社会性成因），而低估其他可能的原因（比如生物性成因），那我们谈何尽全力了解真相，谈何保护女性的安全、增进两性的平等呢？我们还不够努力。

但有一件事，女性群体做到了，那就是大声说出自己的经历，让典型的男性化问题行为无所遁形。公开讨论自己被人性侵的经历是很痛苦的，就让我们听听做到了这一点的一名女性的故事吧！她从司法系统、大众媒体和侵犯她的凶手那里夺回了自己的话语权，她的名字叫香奈儿·米勒。

◇ 香奈儿的故事

香奈儿·米勒是一名作家，也是一名画家，住在美国加州的帕洛阿尔托。2015 年，22 岁的米勒遭人性侵。警方的调查报告指出，施暴者不知道她的名字，如果再见到她，多半也认不出她。在新闻媒体铺天盖地的报道中，米勒只有个化名"埃米莉"。但在 2019 年，一切都变了。那年，米勒出版回忆录《知晓我姓名》，记述了性侵事件及其后果，还在著名的新闻节目《60 分钟》中透露了自己的真实身份。[1]

我没法儿管布罗克·特纳叫强奸犯，因为特纳只是把手指头插进了米勒的阴道。在美国加州，这种行为只能算性侵犯，把阴茎插进阴道才叫强奸。

案发当天凌晨一点左右，两名斯坦福大学的瑞典籍研究生卡尔-弗雷德里克·阿恩特和彼得·荣松骑车经过校园内的兄弟会会堂，注意到一个大垃圾箱后面有些不对劲。他们可以看到两个人躺在地上，男人压在女人身上。男人"动来动去"，可女人"一动不动"。见状，荣松大喊："你在干什么！她都昏过去了！"特纳闻声逃跑。荣松旋即追了上去，阿恩特留在原地检查米勒还有没有呼吸。最后荣松一脚绊倒特纳，将他按倒在地，和阿恩特还有几个见义勇为的路人一起把特纳制伏，直到警察赶到把特纳带走。[2]

特纳被判性侵犯罪。宣判那天，特纳的父亲还挺不满意，说他儿子不应该被送进监狱，声称"他为 20 多年的人生中 20 分钟的行为蹲监狱，太不划算了"[3]。

法庭上，米勒大声宣读了自己的陈词，整整 12 页。我摘录了其中的一小段，想必对潜在的强奸犯和性侵犯者来说，这一段还挺有用的：

> 你夺走了我的价值、我的隐私、我的力量、我的时间、我的私密、我的自信、我的话语权，直到今天。
>
> 按他的说法，我躺在地上全赖我自己，是我自己摔倒的。
>
> 但请你记住，如果一个女孩摔倒了，请你扶她起来。要是她喝醉了，站都站不稳，请你不要骑在她身上，不要占她便宜，不要脱她的内衣内裤，不要把你的手伸进她的阴道……要是她的裙子外面套着开衫，不要为了摸她的乳房而把她的开衫脱掉，也许她会冷，要不她怎么穿开衫呢？要是她已经被脱光了衣服，而你还压在她身上，就请你赶紧起来吧！[4]

本案的主审法官亚伦·珀斯基判处特纳在县监狱服刑 6 个月。如此宽大的处理惹得加州的选民纷纷谴责他践踏正义，把他赶下了台。[5]

大多数男人不是特纳那样的禽兽，也不是阿恩特和荣松那样的英雄——毕竟，仗着自己的身体去制伏一个男人很可能会身负重伤。我们之前也分析过，性别差异在极端行为中是最显著的，就比如说性侵和见义勇为。

男人比女人更可能以身犯险、见义勇为，虽然是一种刻板印象，但它一点儿也没错。女人当然也有自己英勇的一面，比如把西瓜大小的婴儿从自己牛油果大小的阴道口挤出来，为世界带来新生命，但不可否认的是，救他人于水火的英勇行为大都是男人做出的。

从 1904 年开始，美国和加拿大共有 1 万来人获得过卡内基英雄勋章。卡内基英雄勋章表彰的是"自愿以身犯险，以非凡的勇气拯救或试图拯救他人生命"的平民。勋章获得者从溺水、房屋火灾、动物袭击等各类事件中救助过周围的人，但其中只有 10% 左右为女性。2020 年共有 15 人获得勋章，我以其中两个人为例。第一位是 52 岁的温斯顿·S. 道格拉斯，美国佐治亚州亚特兰大的公交车司机。某天上班的时候，道格拉斯看到一个男人在他眼前的马路上用刀刺伤了一个想过马路的中年妇女，于是迅速停下了车，冲出去和袭击者对峙。袭击者也想用刀去刺道格拉斯，就在此时他的刀断了。多亏道格拉斯及时出手相救，受害者死里逃生。第二位是 2020 年唯一的女性获得者，约兰达·鲁宾逊·艾瑟姆。她冲回失火的房屋，想救出自己的三个儿子，可惜最终不幸遇难。[6]

勋章获得者的男女比例如此不均衡，你可能也想到了另一种很简单的解释——显然是性别歧视。

令人欣慰的是，近些年，人们对性别不平等的意识明显增强了。虽然卡内基英雄勋章评审委员会（也就是负责评估谁获勋章的组织）的大多数委员都是男人，但也有 1/3 是女人。不过，这些女委员也控制不了提名者的性别——绝大多数是男性。我要重申，我们在此分析的都是极端行为，其中的性别差异相对显著。女人肯定也有冒着生命危险解救他人的，更有参与危险运动（比如自由搏击、赛车）的，但综观不同国家，男性就是比女性更追求刺激、激烈、新奇和冒险的活动，比女性更愿意冒身体上的风险，这是毋庸置疑的事实，很可能与睾酮有关。[7]

在法庭陈词中，香奈儿·米勒也没有忽视自己的英雄："我最要感谢的是这两个救了我的男人，虽然我们到现在连面都没见过。我画了两辆自行车，用胶带粘在了床头，用来提醒自己，这个事件中还有两个英雄。"[8]

米勒事件发生两年以后，记者罗南·法罗在《纽约客》上发表了一篇文章，揭露了知名电影制片人哈维·韦恩斯坦的性侵行径。文章引发了轩然大波，许多男性都被卷了进来，被指控性侵犯，甚至更加严重的罪名。

◇ "我也是" 运动

2017 年，韦恩斯坦"星途"正顺，事业如日中天。法罗在《纽约客》的文章中指出，韦恩斯坦出品的电影，从《低俗小说》到《莎翁情史》，"获得了超过 300 项奥斯卡提名，在年度颁奖典礼上，他获得感谢的次数几乎超过了电影史上的所有人，只有斯皮尔伯格比他还多！"文章接着披露，包括米拉·索维诺、罗姗娜·阿奎特、艾莎·阿基多在内的 13 名女演员联名指控韦恩斯坦性侵犯和性骚扰。[9]而且在她们发声后没多久，越来越多的人跟着指控韦恩斯坦。"我也是"运动正式开始。

到 2020 年，韦恩斯坦在纽约被判强奸罪，获刑 23 年时，"我也是"运动已经"审判"了数百个有权有势的男人（不出所料，被指控的女人只有零星几个）。其中就有喜剧演员路易斯·C. K.，他喜欢当着女人的面自慰，甚至在办公室开会时也毫不避讳。事后，路易斯反思道："我学到的教训是，当我比别人权力大的时候，问别人要不要看我的下体，其实等于没给别人选择的余地。但我明白得太晚了。"[10]

"我也是"运动，以及米勒的性侵犯案件中最值得我们关注的一点，就是这些事件的性质有多么一致——男性都有权有势，年龄更大，一般还不讨人喜欢，玩弄权势，不择手段地要与年轻、性感的女性进行性接触。就比如一个年轻的兄弟会男孩非要从一个无力拒绝的女孩身上占到便宜。

相比之下，对女性的指控惊人地少。当然，在媒体、政治、工业领域掌控权力的女性本就比男性少，但这些女性同样有能力利用权势得到自己想要的东西，且过程中不需要男人成为玩物、强迫男人发生性关系，或者在男人面前自慰。你什么时候听说过一个女人趁陌生男人昏倒的时候摸他的下体？

我认识的大多数男人都不是韦恩斯坦，也不是布罗克·特纳。韦恩斯坦或许异于常人，却不是进化的例外。他是个集权力、优越感、个性和性欲为一体的人，一旦时机成熟，就能掀起一场完美的掠夺性风暴。睾酮有增强性欲和对交配对象占有欲的功能，当男人有了权力，受害者无力反抗，而社会文化又缺乏纠正的力量时，就会有人做出掠夺的行为。不过，我们有能力阻止这种事情的发生。

"我也是"运动已经取得了切实的进展，我希望这种运动能够继续下去。[11] 我在前文中也强调过，要改变男性的行为，并不需要抑制睾酮发挥其功能，改变态度和社会文化就足够了。平克在《当下的启蒙》中就说过，在美国，"以妻子和女友为对象的强奸和暴力行为在几十年间逐年减少，现在仅为过去最多时的 1/4，甚至更少"[12]。以我们目前的了解，出现这种现象并不是因为男人的睾酮水平下降了。从过去到现在，男性对性的渴望始终没变，（在某些地方）改变的应该是一部分有权势男性的优越感。

奖赏与惩戒、表扬与责备，这些社会实践影响着人类行为的表达。我们需要改变的还有很多，而深刻地了解睾酮的影响，对我们实现结构性变革、促进积极变化有益无害。

◇ 睾酮的划分作用

世界上不存在完全相同的两只动物，即便是同卵双胞胎，也必然存在细微的差异。这种差异来自环境的变化、基因表达方式的变化，以及发育过程中的诸多随机因素。不过，同卵双胞胎毕竟是少数，绝

雄激素：关于冒险、竞争与赢

大多数人拥有的都是只属于自己、独一无二的一套 DNA，这才是人与人之间存在差异的主要原因。[13] 然而，虽然在基因上有差异，人类整体上看还是大同小异的。人类有两个明显不同的类型——男性和女性，而男女之分的根源只是一个很小的基因有差异，也就是位于 Y 染色体上的 SRY 基因。一个人如果没有 SRY 基因，在正常情况下就会发育成女性。[14]

不管一个人被归为男性还是女性，都不会影响这个人生命的价值。再说得具体一点儿，不管一个人的第一性征或第二性征是否符合这个人的性染色体，都不会影响其价值。同样地，不管一个人的性别特征是否符合社会对该性别的期望，都不会影响这个人的价值。

我在前文中分析过，SRY 基因能让"男女有别"，是因为它的表达可以让人发育出睾丸，并促使身体产生高浓度的睾酮。

睾酮主要由男性的睾丸分泌，通过血液循环运送至全身各部位（包括大脑）细胞中的雄激素受体。一旦睾酮与雄激素受体结合，就像钥匙插进了锁，激素-受体复合体就会移动至细胞核，它能上调特定基因的表达，制造出特定的蛋白质，就像读取特定的食谱，烘焙特制的饼干。（激素-受体复合体具体能影响哪些"饼干"的基因"配方"，取决于整本"食谱"中有哪几页是这个复合体可以读取的，这是由许多因素共同决定的，其中最主要的就是其所在细胞的类型。）

在生物进化过程中，睾丸最主要的功能就是调节雄性动物的身体机能和行为模式，使其更适于繁殖。为了达到这个目的，睾酮在多种雄性哺乳动物（包括人类）的胎儿期就能让大脑雄性化，影响日后将在青春期被激活的神经回路的发育。

睾酮改变一切。它能改变每一条染色体上基因的表达方式。[15] 男人和女人相比，有几千个基因无论是表达模式还是表达数量都有本质上的不同，如此制造出的蛋白质继续影响整个身体和大脑。这种影响首先出现在一个人出生之前，然后是在一个人出生后不久，最后在青春期集中爆发。睾酮塑造着一个人的身体和行为，进而塑造一个人所处的社会环境，而社会环境又能进一步改变其内部人的身体和行为，如此循环往复，直至死亡。由此可见，睾酮具有将不同的人清晰地划分的作用。

◇ 睾酮的主导作用

一些睾酮怀疑论者认为睾酮不应被归入"雄性性激素"的类别，因为它在雌性体内也存在。但睾酮能起制造和维持雄性身体的作用，而在雌性体内的作用就小得多了，所以"雄性性激素"的归类恰如其分地反映了它的功能。

我在本书中反复强调过，睾酮的作用是深刻而广泛的。男孩喜欢打打闹闹的玩耍方式、男人之间争强好胜、男人拥有更强的性欲和对性新奇的偏好，以及男性相对女性的运动优势，都是睾酮作用的结果。同时，睾酮在一定程度上还能影响性取向，但具体的影响方式目前尚未明确，只知道胎儿期接触的睾酮与女性的同性恋倾向有关。胎儿期接触的睾酮还能影响其他性别差异，比如职业偏好。

健康男性和健康女性的睾酮水平并无重叠，甚至都不接近，男性的睾酮水平为女性的 10～20 倍。在青春期，男孩的睾酮水平甚至是女孩的约 30 倍。从男性还是个葡萄大小的胚胎，只有一对小小的、尚在肚子里发育的睾丸开始，直到他出生、死亡，其睾酮水平都在持续变化，而且不仅会受体内发育的影响，还会受体外环境因素的影响。

社会环境可以让一个人体内的睾酮水平上升或下降，这个变化过程最快只需要几分钟。比如，赢得比赛之后，参赛者的睾酮水平会上升，输掉比赛之后，参赛者的睾酮水平会下降，这些变化能让参赛者根据面对的情况做出适应性反应。胜利者可以乘胜追击，对将来其他耗费体力的竞争信心满满，而失败者则应该谨小慎微，将来只找和自己体形差不多的对手挑战，或者干脆在下次面对威胁之时逃之夭夭。这些短期变化的影响取决于性格，而不仅仅是睾酮本身。它们还取决于雄激素受体的密度和活性，而雄激素受体又取决于基因。睾酮对不同人的作用也是不同的，基因、地位、性格、健康状况，以及当前的社会状况都能对其产生影响。

睾酮还能通过直接影响大脑和行为来影响社会环境，但它也可以通过影响身体来间接影响社会环境。拥有特定身体特征，如更低沉的嗓音、更魁梧的身躯、更健壮的肌肉等，能够在很大程度上改变人们的社交方式。跨越睾酮划下的"界限"，从一种性别世界跨入另一种性别世界的跨性别者对此最有发言权。

父亲的身份，在父亲与孩子在一起的情况下，能导致睾酮水平发生长期变化。将体内的睾酮水平保持在高位是有代价的，而初为父亲需要雄性动物（比如男人，再比如歌带鹀、马鹿、强棱蜥）照顾后代，因此许多雄性动物的睾酮水平往往会下降，需要将自己的精力从与其他雄性的竞争中转移，以最大限度地保证自己或家人的健康。

◇ 给睾酮"定罪"

一个侦探如果想破解一桩命案，就得比对多方的证据，不能只依赖单一的证据（比如目击证人的证词、遗留在犯罪现场的 DNA，或者犯罪嫌疑人的口供）。目击者有可能会记错，DNA 样本有可能被污染，嫌疑人也可能屈打成招。

来源独立的多项证据组合在一起，就可以有力地为一个假说提供证明了。你可以拿这种方法来调查为什么你的车发出杂音，为什么你做的点心软塌塌的，为什么有人在社交平台上把你屏蔽了。其实研究人员做研究的时候也是这么做的，我写本书，指出了多项独立的证据，就是想要证明睾酮的作用。

第一，我们举了进化的证据。和其他任何物种一样，人类也在进化的过程中被不断塑造着。无数确凿的证据表明，人类的两性异形是性选择的结果。通过性选择，人们能够留下有助于获取交配对象的特征，这些特征要么能让人获得更多的交配对象，要么能让人获得更高质量的交配对象。男人和女人在繁殖方面的兴趣虽然相似，却不完全相同。受限于哺乳动物的生理条件，女人在繁殖过程中的投入更大，需要耗费大量时间和精力哺育后代，而男人实现繁殖的目标所需投入的成本却少得多。

和女人一样，男人能从和同性的竞争中获益，获得更高质量的交配对象，但男性和女性在这方面也有巨大的差异。比如，更高的社会地位能给男性带来的繁殖优势就比给女性带来的繁殖优势更大，而直接的竞争形式（如身体攻击）能帮助男性"爬得更高"。男性还有更强的性欲，更"追求新鲜、刺激"。这些都是睾酮在背后运作的结果。

第二，我们列出了行为内分泌学的证据。行为内分泌学这门学科自 19 世纪贝特霍尔德将公鸡睾丸移植到阉鸡腹部以来已经取得了长足的进步。今天的我们已经发现了激素的化学结构、激素与受体结合的机理、激素对基因转录的影响等。这些分子结构并不复杂，却像有魔力似的能够发挥神奇的生理功能，其背后精妙的生物化学细节，我们均已了然。

第三，CAIS、CAH 等疾病的发现给医学界带来了机会，让我们得以了解当大自然大幅改变人体对各类雄激素的接触和反应时，人体发生的变化。通过对患者的研究，我们发现睾酮确实拥有强大的提振雄风的力量。

第四，人们还做过多种实验。比如中国古代有过宦官，意大利在 16 世纪有过阉人歌手，而在现代，医学界也会给想要变性的人服药，抑制或提高其体内的睾酮浓度。

不过，就算我给出了这么多证据，也仍然有不少研究者提出过许多假说来驳斥，其中一个比较值得注意的假说就是两性在攻击性上的差异主要由于社会化，而非生物学的进化（也就是说，睾酮并非"主谋"，只是"从犯"）。我在本书中分析过，社会化假说并不能像睾酮假说那样为男性攻击性更强的性别差异提供圆满的解释。在这一点上，我认为心理学家史蒂夫·斯图尔特-威廉斯写过一段相当精彩的"判词"：

> 两性之间攻击性的差距在青春期会激增，这一点社会化假说要如何解释呢？难道在这个时候，性别社会化的程度会突然提升吗？难道会有什么特殊的原因，让那么多具有两性异形的物种在它们所创建的每一种社会文化中都精确地在青春期经历这种提升吗？我们知道雄性动物的睾酮水平会在青春期激增，那依社会化假说所言，性别社会化水平也刚好在这个时期突然提升了，真的有这么巧吗？[16]

◇ 睾酮怀疑论

大众媒体总喜欢贬低睾酮的作用，或者驳斥两性心理、行为差异的生物学解释，像是觉得睾酮的"权势"太大了似的。我举个例子。2020年，《纽约客》对作家、记者佩姬·奥伦斯坦进行采访，谈到了她的新书《男子与性：年轻男子对"约炮"、恋爱、色情、性许可和驾驭新男子气概的看法》（*Boys & Sex: Young Men on Hookups, Love, Porn, Consent, and Navigating the New Masculinity*）。采访名为《男子气概可以找回形象吗？》。文中，采访者问奥伦斯坦，当她写到当代年轻男子重视的东西，比如"运动能力、统治力、攻击性"，还有"财富、性征服"时，她是否认为这些东西背后存在生物学解释，她笑着说：

> 不是的。我们看到的现象是，后天的培养已经超越了先天，这样的例子比比皆是。[17]我们作为小人物学到的东西、我们从新闻媒体上吸收的东西，还有我们从家人那里得到的信息，共同塑造了我们。现在的孩子整天都在被媒体上那些关于男性特权、物化女性的信息轰炸，我们早就发现这些信息会伤害女孩的自尊心，影响女孩的认知，让女孩只关注自己的身体。但男孩也处在这种环境当中，我敢说他们受到的影响更甚。

认定睾酮才是重要影响因素的人常常觉得自己的观点被过度简化了，以下就是一例。《卫报》刊登过《荷尔蒙战争》（法恩著）的一则书评。[18]书评人指出，因为"睾酮让男人高大、多毛、嗓音低沉"，所以容易想见，能塑造这么多身体特征的睾酮也能给男人带来其他男性化特征，比如"领导力、暴力和性欲"。

然而，说到这里，书评人话锋一转，继续讲道，法恩证明了这个观点是"错误的"。性情暴戾、渴求性爱的男性领袖，原来并非"睾酮上脑"的产物，而是社会化的产物。相反，"生而为男"、在身体特征上表现出睾酮功效的人，从出生起就被社会以不同的方式对待着，所以才逐渐长成具有攻击性、喜爱随意性行为，而且具有优越感的人：

> "生而为男"或"生而为女"并不足以让你成为社会意义上的男人或女人……但一旦你被社会认作男人或女人，周围的人便会开始以某种方式来塑造你。玩具、书籍、榜样等数不清的微妙道具，都是他们的工具。

瞧瞧这位书评人是怎么讲述她认为错误的观点的：仅仅是生来就拥有男性或女性的躯体，就"足以让你成为社会意义上的男人或女人"。在这一点上她没说错。不管社会给性别制定了什么"标准"，显然不是所有男性都符合所谓的男性标准，也不是所有女性都符合所谓的女性标准。谁会这么一刀切啊！严肃的科学家都不会拿基因、激素、生殖器等单一的因素来解释任何复杂行为的差异。就拿攻击性来说，社会文化无疑是重要因素，但性别同等重要。（我得在这里为法恩正名，她本人是个追求精确、下笔谨慎的作家，比许多妄议她的书评人强多了。）

那么，为什么每当说到睾酮对男性特征和男性行为具有强大而重要的影响时，人们总会本能地产生敌意呢？这种态度很可能源自人们的三个担忧：第一，人们认为睾酮假说暗示了睾酮决定命运。第二，人们认为睾酮假说暗示了男性行为是自然的，因此都是好的，或者说应该被接受的。第三，人们认为睾酮假说让他们没有立场再责备男人，睾酮帮男人摆脱了困境。

◇ "睾酮宿命论"

在《卫报》对《荷尔蒙战争》的书评中，书评人似乎认为，如果将两性区分开来的因素是睾酮，那人们就没有办法遏制男性的过度行为了，毕竟，"激素决定了男人或女人，我们的分泌物决定了我们，那么结束父权制的努力皆是徒劳，甚至可能有害无利"[19]。

但我要强调，就算真有这种"睾酮宿命论"，你也不能以此来否定本书的结论（虽然"睾酮宿命论"听着很令人抑郁）！类比一下，当年我刚刚大学毕业的时候，我父亲就得了胰腺癌，无法治愈。我大哭了一场，也有充分的理由大哭一场，但这并不代表医生的诊断是错的，有时候坏消息是无法避免的。

但说回睾酮，在这个问题上可没什么坏消息，我们完全可以改变男性的行为。除了极少数例外，没有单个基因或单种激素能仅靠自己的力量让一个健康人以一种特定的方式行事，或者决定任何健康人的未来。举个例子，我家里多人患有抑郁症，我自己过去也与抑郁症做过斗争，这表明我可能携带易患抑郁症的基因，但平时的行为在很大程度上影响着我日常会不会感到抑郁。我经常锻炼，重视家庭，从工作中获得成就感，这些行为极大地改善了我的情绪（当然，改善情绪的方法因人而异）。再比如，有些人携带易感 2 型糖尿病的基因，但只要他们改善生活习惯和生活环境，他们就不会得糖尿病，能将健康牢牢地掌握在自己的手中。

了解抑郁症的致病机理，知道这种病有遗传基础，反而给了我动力，让我对生活做出了改变。我时刻记着我比他人更容易患上这种病，而且改变生活环境不可能彻底将其治愈。我如果疏忽大意，没有关注和控制自己的情绪，抑郁症就会卷土重来。

你要意识到我们有能力改变身体内部的环境，比如基因的表达方式、激素的水平和作用，这是很重要的。如果我每天锻炼，我体内的多巴胺水平就会改变；如果我少吃糖，我的胰岛素水平就不会飙升；如果我是男人，走进拳击场打一架，我的睾酮水平就会升高……多多了解基因与环境的相互作用，我们就能更加深入地理解行为背后的原因，让有益的心理和社会变革来得更容易。

◇ 睾酮：自然的，好的

对于人们普遍不愿意把进化、基因、激素视为男性有问题行为的主要根源，有另一种解释：如果暴力行为和性侵犯的根源是生物性的，这不就意味着男人的最恶劣行为是自然的，因此是可以接受的吗？换句话说，如果是进化和睾酮让男人渴求更高的社会地位，那是不是证明性别不平等是合理的？

我希望你对这种想法坚定地说不。每当人们想要验证某种特征或行为时，他们常常就会认为"自然的就是好的"，会接受，甚至主动去寻找其背后的生物学解释。美国流行女歌手 Lady Gaga 的流行金曲《生来如此》就恰恰证明了这一点。歌中写道，不管你是女同性恋者、跨性别者、男同性恋者还是异性恋者，"上帝造物没有瑕疵"，你都是美丽的，因为我们"生来如此"。我觉得这些群体虽然"生来如此"，但肯定不是"如此在社会中被养大的"。

《生来如此》这首歌很快就成了性少数群体的赞歌。一名年轻的男同性恋者在接受 NPR 的采访时聊到对这首歌的感受，他说他觉得自己不被接受，但"突然之间，'你生来如此，你无法改变'再也不是自己一个人的感受了，它成了全世界都必须理解的东西"[20]。

如果同性恋倾向是由"同性恋基因"催生的，或者在许多非人动物群体中被发现，那人们的想法就会变成：同性恋不是一种选择，而是自然的产物，应该被广泛接受。跨性别者同理：（比如）由于某种激素或基因状况，男性的身体中长出了女性的大脑，那跨性别者就是自然的产物，应该被广泛接受。

这就是所谓的自然主义谬误。平克在《白板》中讲道，自然主义谬误就是"相信自然界中发生的一切都是好的"。它并不是无缘无故地被称为"谬误"的。疟疾就是一种"自然"疾病，但它一点儿也不好。自然界中不乏美好的事物，但更不乏可怕的事物。无论你是天生的同性恋者，后天主动选择成为同性恋者，还是由于成长环境变成同性恋者，都和同性恋本身是好是坏无关（你自身的任何一种特征都是如此）。男性的攻击性和英雄主义同理可证。平克简洁地阐释过这个问题：

我们只有认识到进化的产物在道德上丝毫不值得称赞，才能诚实地去阐述人类的心理，而不必担心识别"自然"特征就等同于纵容它。正如在电影《非洲女王号》中凯瑟琳·赫本饰演的角色对亨弗莱·鲍嘉饰演的角色所说的："奥尔纳特先生，自然，就是我们来到世上要超越的东西。"

内分泌学家似乎普遍不会受自然主义谬误的影响，可能我们就是一群不感情用事、头脑冷静的人吧。美国宾夕法尼亚州立大学的心理学、儿科学教授谢里·贝伦鲍姆花了一辈子研究雄激素对大脑发育的影响。她直言不讳地说：

有人拿大脑发育和行为上的性别差异给性别歧视、性别隔离和不平等待遇找理由。[21] 我们与其否定性别差异背后的生物学原因，不如揭示这些人的论调有多荒谬。

我非常同意。

◇ 都是睾酮强迫我做的

人们抵制性别差异的生物学解释还有最后一个原因。有人担心，如果睾酮是男性有问题行为的元凶，那就等于给男人送了一块免死金牌。这种担心是可以理解的。一个人的行为如果是基因或者个人内在状态的其他方面造就的，而不是环境造就的，往往就会得到人们更加宽容的对待。但并非总是如此。[22]

有时候，"类固醇狂怒"会被律师用作法庭辩护的一种手段。健美运动员霍勒斯·威廉姆斯曾为增加肌肉过量服用合成雄激素。1988年，他被指控残忍谋杀了一个搭他便车的人。律师为他辩护的说辞是"类固醇引起的精神错乱",但陪审团明显不吃他这一套,认定威廉斯行为失当,属于一级谋杀,他被判处 40 年徒刑。律师当即对判决结果表示失望:"在我看来,(威廉斯的)暴力行为是类固醇导致的,毫无疑问。他不是个暴戾的人,是药物让他发了疯。"[23]

我们的基因、激素、神经递质,甚至早餐所吃的东西,能否成为我们的具体行为的借口,是个相当复杂的哲学问题,事关自由意志、责任感等。这不是本节要讨论的主题,不属于我的专业范畴,我也可以心安理得地忽视,因为这也和睾酮无关。回想一下我在第七章中描述的作家费尔利斯和醉鬼在地铁上打的那一架。假设费尔利斯参与打架,只是因为醉鬼挑衅了他的地位,导致他血液中的睾酮浓度飙升,你觉得这算是给他的借口吗?诚然,费尔利斯的行为背后肯定会有生化上的解释,他不是凭空产生打架冲动的,一定是他脑子中发生了什么,让他产生了冲动或做出了决定。假设这个过程不是因为睾酮,而是因为大脑中的某种物质,就把它当成 X 吧。费尔利斯打架,只是因为这种物质 X。你觉得这算是给他的借口吗?

我举这个例子,只是想证明人们的这种担忧其实和睾酮无关。人们担忧睾酮为男性有问题行为开脱,其实不是对睾酮的担忧,而是泛指的对行为背后的生化因素为男性有问题行为开脱的担忧。既然这是个问题,那就是我们所有人平等面对的问题。[24]

◇ 回顾研讨会

我想回顾一下我在第一章中提到的那次研讨会的经历。我当时说我对生物学家兰迪·桑希尔的一篇论文感到非常气愤和失望。在论文中,蝎蛉的"强奸"被用作假设人类强奸进化的起点。当我被要求提供反馈时，我和研讨会的其他成员说，我虽然见都没见过这个作者，但觉得他是个浑蛋。

每当我回想起那一刻，或者向学生们讲起那一刻时，我都会涌起许多情绪。许多事情当时的我并没有意识到，但现在来看其实应该是非常明了的，所以此时此刻，写到最后一章的我，才越发感到尴尬。对几乎每个女性来说，强奸都是个难以接受的话题，因为大多数女性都害怕它，也因为很多女性都经历过，我就是其中之一。

我是在35岁读博时才参加的那次研讨会，距离我遭受性侵创伤已经过去许多年了。只有通过书写男性和睾酮相关的文字，我才逐渐意识到我这么强烈地渴望了解睾酮及其作用机理，很可能与我自己和男性相处的痛苦经历有关。当然，也不是每个男人都是坏的，虽然有些男人伤害了我，但更多男人在支持我，指导我，鼓励我。

为什么我会拒绝将人类的强奸行为归咎于进化史？可能是因为这会让强奸变得"自然"，变得情有可原，这让我本能地感到恼火。但在对进化生物学和基础逻辑学有了认识之后，我意识到这样的结论是没有根据的。当然，我并不是说桑希尔的假设就是对的，但我从此便可以不被情绪俘虏，通过证据来客观地评估一种假设，这给了我无限的力量。

在那次研讨会上，我没有情绪崩溃，但确实流了些眼泪（在那种情况下不足为奇），语无伦次地想找到合适的词语。也许，如果有人在课前就提醒我那篇论文和讨论的主题，整件事就可以避免，我可以做好心理准备，或者干脆逃课。当教授看我陷入困境时，他本可以关切地皱起眉头，递给我一张纸巾，然后改变话题，但他什么也没做。也许这就是英国人的性格，但他明显觉得我应该保持冷静，继续发言。确实，我也应该冷静地考虑证据和论点。别误会，我还是很生气，但我应该把怒火转移到别的地方，而不是迁怒于一项科学研究的善意作者。

现在的我回想起那一天，最大的感受变成了感激。我和许多患有冒充者综合征的学生一样，在内心深处觉得自己不属于哈佛大学，不属于那间教室。但这里有一位教授让我钦佩和敬仰，耐心地期待我做科学家的本职工作。这是我在哈佛大学上的一切课程里最有价值的，是我遇到的最有效率的学习方法。

◇ 每个男人都讨厌？

全世界大多数强奸案和袭击案都是男人犯下的，更别提全世界大部分权力都由男性掌握了。那么，面对这些事实，什么才是恰当的回应呢？美国东北大学的社会学教授苏珊娜·达努塔·沃尔特斯给出了她的答案。沃尔特斯还兼任该校女性、性别和性行为研究项目的主任，她在2018年给《华盛顿邮报》写的一篇评论文章中说：

> 在全世界几乎任何地方，女性都在遭受性暴力，而且这种暴力的威胁已经渗透了女性日常生活大大小小的选择。这就是现实。此外，男性暴力不仅限于对亲密伴侣的攻击或性侵犯，还在以恐怖袭击、大规模枪击的形式困扰着全人类。女性在高薪岗位、地方与联邦政府、商业、教育领导等领域的发言权都远远不足。

沃尔特斯这篇文章的标题是《为什么我们不能厌男？》。[25] 文章给出的答案是：当然可以！厌男是对男性一连串罪恶行径的恰当回应。沃尔特斯说得非常直白："我们完全有理由厌男，男性对我们非常不好。"

我不喜欢《华盛顿邮报》发表的这篇文章，这是对地球一半人口的诋毁，但我很高兴我生活在一个人们有权自由表达这种观点的国家。你肯定也能猜到，沃尔特斯的文章引发了无数争议和反对，包括可怕的暴力威胁（仅来自男性，你肯定也猜到了），不过她也有不少拥护者。

如今，许多书都在鼓励女孩追求卓越，变得勇敢、坚韧、聪明、坚强，并浓墨重彩地书写拥有这些特征的女性的成就。鼓励女孩志存高远固然好，但人们常常同时责备男人"存在就是错"，就因为他们有"内心的毒性"。作为学者，我应该加上一个"平均而言"。男性和女性确实有天壤之别，但我们也不能忽视大自然赋予男性的美德——他们有时可能会觉得有必要自信地解释显而易见的事情，但他们也很愿意冒着生命危险拯救他人于水火之中，而且在最危险的职业中占有极高的比例。我在非洲丛林里跋涉的那 8 个月里，好几名乌干达助理（男性）一直保护着我，教会了我很多东西。要是没有他们，本书就不会存在。

既然如此，面对男性的暴力倾向，面对男性性侵犯之类的有问题行为，适当的回应应该是什么呢？我们应该记住，面对这种行为，男性自己也无法逃脱，受害的不只是女性，男性自己也是男性暴力的受害者。科学研究帮助我们解释现象背后的原理，推翻科研成果绝不是我们想要的答案。科研的目的不是让我们记恨男人，或者记恨流淌在男人血液里的睾酮。最近几十年（甚至最近几年）我们对睾酮的研究已经有了长足的进步，科学家有能力也有责任下更大的功夫让媒体和公众了解性别差异的生物学根源相关的大量发现。此类研究不但引人入胜，还能真正改变人们的生活。我就有一位才华横溢又充满爱心的老师，他向我灌输了对科学的终生热爱，帮助我利用科学工具了解自己，以及人类行为的奇妙和令人担忧之处。

当然，科学并不是我们了解自己的唯一方法。书籍、音乐、视觉艺术、诗歌、旅行、他人将我们拉出舒适区的想法，都能让我们更加了解人性。但科学（包括统计学、假设检验、生物学和逻辑推理的基础知识）能为我们提供所需的工具，让我们得以智能地处理日常接触的大量信息。当好的初衷与糟糕的科学混杂在一起，或煽动阴谋论比好的数据更有影响力时，某些事情就出了严重问题。

◇ 回到森林

还记得第一章中的伊莫索吗？它是黑猩猩群体中的强势雄性，把我最喜欢的雌猩猩乌坦巴打了一顿。伊莫索掌握着黑猩猩群体中绝大部分的社会权力，其睾酮水平也高于平均水平。它能获得如此至高无上的地位，部分因为它有能力组建起忠诚的联盟，也因为它暴躁易怒，对"以下犯上"、不尊重它首领地位的"下属"毫不手软，而且对成年雌猩猩尤其残忍。在伊莫索眼里，这是一种绝佳的进化策略。

伊莫索和乌坦巴携带的基因和人类携带的基因无太大区别。在许多方面，我们完全可以从黑猩猩的行为模式中窥见自己的行为模式。伊莫索"家暴"乌坦巴这件事之所以恐怖，一个原因就是这件事太"人性化"了。黑猩猩对人类来说可算作同类，而不是鱼类、昆虫那样的异类。

从目睹那次"家暴"时起，我就一直在研究和思考人类区别于黑猩猩的独特之处。我有两点思考。

第一，与黑猩猩和许多其他物种相比，人类的性别差异较小。这背后的一个很重要的原因是，人类的孩子一般在双亲健全的家庭中表现更好，而且人类男性之间的竞争不如黑猩猩、马鹿、强棱蜥等物种那么激烈。第二，我们人类进化出了聪明的大脑和反思自己选择的能力。与此相关的是，我们构建出了极其复杂的社会，成了知识的存储者和创造者，且可以通过代代相传将知识传播和拓展。[26] 与黑猩猩不同，人类有能力了解自己的进化起源以及由此产生的体内的生化机制。这给了我们一种黑猩猩永远无法拥有的自我控制能力。

◇ 重新审视"呵，男人"

我们应该摒弃两性必须生来拥有差不多的大脑，将来才能拥有平等权利的陈腐观念。男人和女人、男孩和女孩本就是不同的，两性从胎儿期开始，一直到风烛残年，接触雄激素的浓度都是不同的，这是"男女有别"的主要原因。当然，即便是同性别的人，不同的人的激素水平也不同。我的儿子格里芬就从来不喜欢卡车玩具，我本人小时候还肢解过邻居的芭比娃娃（对不起！）。但总体上讲，同性之间还是一致的。

我很好奇格里芬小时候为什么不像其他男孩那样喜欢卡车玩具和积木。当然，我和我丈夫都不在乎他是爱玩"男孩的玩具"还是"女孩的玩具"。我们一家生活在马萨诸塞州的剑桥，在我们这个地方，格里芬刚上学的时候还由于玩耍风格和穿衣风格中性而被表扬过。但与此同时，他也喜欢扑到朋友身上，还喜欢一幅接一幅地画漫画，画坏人炸毁东西，好人前来救援。对玩耍偏好的研究让我了解什么性别喜欢什么类型的游戏，但同时也让我学会了对待孩子选择的方式。我们尽可能地支持他，保持开放的心态。我知道，我们就算想干预，也不可能把他塑造成特定的样子。

如今，格里芬已经离成年越来越近了。近期我最喜欢的事情之一就是和格里芬聊天，聊他在身体和心理上发生的巨大而迷人的变化（不过他并不是随时都愿意和我聊）。这些变化是人类历经亿万年进化，逐渐写入基因，又由激素来驱动的。和同龄的女孩相比，男孩会有很多不同的特征。没关系，这是正常的。我可以用我对睾酮的了解帮助他理解从童年向成年转变的过程中的经历。典型的男性感情是无害的，格里芬不会因为有这些感情就"中毒"，重要的是行动，他对自己的行动是有控制能力的。我们也会尽力去引导他做出最有益、最尊重人、最富有同理心的选择。格里芬教会了我如何做好一个男孩，他也将教会我如何做好一个男人。我希望格里芬将来能够活在一个自由的世界中，男性和女性都拥有绝对的自由来选择自己的生活方式或职业，无视社会对男性或女性的刻板印象。他可以当舞蹈家、工程师、护士、小学老师、全职爸爸，可以练自由搏击，也可以涂指甲油，这些并不互斥。

格里芬每天都在分泌睾酮，因此他在许多方面都和我在书中写过的大多数女性不同。成为一个男人是一件美好的事情，每个男人都应该这么想，我的儿子应该负责任地享受睾酮为他带来的一切。

致谢

　　我只有几页的篇幅来感谢所有帮助我完成本书的人！这是一项艰巨的任务。我想从刚有这个想法的时候写起，如果把谁给漏了，请原谅，因为我大脑的空间着实有限。

　　理查德·兰厄姆冒险地接纳了一个没有学术背景的人，给了我去乌干达研究野生黑猩猩的机会。这段经历为我写本书奠定了基础。做理查德的朋友和学生有利也有弊，比如，你会常常觉得自己的知识储备、写作能力和演讲能力都不够。他讲话的时候，你可以点点头，假装听懂，也可以避开他，或者提高自己的水平。这些我都做过，而且因此而更好。我对他感激不尽。如果说理查德·兰厄姆是我写本书最重要的原因，那么丹尼尔·利伯曼就是第二重要的原因。利伯曼告诉我，写书是我不仅应该做，而且有能力做的。在我的前两版书稿先后被拒绝，我深信自己没有写作天赋的时候，他没有放弃我。谢谢你无休无止的骚扰和支持。

　　我的文学经纪人马克斯·布罗克曼毙掉了我的前两版书稿，这个决定很明智。毕竟，我过去写过的最长的就是论文，我对怎么推销一本书稿，然后写成一本完整的书，再配图、编辑、出版的整个流程只抱有天真的幻想。马克斯，谢谢你，也谢谢布罗克曼经纪公司的每个人，和他们合作很愉快，他们熟练地帮我处理了所有法律和财务问题，并让我的书顺利面世。

　　霍尔特出版公司的编辑麦蒂·琼斯耐心地指导我完成了"写作长跑"，并帮我理清了写作的结构，尤其是在疫情期间。当时我的写作进展不理想，她灵活地为我调整了自己的工作。我还要感谢吉利恩·布莱克（现已从霍尔特出版公司离职）和塞雷娜·琼斯，你们见证了我写作和出版的全过程，还有托比·莱斯特，他在初期做了出色的编辑工作。

感谢安妮·麦奎尔帮我编辑参考文献和注释。另外，感谢我的两位敏锐的读者，谢谢你们对细节的高度关注。

安提阿学院的教授丹·弗里德曼是我的导师。他教会了我如何思考，如何写作，并让我感受到了研究的乐趣。丹，现在我对我的学生就像当年您对我一样慷慨。约瑟芬·威尔逊，您激发了我对人类行为生物学的兴趣，您课上的那些精彩时刻，我永远也不会忘记。

感谢我在乌干达时的研究助理约翰·巴沃格扎、克里斯托弗·卡东戈尔、弗朗西斯·穆古鲁西、多诺·穆罕伊、克里斯托弗·穆鲁利和彼得·图海尔维，谢谢你们帮忙搜集数据、清扫障碍，以及教导和保护我。

彼得·埃利森让我爱上了激素研究，也教会了我很多关于内分泌系统及其与人类行为之间的关系的知识，让借助兰迪·纳尔逊的优秀教材《行为内分泌学导论》来学习和教授这门科学成了我一生中最大的乐趣之一。彼得激励着我，让我永远追求更高目标，同时对反对者保持尊重，在科研和教学中皆是如此。同时，史蒂夫·科斯林把我吸纳进了他的实验室，让心理旋转变得有趣起来，并让我测定了它和激素。史蒂夫为我的科研和写作创造了环境，我过去没想到这些工作能这么有意思。彼得、史蒂夫，谢谢你们的指导和支持。

布赖恩·黑尔和克里斯·查布里斯，如果要我选几个人和我一起被困在狭小空间里上百个小时，我绝不会选你们中的任何一个。读博时期的办公室就是这样的空间，但同窗的人选却由不得我，这是我的幸运。我最美好的回忆里有你们每个人在，其中既有不合时宜的笑话、我不想听的八卦、永不间断的笑声，也有高效的合作、卓有成效的辩论、生动的对话。你们帮我把本书变成了现实，感谢你们的友谊和支持，以及给我带来"工作"中最大的乐趣。感谢你们，特伦斯·伯纳姆、芭芭拉·史密斯、朱迪思·弗林和马修·麦金太尔，幸好当年没有手机，这样我们干过什么就都留不下证据了。也感谢珍妮弗·谢泼德、威廉·汤普森、萨姆·莫尔顿，还有科斯林实验室的每个人。苏珊·利普森，不是每个人生来就有在实验室独立工作的能力的，我就没有。可你有圣人般的耐心，要不是你，我就什么实验数据都得不到了，根本分析不了睾酮相关的结果来写学位论文。扎林·马坎达，很高兴你一直都在我身边，你对我的个人发展和职业发展都有很大帮助，是我获取进化知识和八卦的源泉！要是没有你，谁知道我能不能走到今天呢！还要感谢詹姆斯·普尔纳、马洛里·麦科伊，尤其要感谢梅格·林奇，是你们让实验室的一切运转良好。我会想念你们的。

没有我们系主任乔·亨里奇和生命科学系主任洛根·麦卡蒂，本书是不可能出版的。感谢你们的鼓励，使我花时间专注于写作。

当我请求（更准确地说是要求）费利克斯·伯恩为本书绘制插图的时候，我俩都不知道我能写出什么东西。费利克斯住在英国巴斯郊外的一个小村子里，和他交流我想要的图形、腺体、通路应该是什么样子不是特别容易。但他的才华和耐心化成了完美的成果，他的原创插画让睾酮的相关知识显得异常生动。

和蒂姆·克拉顿-布罗克一起参观剑桥大学的各个学院，在河边喝啤酒，绝对令人兴奋。蒂姆，感谢你对我这本书的贡献，尤其感谢你帮我联系上了约瑟芬·彭伯顿，要是不认识她，我根本去不了拉姆岛。我还要感谢肖恩·莫里斯和阿里·莫里斯，在拉姆岛上，是他们招待了我，带我认识了智慧11和其他雄鹿、雌鹿、马鹿幼崽。马鹿群体展现的性和暴力行为没有让我失望，拉姆岛的权威以及东道主的慷慨和专业也没有让我失望。我也想感谢菲奥娜·吉尼斯，她做的烩水果太好吃了！我还从她身上学到了不少东西，菲奥娜比地球上其他任何人都更了解马鹿。

我在第三章中介绍了珍妮，她是我认识的最勇敢的人之一。珍妮教会我的东西，比任何人写的性发育异常的论文都多。谢谢你的帮助！第九章中的艾伦、卡利斯蒂、萨沙、斯特拉都向我和我的读者敞开了心扉，没有他们的帮助，我无法顺利写出跨性别者与非二元性别者的经历。是你们让"睾酮与性别改变"这一章活了起来，非常感谢你们的参与，很荣幸与你们共事。迪蒙·费尔利斯，第七章能有个精彩的开头，要归功于你的生活故事。谢谢你让我引用这段经历。

还有几个人对本书的章节提出过意见。我问过斯蒂芬·平克能否就其中的一章发表短评，结果几天后我收到了他针对整本书的内容和写作风格的评论文章。他写了几页纸，写得详细而深刻。平克把我从用词不当的尴尬中拯救了出来，免去了不必要地修改本来其实挺合适的形容词的麻烦。你真是善良又慷慨，斯蒂芬，感谢你总是以论据为上。我的哥哥迈克·胡文是个机械工程师，他也把本书从头到尾读了一遍，告诉了我安装管道可不是造房子的"附加工作"。理查德·兰厄姆读了几章之后也给了我详细的反馈。还有我的优秀学生克洛艾·埃克哈特和安娜·马祖尔，她们不仅提供了一些研究成果，还经常在一些敏感且有争议的问题上与我意见相左，这是很有意义的。我还要感谢其他提出过宝贵意见的人（按英文姓氏字母顺序排列）：J. 迈克尔·贝利、乔伊斯·贝嫩森、安德鲁·贝里、戴维·黑格、戴维·汉德尔斯曼、弗雷德·胡文、特库姆塞·菲奇、肖恩·热尼奥勒、彼得·格雷、马修·莱博维茨、马丁·穆勒、约瑟芬·彭伯顿和约恩纳·万斯。

我也要感谢以各种形式提供帮助的其他人（按英文姓氏字母顺序排列）：布里奇特·亚历克斯、科伦·阿皮切拉、西蒙·巴伦-科恩、斯凯勒·贝勒、理查德·布里比斯卡斯、考利·伯特、杰姬·伯恩、拉里·卡希尔、特里·卡佩利尼、理查德·克拉克、多里安·科尔曼、克里斯蒂娜·德尔科莱、伊尔夫·德沃尔、彼得·埃尔德雷奇、梅利莎·埃梅里·汤普森、弗朗西丝·富克斯、史蒂夫·冈杰斯塔德、丹·吉尔伯特、卢克·格洛瓦茨基、阿比·哈斯-胡文、莫莉·哈斯-胡文、内德·霍尔、乔安娜·哈珀、理查德·霍尔顿、马克斯韦尔·胡文、阿什莉·贾德、索尼娅·卡伦贝格、卡伦·克雷默、雷·兰顿、埃莉诺·利伯曼、安德鲁·莱特、艾丽·洛夫、安德鲁·麦卡菲、芭芭拉·纳特森-霍罗威茨、戴维·佩奇、戴维·皮尔比姆、安东尼娅·普雷斯科特、萨拉·理查森、科迪·里格斯比、黛安娜·罗森菲尔德、简·罗森茨魏希、伊丽莎白·罗斯、玛丽琳·鲁沃洛、马克·萨亚、比尔·塞加拉、希瑟·沙特克-海多恩、詹·谢尔曼、马丁·苏尔贝克、伊夫·瓦莱拉、伊恩·华莱士、戴维·沃茨、克里斯蒂娜·韦布、迈克尔·威尔逊、维多利亚·沃伯和埃米莉·约夫。

　　我还有无数人要感谢。海迪·哈斯，在我最艰难的时候，你来了。我特别感谢科奇纳一家，苏珊、德克、托马斯和格蕾塔，你们是我在德国的家人！感谢安德烈亚·阿贝格伦和巴布，你们给了我温暖、美丽和友好的地方，让我能集中精力工作。温迪·哈林顿、马特和伊迪·梅纳德，你们也是我的家人。感谢凯蒂·珀金森、雨果和马克斯韦尔·特拉佩、安珀、马龙和康拉德·库兹米克、简·罗森茨魏希，还有戴维和萨姆·巴伯。也要感谢凯瑟琳·赛恩·维特根施泰因陪我与鸟同行，清醒头脑。肖恩·凯利，谢谢你让我占用你的秘密办公室。也感谢内德·霍尔和芭芭拉·波波洛-霍尔提供坚果和火鸡。

　　不能忘了我的学生！能够为你们授课，和你们一起研究，从你们身上学习，是我的荣幸。你们中有许多人都向我吐露过"与众不同"的挣扎，有些人和我分享过变性的经历，有些人正在变性中。你们质疑过我关于性行为、性别和激素的假说和讲解。我的生活和思想因为有了你们的参与而变得更加丰富，我爱我的工作。

　　我在哈佛大学教过的大多数学生都非常成功，他们成熟、有责任感、条理性强，年纪轻轻却已经有了这么多好的特质。我年轻的时候可不是这样的（已经说得很委婉了），直到现在我每天还在为此弥补。杰克·科特和玛丽·科特夫妇很早就带着爱和鼓励成了我的学生，帮助我抵达了这个我愿意尽我所能的领域。

　　感谢我的父亲约翰·G. 胡文。玛莎、史蒂夫·理查德森，父亲离开我们的时候，是你们照顾着我们，成了我儿子的爷爷奶奶。弗朗西丝·富克斯、内奥米·富克斯、迈克、弗雷德、约翰·胡文，做你们的小妹妹，我很幸运，亲亲你们！格里芬，对不起！这下我这本书真的写完了！宝贝，谢谢你，忍受我不在你身边这么长时间，还一直和你聊身上长毛什么的。

最后，我要感谢我的丈夫亚历克斯·伯恩。嫁给一个和我一样对性行为感兴趣的人，我很幸运。亚历克斯是我的住家编辑，我们常常热烈地讨论书里的内容。他是个哲学家，也是个男人，高个子男人。我既不是哲学家，也不是男人，但我们在 60% 的时间里依然可以针对某个词语或观点该怎么改善达成某种表面上的一致。亚历克斯，我知道大家心知肚明，但没有你，我真的写不出这本书。

雄激素：关于冒险、竞争与赢

注释

第一章　启程：性激素与性别差异探究

1.　R. J. Nelson and L. J. Kriegsfeld, *An Introduction to Behavioral Endocrinology*, 5th ed. (Sunderland, MA: Sinauer Associates, 2017), 73-74, 554, 703.

2.　Martin N. Muller and Richard W. Wrangham, "Dominance, Aggression and Testosterone in Wild Chimpanzees: A Test of the 'Challenge Hypothesis,'" *Animal Behaviour* 67, no.1 (2004): 113-23; 参考了第 116 页关于黑猩猩尿液收集、保存和激素分析的方法。

3.　Eugene Linden, "The Wife Beaters of Kibale," *Time*, August 19, 2002, 56; 另参见：Eugene Linden, *The Octopus and the Orangutan: More True Tales of Animal Intrigue, Intelligence, and Ingenuity* (New York: E. P. Dutton, 2002), 112。

4.　Richard W. Wrangham and Dale Peterson, *Demonic Males: Apes and the Origins of Human Violence* (Boston: Houghton Mifflin Harcourt, 1996).

5.　Martin N. Muller, Sonya M. Kahlenberg, Melissa Emery Thompson, and Richard W. Wrangham, "Male Coercion and the Costs of Promiscuous Mating for Female Chimpanzees," *Proceedings of the Royal Society B: Biological Sciences* 274, no.1612 (2007): 1009-14, and Joseph T. Feldblum, Emily E. Wroblewski, Rebecca S. Rudicell, Beatrice H. Hahn, Thais Paiva, Mine Cetinkaya-Rundel, Anne E. Pusey, and Ian C. Gilby, "Sexually Coercive Male Chimpanzees Sire More Offspring," *Current Biology* 24, no. 23 (2014): 2855-60.

6.　Human Rights Watch, "Human Rights Watch World Report 2000—Uganda," December 1, 1999, https://www.refworld.org/docid/3ae6a8c924.html.

7.　Neil MacFarquhar, "8 Tourists Slain in Uganda, Including U.S. Couple," *New York Times*, March 3, 1999.

8.　Danielle Kurtzleben, "Trump and the Testosterone Takeover of 2016," National Public Radio, October 1, 2016, https://www.npr.org/2016/10/01/494249104/trump-and-the-testosterone-takeover-of-2016.

9.　Andrew Sullivan, "#MeToo and the Taboo Topic of Nature," *New York Magazine,* January 19, 2018.

10. Gad Saad, "Is Toxic Masculinity a Valid Concept?," *Psychology Today*

blog, March 8, 2018, https://www.psychologytoday.com/us/blog/homo-consumericus/201803/is-toxic-masculinity-valid-concept.

11. Neal Gabler, "The Testosterone Fueled Presidency," *Huffington Post*, August 16, 2017, https://www.huffpost.com/entry/the-testosterone-fueled-presidency_b_59949cd3e4b056a2b0ef029c.

12. Emerald Robinson, "The Collapse of the Never-Trump Conservatives," *American Spectator*, June 29, 2018.

13. Leon Seltzer, "Male Sexual Misconduct and the Testosterone Curse," *Psychology Today* blog, November 29, 2017, https://www.psychologytoday.com/us/blog/evolution-the-self/201711/male-sexual-misconduct-and-the-testosterone-curse.

14. Rachel E. Morgan and Barbara A. Oudekerk, "Criminal Victimization, 2018," BCJ 253043, Bureau of Justice Statistics, U.S. Department of Justice, September 2019, https://www.bjs.gov/content/pub/pdf/cv18.pdf; David C. Geary, *Male, Female: The Evolution of Human Sex Differences*, 3rd ed. (Washington, DC: American Psychological Association, 2021), 433–37; National Highway Traffic Safety Administration, "Comparison of Crash Fatalities by Sex and Age Group" (Washington, DC: National Center for Statistics and Analysis, 2008); Monica Hesse, "We Need to Talk About Why Mass Shooters Are Almost Always Men," *Washington Post*, August 5, 2019.

15. 几乎每一种性别差异，男性的变异程度都要大于女性，但小学时期的阅读能力的变异程度常常较低，没有统计学意义上的性别差异。参见：Ariane Baye and Christian Monseur, "Gender Differences in Variability and Extreme Scores in an International Context," *Large-Scale Assessments in Education* 4, no.1 (2016): 1–16。关于智商等认知能力测试的变异程度的性别差异，参见：Alan Feingold, "Sex Differences in Variability in Intellectual Abilities: A New Look at an Old Controversy," *Review of Educational Research* 62, no.1 (1992): 61–84。

16. Rebecca M. Jordan-Young and Katrina Karkazis, *Testosterone: An Unauthorized Biography* (Cambridge, MA: Harvard University Press, 2019), 54; and Rebecca M. Jordan-Young, "How to Kill the 'Zombie Fact' That Testosterone Drives Human Aggression," paper presented at the Women in the World: Time for a New Paradigm for Peace conference, University of Maryland, September 2019, 22.

17. American Psychological Association, "Harmful Masculinity and Violence," *In the Public Interest* Newsletter, September 2018, https://www.apa.org/pi/about/newsletter/2018/09/harmful-masculinity.

18. 《嘿，小瘦子！你瘦得肋骨都凸出来了！》，电子漫画，引自查尔斯·阿特拉

雄激素：关于冒险、竞争与赢

斯有限公司的官方网站，访问于 2020 年 1 月 15 日。查尔斯·阿特拉斯的力量训练法广告常见于学者的文章，文章分析了这个广告反映的"理想男性"的特征。例如，参见：Jacqueline Reich, "'The World's Most Perfectly Developed Man': Charles Atlas, Physical Culture, and the Inscription of American Masculinity," *Men and Masculinities* 12, no. 4 (2010): 444-6。

19. Randy Thornhill, "Rape in *Panorpa* Scorpionflies and a General Rape Hypothesis," *Animal Behaviour* 28, no.1 (1980): 52-59. 用桑希尔的话说，男性比女性身材魁梧，是因为"体形较大的男性受青睐"，而这又是由于如果未能成功抢到交配所需的资源，体形较大的男性强奸的成功率更高。桑希尔和帕尔默的强奸假说全文，参见：Randy Thornhill and Craig T. Palmer, *A Natural History of Rape: Biological Bases of Sexual Coercion* (Cambridge, MA: MIT Press, 2001)。批判这一观点的言论，参见：Jerry A. Coyne and Andrew Berry, "Rape as an Adaptation," *Nature* 404, no. 6774 (2000): 121-22。

20. Justin Storbeck and Gerald L. Clore, "Affective Arousal as Information: How Affective Arousal Influences Judgments, Learning, and Memory," *Social and Personality Psychology Compass* 2, no. 5 (2008): 1824-43.

21. Lawrence Summers, "Full Transcript: President Summers' Remarks at the National Bureau of Economic Research, Jan.14, 2005," *Harvard Crimson*, February 18, 2005, https://www.thecrimson.com/article/ 2005/2/18/full-transcript-president-summers-remarks-at/.

22. Alan Finder, "President of Harvard Resigns, Ending Stormy 5-Year Tenure," *New York Times*, February 22, 2006.

23. Sara Rimer and Patrick D. Healy, "Furor Lingers as Harvard Chief Gives Details of Talk on Women," *New York Times*, February 18, 2005.

24. James Damore, "Google's Ideological Echo Chamber," July 2017, https:// assets.documentcloud.org/documents/3914586/Googles-Ideological-Echo-Chamber.pdf.

25. 支持他的文章，参见：Lee Jussim, Geoffrey Miller, and Debra W. Soh in "The Google Memo: Four Scientists Respond," *Quillette*, August 17, 2017, https://quillette.com/2017/08/07/google-memo-four-scientists-respond/; Debra Soh, "No, the Google Manifesto Isn't Sexist or Anti-Diversity. It's Science," *Globe and Mail* (Toronto), August 8, 2017; Glenn Stanton, "The Science Says the Google Guy Was Right About Sex Differences," *Federalist*, August 11, 2017, https://thefederalist.com/2017/08/11/science-says-google-guy-right-sex-differences/。更多的批判性观点，参见：Megan Molteni and Adam Rogers, "The Actual Science of James Damore's Google Memo," *Wired*,

August 15, 2017, https://www.wired.com/story/the-pernicious-science-of-james-damores-google-memo/; and Brian Feldman, "Here Are Some Scientific Arguments James Damore Has Yet to Respond To," *New York Magazine*, August 11, 2017。

26. Gina Rippon, "What Neuroscience Can Tell Us About the Google Diversity Memo," *The Conversation*, August 14, 2017, https://theconversation.com/what-neuroscience-can-tell-us-about-the-google-diversity-memo-82455. 里彭认为，达莫尔在备忘录中宣称"女性在科技领域人数过少，是由于生物学差异"，但达莫尔从未说过生物学是全部解释。里彭还指出，兴趣和能力方面的性别差异并不是"落入两个极端"，而是"分布在一个连续区间内"，并以此来反对达莫尔。但我仍要强调，达莫尔并未否认过这一点。

27. Daisuke Wakabayashi, "Contentious Memo Strikes Nerve Inside Google and Out," *New York Times*, August 8, 2017.

28. Daisuke Wakabayashi and Nellie Bowles, "Google Memo Author Sues, Claiming Bias Against White Conservative Men," *New York Times*, January 8, 2018.

29. Angela Saini, *Inferior: How Science Got Women Wrong and the New Research That's Rewriting the Story* (Boston: Beacon Press, 2017).

30. Charles Darwin, *The Descent of Man, and Selection in Relation to Sex*, 2 vols. (London: John Murray, 1871), vol.1, 564.

31. David F. Feldon, James Peugh, Michelle A. Maher, Josipa Roksa, and Colby Tofel-Grehl, "Time-to-Credit Gender Inequities of First-Year PhD Students in the Biological Sciences," *CBE—Life Sciences Education* 16, no.1 (2017), article 4. 截至 2017 年，女性获得生物科学领域 52.5% 的博士学位，但在相关领域只拿到 30%～35% 的终身教职。

32. Gertrud Pfister, "The Medical Discourse on Female Physical Culture in Germany in the 19th and Early 20th Centuries," *Journal of Sport History* 17, no. 2 (1990): 191.

33. Adam S. Cohen, "Harvard's Eugenics Era," *Harvard Magazine*, March–April 2016, https://harvardmagazine.com/2016/03/harvards-eugenics-era.

34. 引自出版商的封底描述：Cordelia Fine, *Testosterone Rex: Myths of Sex, Science, and Society* (London: Icon Books, 2017)。

35. 引自出版商的描述：W. W. Norton, Fine, *Testosterone Rex*, https://www.wwnorton.co.uk/books/9780393082081-testosterone-rex。

36. "Cordelia Fine's Explosive Study of Gender Politics Wins 30th Anniversary Royal Society Insight Investment Science Book Prize," Royal Society, news, September 19, 2017, https://royalsociety.org/news/2017/09/cordelia-fine-wins-30th-anniversary-royal-society-insight-investment-science-book-

雄激素：关于冒险、竞争与赢

prize/.

37. 引自出版商的描述：Fine, *Testosterone Rex*。

38. Gina Rippon, *The Gendered Brain: The New Neuroscience That Shatters the Myth of the Female Brain* (New York: Random House, 2019), 353.

39. Saini, *Inferior*, 28.

40. Saini, *Inferior*, 10.

41. 关于科学和理性如何推动社会进步，有一本书做了充分的分析，参见：Steven Pinker, *Enlightenment Now: The Case for Reason, Science, Humanism, and Progress* (New York: Viking, 2018)。

第二章　内分泌学：睾酮从何而来

1. Virag Sharma, Nikolai Hecker, Juliana G. Roscito, Leo Fourster, Bjoern I. Langer, and Michael Hiller, "A Genomics Approach Reveals Insights into the Importance of Gene Losses for Mammalian Adaptations," *Nature Communications* 9, no.1 (2018): 1215-19.

2. Damayanthi Durairajanayagam, Rakesh K. Sharma, Stefan S. du Plessis, and Ashok Agarwal, "Testicular Heat Stress and Sperm Quality," in *Male Infertility*, ed. Stefan S. du Plessis, Ashok Agarwal, and Edmund S. Sabanegh Jr. (New York: Springer, 2014), 105-25.

3. Sharma et al., "A Genomics Approach Reveals Insights."

4. Aristotle, "History of Animals," in *Complete Works of Aristotle*, vol.1, rev. Oxford translation, ed. Jonathan Barnes (Princeton, NJ: Princeton University Press, 1984), 981.

5. Angela Giuffrida, "Sistine Chapel Breaks 500-Year Gender Taboo to Welcome Soprano into the Choir," *Guardian*, November 18, 2017.

6. Meyer M. Melicow, "Castrati Singers and the Lost 'Cords,' " *Bulletin of the New York Academy of Medicine* 59, no. 8 (1983): 744.

7. Robert B. Crawford, "Eunuch Power in the Ming Dynasty," *T'oung Pao* 49, no. 1 (1962): 115-48; Eberhard Nieschlag and Susan Nieschlag, "The History of Testosterone and the Testes: From Antiquity to Modern Times," in Lee B. Smith, *Testosterone: From Basic Research to Clinical Applications* (New York: Springer, 2017), 1-19.

8. G. Carter Stent, "Chinese Eunuchs," *Journal of North-China Branch of the Royal Asiatic Society* 10 (1877): 143.

9. Yinghua Jia, *The Last Eunuch of China: The Life of Sun Yaoting* (Beijing: China

Intercontinental Press, 2008), 8.

10. Jean D. Wilson and Claus Roehrborn, "Long-Term Consequences of Castration in Men: Lessons from the Skoptzy and the Eunuchs of the Chinese and Ottoman Courts," *Journal of Clinical Endocrinology and Metabolism* 84, no.12 (1999): 4324–31. 传统上，古代中国的宦官，其阴茎和睾丸均会被切除，但不同时代和社会文化的人在行阉割术时，是否会将阴茎随睾丸一起切除，是不尽相同的，参见：Kathryn M. Ringrose, "Eunuchs in Historical Perspective," *History Compass* 5, no. 2 (2007): 495–506。

11. Stent, "Chinese Eunuchs," 177.

12. Jia, *Last Eunuch of China*, 8.

13. Lynn Loriaux, *A Biographical History of Endocrinology* (Ames, IA: Wiley-Blackwell, 2016).

14. Arnold Adolph Berthold, "The Transplantation of Testes," trans. D. P. Quiring, *Bulletin of the History of Medicine* 16, no.4 (1944): 399–401, 401.

15. Berthold, "Transplantation of Testes," 401 (my emphasis).

16. 苏格兰医生约翰·亨特曾在几次演讲中报告和贝特霍尔德实验类似的结果，但他从未正式发表过自己的观察结果：Alvaro Morales, "The Long and Tortuous History of the Discovery of Testosterone and Its Clinical Application," *Journal of Sexual Medicine* 10, no.4 (2013): 1178–93; Garabed Eknoyan, "Emergence of the Concept of Endocrine Function and Endocrinology," *Advances in Chronic Kidney Disease* 11, no.4 (2004): 371–76。

17. Setti S. Rengachary, Chaim Colen, and Murali Guthikonda, "Charles-Edouard Brown-Séquard: An Eccentric Genius," *Neurosurgery* 62, no.4 (2008): 954–64.

18. Merriley Borell, "Organotherapy, British Physiology, and Discovery of the Internal Secretions," *Journal of the History of Biology* 9, no. 2 (1976): 235–68.

19. C. E. Brown-Séquard, "Note on the Effects Produced on Man by Subcutaneous Injections of a Liquid Obtained from the Testicles of Animals," *Lancet* 134, no. 3438 (1889): 105–107.

20. Erica R. Freeman, David A. Bloom, and Edward J. McGuire, "A Brief History of Testosterone," *Journal of Urology* 165, no. 2 (2001): 371–73.

21. Eberhard Nieschlag and Susan Nieschlag, "The History of Discovery, Synthesis and Development of Testosterone for Clinical Use," *European Journal of Endocrinology* 180, no. 6 (2019): R201–R212.

22. Andrea J. Cussons, John P. Walsh, Chotoo I. Bhagat, and Stephen J. Fletcher, "Brown-Séquard Revisited: A Lesson from History on the Placebo Effect of Androgen Treatment," *Medical Journal of Australia* 177, no.11 (2002): 678–79.

雄激素：关于冒险、竞争与赢

23. J. D. Kaunitz and Y. Akiba, "Duodenal Bicarbonate: Mucosal Protection, Luminal Chemosensing and Acid-Base Balance," *Alimentary Pharmacology and Therapeutics* 24, no. s4 (2006): 169–76.

24. William Maddock Bayliss and Ernest Henry Starling, "The Mechanism of Pancreatic Secretion," *Journal of Physiology* 28, no. 5 (1902): 322, 325–53.

25. J. H. Henriksen and O. B. Schaffalitzky de Muckadell, "Secretin, Its Discovery, and the Introduction of the Hormone Concept," *Scandinavian Journal of Clinical and Laboratory Investigation* 60, no.6 (2000): 463–72; "The Nobel Prize in Physiology or Medicine 1904," The Nobel Prize, https://www.nobel-prize.org/prizes/medicine/1904/summary/.

26. John Henderson, "Ernest Starling and 'Hormones': An Historical Commentary," *Journal of Endocrinology* 184, no.1 (2005): 5–10.

27. 关于斯塔林和贝利斯发现第一种激素，以及这一发现对人们理解人体内环境、内部反应调控的影响，参见：Henriksen and Schaffalitzky de Muckadell, "Secretin," 463–72。

28. Morales, "The Long and Tortuous History of the Discovery of Testosterone and Its Clinical Application"; and Eberhard Nieschlag and Susan Nieschlag, "Testosterone Deficiency: A Historical Perspective," *Asian Journal of Andrology* 16, no. 2 (2014): 161–68.

29. Nieschlag and Nieschlag, "Testosterone Deficiency."

30. Lucia Lanciotti, Marta Cofini, Alberto Leonardi, Laura Penta, and Susanna Esposito, "Up-to-Date Review About Minipuberty and Overview on Hypothalamic-Pituitary-Gonadal Axis Activation in Fetal and Neonatal Life," *Frontiers in Endocrinology* 9 (2018), article 410. 男婴出生后不久会首先经历一个睾酮水平上升的时期，持续三个月左右。女婴也会经历类似的雌激素水平上升期，这个时期被称为迷你青春期。已有越来越多的学者认为，迷你青春期是生殖器官发育成熟的关键时期，也可能是神经系统进一步按性别发生分化的关键时期。关于婴儿在这一时期的发育，仍有许多有待了解的问题。

第三章　多来点儿睾酮：制造男孩的科学

1. Ieuan A. Hughes, John D. Davies, Trevor I. Bunch et al., "Androgen Insensitivity Syndrome," *Lancet* 380, no. 9851 (2012): 1419–28. 据估计，CAIS 在男性染色体个体中的患病率在 0.01‰～0.05‰。

2. 哺乳动物除配子（卵子和精子）和红细胞外，包含整套常染色体和一对性染色体，性染色体要么是 XX，要么是 XY，由父母双方各提供一条。由母细胞分裂、产生配子的过程叫减数分裂。在这个过程中，每个配子中来自父亲和来自母亲的染色体都会发生交叉，交换部分 DNA 片段，因此每条染色体上都同时带有来自父亲和来自母亲的 DNA。然后，每对染色体（包括性染色体）中的每一条染色体分别进入一个新的卵子或精子（此时，每个配子中就只有一条染色体，而不是成对的染色体，这种细胞就叫单倍体细胞）。当两个配子通过受精过程结合时，它们能共同形成一个包含成对染色体的新细胞，每对染色体均来自父母双方。这个新生的"二倍体细胞"迅速分裂，形成一团二倍体细胞，进而形成胚泡，最后变为胚胎。

3. Steven L. Salzberg, "Open Questions: How Many Genes Do We Have?," *BMC Biology* 16, no.1 (2018), article 94. 我们至今仍不知道人类基因组中到底包含着多少个基因。随着研究的深入，人们的估计数字越来越小，最新的估测在 20 000～25 000 个。"基因"有多重含义，但一般指能够转录为 RNA，再翻译为蛋白质的 DNA 片段，或能转录为 RNA，但不翻译为蛋白质的 DNA 片段。这些 ncRNA（非编码 RNA）可以起调控基因表达的作用，其多重功能也逐渐被人发现。

4. 美国麻省理工学院的戴维·佩奇是全球研究 Y 染色体的顶尖专家，关于他的工作有一个十分精彩的形容，即"给这个染色体里的矮子带去了尊严和尊敬"，参见：Bijal Trivedi, "Profile of David C. Page," *Proceedings of the National Academy of Sciences* 103, no. 8 (2006): 2471–73。

5. Bruce Alberts, Alexander Johnson, Julian Lewis, Martin Raff, Keith Roberts, and Peter Walter, "Chromosomal DNA and Its Packaging in the Chromatin Fiber," in *Molecular Biology of the Cell*, 4th ed. (New York: Garland Science, 2002).

6. Melvin L. DePamphilis, Christelle M. de Renty, Zakir Ullah, and Chrissie Y. Lee, "'The Octet': Eight Protein Kinases That Control Mammalian DNA Replication," *Frontiers in Physiology* 3 (2012), article 368.

7. Helena Sim, Anthony Argentaro, and Vincent R. Harley, "Boys, Girls and Shuttling of SRY and SOX9," *Trends in Endocrinology & Metabolism* 19, no. 6 (2008): 213–22.

8. 关于苍蝇、鱼类、蕨类植物及人类等不同种类的生物，其性别决定的多样性和复杂性的全面概述，参见：Doris Bachtrog, Judith E. Mank, Catherine L. Peichel et al., "Sex Determination: Why So Many Ways of Doing It?," *PLOS Biology* 12, no. 7 (2014): e1001899。

9. Joan Roughgarden, *Evolution's Rainbow: Diversity, Gender, and Sexuality in Nature and People* (Berkeley: University of California Press, 2013), 23.

10. 有时，人类男性的性染色体可能不是 XY，人类女性的性染色体也可能不是 XX。在极少数情况下，在减数分裂（由体细胞产生配子，即精子或卵子）过程中，SRY 基因可能会从 Y 染色体易位到另一条染色体上，最常见的是 X 染色体

（SRY 基因在减数分裂过程中与 X 染色体重组和分离）。如果含有 SRY 基因的 X 染色体来自父方（通常母方只会提供 X 染色体），那么产生的后代就是具有 XX 染色体的男性，因为 SRY 基因会导致睾丸发育，卵巢不发育。然而，这样的"XX 男性"一般不育，因为他们缺乏充分发挥生殖功能所必需的基因，这些基因都位于 Y 染色体上，参见：Ahmad Majzoub, Mohamed Arafa, Christopher Starks, Haitham Elbardisi, Sami Al Said, and Edmund Sabanegh, "46 XX Karyotype During Male Fertility Evaluation: Case Series and Literature Review," *Asian Journal of Andrology* 19, no. 2 (March–April 2017): 168–72。

11. 关于 CAIS 和 PAIS 的更多信息，参见：Hughes et al., "Androgen Insensitivity Syndrome"。

12. Thomas M. Williams and Sean B. Carroll, "Genetic and Molecular Insights into the Development and Evolution of Sexual Dimorphism," *Nature Reviews Genetics* 10, no.11 (2009): 797–804; Cho-Yi Chen, Camila Lopes-Ramos, Marieke L. Kuijjer, Joseph N. Paulson, Abhijeet R. Sonawane, Maud Fagny, John Platig et al., "Sexual Dimorphism in Gene Expression and Regulatory Networks Across Human Tissues," *BioRxiv* (2016): 082289.

13. Shehzad Basaria, "Androgen Abuse in Athletes: Detection and Consequences," *Journal of Clinical Endocrinology and Metabolism* 95, no. 4 (2010): 1533–43.

14. 对 CAIS 患者来说，是否保留睾丸并不是一个容易做的抉择。传统上，许多医生都建议切除 CAIS 女性患者体内的睾丸，因为保留睾丸会增加患癌风险。但这种做法现在受到了越来越多的质疑，许多患有 CAIS 的女性希望不做手术，自然地让身体分泌所需的激素（主要是雌激素），这样便可不服用外源激素。选择保留睾丸的 CAIS 女性患者应定期检查其体内的睾丸，确保其没有发生病变。参见：M. Cools and L. Looijenga, "Update on the Pathophysiology and Risk Factors for the Development of Malignant Testicular Germ Cell Tumors in Complete Androgen Insensitivity Syndrome," *Sexual Development* 11, no. 4 (2017): 175–81; and U. Döhnert, L. Wünsch, and O. Hiort, "Gonadectomy in Complete Androgen Insensitivity Syndrome: Why and When?," *Sexual Development* 11, no. 4 (2017): 171–74。

15. 你可能会好奇为什么男性体内的睾酮没有转化为雌激素，并让男人带上女性特征。CAIS 女性患者的雌激素水平处于正常男性水平，明显低于正常女性水平。但这么低水平的雌激素会使 CAIS 女性患者呈现女性特征，却不会改变正常男性的原因是，CAIS 女性患者体内的雌激素完全不必与雄激素"对抗"。正常情况下，高水平雄激素能够抵消低水平雌激素带来的影响，阻止其女性化作用，参见：U. Doehnert, S. Bertelloni, R. Werner, E. Dati, and O. Hiort, "Characteristic Features of Reproductive Hormone

Profiles in Late Adolescent and Adult Females with Complete Androgen Insensitivity Syndrome," *Sexual Development* 9, no. 2 (2015): 69–74; and Dimitrios T. Papadimitriou, Agnès Linglart, Yves Morel, and Jean-Louis Chaussain, "Puberty in Subjects with Complete Androgen Insensitivity Syndrome," *Hormone Research in Paediatrics* 65, no. 3 (2006): 126–31。

16. Anne Fausto-Sterling, *Myths of Gender: Biological Theories About Women and Men*, rev. ed. (New York: Basic Books, 2008), 137.

17. 关于玩耍行为中的性别差异，特别是男孩对敌人的执念，参见：Joyce F. Benenson, *Warriors and Worriers: The Survival of the Sexes* (New York: Oxford University Press, 2014), 27–40。关于玩耍行为中性别差异的全面综述，参见：David C. Geary, *Male, Female: The Evolution of Human Sex Differences,* 3rd ed. (Washington, DC: American Psychological Association, 2021), 309–23。

18. Benenson, *Warriors and Worriers*, 27–41.

19. Janet A. DiPietro, "Rough and Tumble Play: A Function of Gender," *Developmental Psychology* 17, no.1 (1981): 50–58; Anthony D. Pellegrini, "The Development and Function of Rough-and-Tumble Play in Childhood and Adolescence: A Sexual Selection Theory Perspective," in *Play and Development: Evolutionary, Sociocultural and Functional Perspectives*, ed. Artin Göncü and Suzanne Gaskins (Mahwah, NJ: Lawrence Erlbaum, 2007); Yumi Gosso, Emma Otta, and Maria de Lima Salum e Morais, "Play in Hunter-Gatherer Society," in *The Nature of Play: Great Apes and Humans*, ed. Anthony D. Pellegrini and Peter K. Smith (New York: Guilford Press, 2004), 231; David C. Geary, "Evolution and Developmental Sex Differences," *Current Directions in Psychological Science* 8, no. 4 (1999): 115–20; and Sheina Lew-Levy, Adam H. Boyette, Alyssa N. Crittenden, Barry S. Hewlett, and Michael E. Lamb, "Gender-Typed and Gender-Segregated Play Among Tanzanian Hadza and Congolese BaYaka Hunter-Gatherer Children and Adolescents," *Child Development* 91, no. 4 (2020): 1284–301.

20. Fausto-Sterling, *Myths of Gender*, 137.

21. R. M. Jordan-Young, *Brain Storm: The Flaws in the Science of Sex Differences* (Cambridge, MA: Harvard University Press, 2011), 291.

22. Gina Rippon, *The Gendered Brain: The New Neuroscience That Shatters the Myth of the Female Brain* (New York: Random House, 2019), xix.

23. Lise Eliot, "Neurosexism: The Myth That Men and Women Have Different Brains," *Nature* 566, no. 7745 (2019): 453–54.

雄激素：关于冒险、竞争与赢

第四章　大脑中的睾酮：从动物实验到人类行为

1. Diana Mettadewi Jong, Aman B. Pulungan, Bambang Tridjaja Aap, and Jose R. L. Batubara, "5-alpha-reductase Deficiency: A Case Report," *Paediatrica Indonesiana* 43, no. 6 (2003): 234–40.

2. Berenice B. Mendonca, Rafael Loch Batista, Sorahia Domenice, Elaine M. F. Costa, Ivo J. P. Arnhold, David W. Russell, and Jean D. Wilson, "Steroid 5α-Reductase 2 Deficiency," *Journal of Steroid Biochemistry and Molecular Biology* 163 (2016): 206–11.

3. 关于睾酮和双氢睾酮在 5α-还原酶缺乏症患者体内的作用的综述，参见：Julianne Imperato-McGinley and Y.-S. Zhu, "Androgens and Male Physiology the Syndrome of 5α-Reductase-2 Deficiency," *Molecular and Cellular Endocrinology* 198, no.1–2 (2002): 51–59。

4. John C. Achermann and Ieuan A. Hughes, "Pediatric Disorders of Sex Development," in *Williams Textbook of Endocrinology*, 13th ed., ed. Shlomo Melmed, Kenneth Polonsky, P. Larsen, and Henry Kronenberg (Philadelphia: Elsevier Health Sciences, 2016), ch. 23.

5. Julianne Imperato-McGinley, Ralph E. Peterson, Teofilo Gautier, and Erasmo Sturla, "Androgens and the Evolution of Male-Gender Identity Among Male Pseudohermaphrodites with 5α-Reductase Deficiency," *New England Journal of Medicine* 300, no. 22 (1979): 1236.

6. Imperato-McGinley et al., "Androgens and the Evolution of Male-Gender Identity," 1237.

7. Vivian Sobel and Julianne Imperato-McGinley, "Gender Identity in XY Intersexuality," *Child and Adolescent Psychiatric Clinics of North America* 13, no. 3 (2004): 611.

8. Peggy T. Cohen-Kettenis, "Gender Change in 46 XY Persons with 5α-Reductase-2 Deficiency and 17β-Hydroxysteroid Dehydrogenase-3 Deficiency," *Archives of Sexual Behavior* 34, no. 4 (2005): 399–410; and Rafael Loch Batista and Berenice Bilharinho Mendonca, "Integrative and Analytical Review of the 5-Alpha-Reductase Type 2 Deficiency Worldwide," *Application of Clinical Genetics* 13 (2020): 83–96.

9. Ruth Bleier, J. A. Keelan, Julianne Imperato-McGinley, and Ralph E. Peterson, "Why Does a Pseudohermaphrodite Want to Be a Man?," correspondence, *New England Journal of Medicine* 301, no .15 (1979): 839–40.

10. BBC, "The Extraordinary Case of the Guevedoces," *BBC News Magazine*,

September 15, 2015, https://www.bbc.com/news/magazine-34290981.

11. 截至 2020 年 12 月，根据谷歌学术搜索的数据，Julianne Imperato-McGinley, Luis Guerrero, Teofilo Gautier, and Ralph E. Peterson, "Steroid 5α-Reductase Deficiency in Man: An Inherited Form of Male Pseudohermaphroditism," *Science* 186, no. 4170 (1974): 1212–15，该论文已被引用 1 488 次。

12. Imperato-McGinley et al., "Androgens and the Evolution of Male-Gender Identity," 1235.

13. Bleier et al., "Why Does a Pseudohermaphrodite Want to Be a Man?," 840.

14. Ruth Bleier, *Science and Gender: A Critique of Biology and Its Theories on Women* (New York: Pergamon Press, 1984), 109.

15. Frank A. Beach, "Sexual Attractivity, Proceptivity, and Receptivity in Female Mammals," *Hormones and Behavior* 7, no.1 (1976): 105–38.

16. R. J. Nelson and L. J. Kriegsfeld, *An Introduction to Behavioral Endocrinology*, 5th ed. (Sunderland, MA: Sinauer Associates, 2017), 283–84.

17. 有一篇综述分析了激素如何"编程"弓背和骑跨行为，参见：Arthur P. Arnold, "The Organizational-Activational Hypothesis as the Foundation for a Unified Theory of Sexual Differentiation of All Mammalian Tissues," *Hormones and Behavior* 55, no. 5 (2009): 570–78。

18. Nelson and Kriegsfeld, *Introduction to Behavioral Endocrinology*, 216–22.

19. Nelson and Kriegsfeld, *Introduction to Behavioral Endocrinology*, 120–21.

20. William C. Young, Robert W. Goy, and Charles H. Phoenix, "Hormones and Sexual Behavior," *Science* 143, no. 3603 (1964): 212–18(my emphasis).

21. Charles H. Phoenix, Robert W. Goy, Arnold A. Gerall, and William C. Young, "Organizing Action of Prenatally Administered Testosterone Propionate on the Tissues Mediating Mating Behavior in the Female Guinea Pig," *Endocrinology* 65, no. 3 (1959): 369–82.

22. Arnold, "The Organizational-Activational Hypothesis as the Foundation for a Unified Theory of Sexual Differentiation of All Mammalian Tissues."

23. Phoenix et al., "Organizing Action of Prenatally Administered Testosterone Propionate."

24. Bleier et al., "Why Does a Pseudohermaphrodite Want to Be a Man?," 840.

25. R. W. Goy and J. A. Resko, "Gonadal Hormones and Behavior of Normal and Pseudohermaphroditic Nonhuman Female Primates," *Recent Progress in Hormone Research* 28 (1972): 707–33.

26. 这是对近因解释和终极解释的区别的一种说法，还有一种说法是，近因解释说的是距离现象发生时间最接近的原因，终极解释说的是距离现象发生时间很久以前的原因。这两种说法容易混淆，但内涵不同。参见: David Haig, "Proximate and Ultimate Causes: How Come? and What For?," *Biology and Philosophy* 28, no. 5 (2013): 781–86。

27. D. H. Thor and W. J. Carr, "Sex and Aggression: Competitive Mating Strategy in the Male Rat," *Behavioral and Neural Biology* 26, no. 3 (1979):261–65.

28. Anne Campbell, "Staying Alive: Evolution, Culture, and Women's Intrasexual Aggression," *Behavioral and Brain Sciences* 22, no. 2 (1999): 203–14.

29. Anthony P. Auger and Kristin M. Olesen, "Brain Sex Differences and the Organization of Juvenile Social Play Behavior," *Journal of Neuroendocrinology* 21, no. 6 (2009): 519–25.

30. Dorothy Einon and Michael Potegal, "Enhanced Defense in Adult Rats Deprived of Playfighting Experience as Juveniles," *Aggressive Behavior* 17, no.1 (1991): 27–40; and Aileen D. Gruendel and William J. Arnold, "Influence of Preadolescent Experiential Factors on the Development of Sexual Behavior in Albino Rats," *Journal of Comparative and Physiological Psychology* 86, no.1 (1974): 172–78.

31. Celia Moore, "Maternal Behavior of Rats Is Affected by Hormonal Condition of Pups," *Journal of Comparative and Physiological Psychology* 96, no. 1 (1982): 123–29.

32. Celia L. Moore, "Maternal Contributions to the Development of Masculine Sexual Behavior in Laboratory Rats," *Developmental Psychobiology* 17, no. 4 (1984): 347–56; and Lynda I. A. Birke and Dawn Sadler, "Differences in Maternal Behavior of Rats and the Sociosexual Development of the Offspring," *Developmental Psychobiology* 20, no.1 (1987): 85–99.

33. Annamarja Lamminmäki, Melissa Hines, Tanja Kuiri-Hänninen et al., "Testosterone Measured in Infancy Predicts Subsequent Sex-Typed Behavior in Boys and in Girls," *Hormones and Behavior* 61, no. 4 (2012):611–16.

34. James G. Pfaus, Tod E. Kippin, and Genaro Coria-Avila, "What Can Animal Models Tell Us About Human Sexual Response?," *Annual Review of Sex Research* 14, no.1 (2003): 1–63.

35. R. Schweizer, G. Blumenstock, K. Mangelsdorf et al., "Prevalence and Incidence of Endocrine Disorders in Children: Results of a Survey in Baden-Wuerttemberg and Bavaria (EndoPrIn BB) 2000–2001," *Klinische Pädiatrie* 222, no. 2 (2010): 67–72; P. W. Speiser, W. Arlt, R. J. Auchus, L. S. Baskin, G. S. Conway, D. P. Merke, H. F. L. Meyer-Bahlburg et al., "Congenital Adrenal Hyperplasia Due to Steroid 21-Hydroxylase Deficiency: An Endocrine

Society Clinical Practice Guideline," *Journal of Clinical Endocrinology and Metabolism* 103, no.11 (2018): 4043–88.

36. CAH 并不会影响男性患者的性别化行为，例如玩耍方式、性取向或日后的职业选择，但可能会影响认知能力，特别是空间认知能力（CAH 并不会影响女性患者的空间认知能力）。参见：Marcia L. Collaer and Melissa Hines, "No Evidence for Enhancement of Spatial Ability with Elevated Prenatal Androgen Exposure in Congenital Adrenal Hyperplasia: A Meta-Analysis," *Archives of Sexual Behavior* 49, no. 2 (2020): 395–411。

37. Sheri A. Berenbaum and Adriene M. Beltz, "Sexual Differentiation of Human Behavior: Effects of Prenatal and Pubertal Organizational Hormones," *Frontiers in Neuroendocrinology* 32, no. 2 (2011): 183–200.

38. Rafał Podgórski, David Aebisher, Monika Stompor, Dominika Podgórska, and Artur Mazur, "Congenital Adrenal Hyperplasia: Clinical Symptoms and Diagnostic Methods," *Acta Biochimica Polonica* 65, no.1 (2018): 25–33.

39. William R. Charlesworth and Claire Dzur, "Gender Comparisons of Preschoolers' Behavior and Resource Utilization in Group Problem Solving," *Child Development* 58, no.1 (1987): 191–200.

40. Joyce F. Benenson, *Warriors and Worriers: The Survival of the Sexes* (New York: Oxford University Press, 2014), 45–51; and Amanda J. Rose and Karen D. Rudolph, "A Review of Sex Differences in Peer Relationship Processes: Potential Trade-offs for the Emotional and Behavioral Development of Girls and Boys," *Psychological Bulletin* 132, no.1 (2006): 98–131.

41. Eleanor E. Maccoby, *The Two Sexes: Growing Up Apart, Coming Together* (Cambridge, MA: Harvard University Press, 1999): 27; Joyce F. Benenson, Nicholas H. Apostoleris, and Jodi Parnass, "Age and Sex Differences in Dyadic and Group Interaction," *Developmental Psychology* 33, no. 3 (1997): 538–43.

42. Beverly I. Fagot, "Consequences of Moderate Cross-Gender Behavior in Preschool Children," *Child Development* 48, no. 3 (1977): 902–7.

43. Elizabeth V. Lonsdorf, "Sex Differences in Nonhuman Primate Behavioral Development," *Journal of Neuroscience Research* 95, no.1–2 (2017): 213–21; Joyce F. Benenson, "Sex Differences in Human Peer Relationships: A Primate's-Eye View," *Current Directions in Psychological Science* 28, no. 2 (2019): 124–30; Janice M. Hassett, Erin R. Siebert, and Kim Wallen, "Sex Differences in Rhesus Monkey Toy Preferences Parallel Those of Children," *Hormones and Behavior* 54, no. 3 (2008): 359–64; Beatrice Whiting and Carolyn Pope Edwards, "A Cross-Cultural Analysis of Sex Differences in the Behavior of

Children Aged Three Through 11," *Journal of Social Psychology* 91, no. 2 (1973): 171–88; and Jac T. M. Davis and Melissa Hines, "How Large Are Gender Differences in Toy Preferences? A Systematic Review and Meta-Analysis of Toy Preference Research," *Archives of Sexual Behavior* 49, no. 2 (2020): 373–94.

44. Rong Su, James Rounds, and Patrick Ian Armstrong, "Men and Things, Women and People: A Meta-Analysis of Sex Differences in Interests," *Psychological Bulletin* 135, no. 6 (2009): 859–84.

45. Vickie L. Pasterski, Mitchell E. Geffner, Caroline Brain, Peter Hindmarsh, Charles Brook, and Melissa Hines, "Prenatal Hormones and Postnatal Socialization by Parents as Determinants of Male-Typical Toy Play in Girls with Congenital Adrenal Hyperplasia," *Child Development* 76, no.1 (2005): 264–78.

46. Rebecca M. Jordan-Young, "Hormones, Context, and 'Brain Gender': A Review of Evidence from Congenital Adrenal Hyperplasia," *Social Science and Medicine* 74, no.11 (2012): 1738–44.

47. Adriene M. Beltz, Jane L. Swanson, and Sheri A. Berenbaum, "Gendered Occupational Interests: Prenatal Androgen Effects on Psychological Orientation to Things Versus People," *Hormones and Behavior* 60, no. 4 (2011): 313–17; and Sheri A. Berenbaum, "Beyond Pink and Blue: The Complexity of Early Androgen Effects on Gender Development," *Child Development Perspectives* 12, no.1 (2018): 58–64.

48. 举例来说，为了减少（或彻底禁止）给雌雄间体儿童施行的不必要的手术，波士顿儿童医院宣布将不再给年龄不足以理解和同意手术内容的儿童施行生殖器手术，该院的医生将不再手术缩小儿童"过于肥大"的阴蒂（有可能形似阴茎），也不再给雌雄间体儿童施行阴道成形术，即人工再造阴道的手术。参见：Shefali Luthra, "Boston Children's Hospital Will No Longer Perform Two Types of Intersex Surgery on Children," *USA Today*, October 22, 2020。

49. These social influences, in this view: Jordan-Young, "Hormones, Context, and 'Brain Gender.'"

50. Hugh Lytton and David M. Romney, "Parents' Differential Socialization of Boys and Girls: A Meta-Analysis," *Psychological Bulletin* 109, no. 2 (1991): 267–96.

51. Celina C. C. Cohen-Bendahan, Cornelieke van de Beek, and Sheri A. Berenbaum, "Prenatal Sex Hormone Effects on Child and Adult Sex-Typed Behavior: Methods and Findings," *Neuroscience and Biobehavioral Reviews* 29, no. 2 (2005): 353–84. 但可参见：Wang I. Wong, Vickie Pasterski, Peter C. Hindmarsh, Mitchell E. Geffner, and Melissa Hines, "Are There Parental Socialization Effects on the Sex-Typed Behavior of Individuals with

Congenital Adrenal Hyperplasia?," *Archives of Sexual Behavior* 42, no. 3 (2013): 381–91。然而，还有一项研究发现，相比未患病的正常女孩，父母会给 CAH 女孩更多鼓励，让她们玩典型的男孩玩具，作者得出结论，胎儿期接触雄激素也容易导致这样的结果。

52. Kay Bussey and Albert Bandura, "Influence of Gender Constancy and Social Power on Sex-Linked Modeling," *Journal of Personality and Social Psychology* 47, no. 6 (1984): 1292–302.

53. Melissa Hines, "Prenatal Testosterone and Gender-Related Behaviour," *European Journal of Endocrinology* 155, suppl.1 (2006): S115–S121.

54. Melissa Hines, "Prenatal Endocrine Influences on Sexual Orientation and on Sexually Differentiated Childhood Behavior," *Frontiers in Neuroendocrinology* 32, no. 2 (2011): 170–82; Melissa Hines, "Human Gender Development," *Neuroscience and Biobehavioral Reviews* 118 (2020): 89–96；但该实验也可见零结果，参见：Rebecca Christine Knickmeyer, Sally Wheelwright, Kevin Taylor, Peter Raggatt, Gerald Hackett, and Simon Baron-Cohen, "Gender-Typed Play and Amniotic Testosterone," *Developmental Psychology* 41, no. 3 (2005): 517–58。

55. 性激素水平的性别差异并不是一个人行为模式唯一的直接影响因素（与生殖器官、肌肉量等间接影响因素不同）。另外，除了女性没有 Y 染色体上的基因外，两性 X 染色体基因数量也不同。一些证据表明，X 染色体基因的数量以及男性位于 Y 染色体上的基因能对组织的发育和功能，包括关键时期大脑的发育和功能，产生性别特异性的影响。以下两项研究支持这一结论：Daniel M. Snell and James M. A. Turner, "Sex Chromosome Effects on Male–Female Differences in Mammals," *Current Biology* 28, no. 22 (2018): R1313–R24; Arthur P. Arnold, "Sexual Differentiation of Brain and Other Tissues: Five Questions for the Next50Years," *Hormones and Behavior* 120 (2020): 104691。

关于 Y 染色体基因在非生殖组织中的表达，参见：Alexander K. Godfrey, Sahin Naqvi, Lukáš Chmátal, Joel M. Chick, Richard N. Mitchell, Steven P. Gygi, Helen Skaletsky, and David C. Page, "Quantitative Analysis of Y-Chromosome Gene Expression Across 36 Human Tissues," *Genome Research* 30, no. 6 (2020): 860–73。

关于 Y 染色体基因在大脑中的表达，参见：Ivanka Savic, Louise Frisen, Amirhossein Manzouri, Anna Nordenstrom, and Angelica Lindén Hirschberg, "Role of Testosterone and Y Chromosome Genes for the Masculinization of the Human Brain," *Human Brain Mapping* 38, no. 4 (2017):1801–14。

关于 X 染色体基因表达的性别差异及其对疾病发生的性别差异的影响，参见：Haiko Schurz, Muneeb Salie, Gerard Tromp, Eileen G. Hoal, Craig

J. Kinnear, and Marlo Möller, "The X Chromosome and Sex-Specific Effects in Infectious Disease Susceptibility," *Human Genomics* 13, no.1 (2019): 1–12。

第五章　获得优势：睾酮与体能差异

1. Claire Watson, "Semenya Humiliated: Athletics Chief," Reuters, August 20, 2009, https://af.reuters.com/article/idAFJOE57J0NP20090820.
2. Christopher Clarey and Gina Kolata, "Gold Awarded amid Dispute over Runner's Sex," *New York Times*, August 20, 2009.
3. Karolos Grahmann, "Savinova Stripped of London Games 800m Gold for Doping," Reuters, February 10, 2017.
4. William Lee Adams, "Could This Women's World Champ Be a Man?," *Time*, August 21, 2009.
5. "Makeover for SA Gender-Row Runner," BBC News, September 8, 2009, http://news.bbc.co.uk/2/hi/8243553.stm; and Tracy Clark-Flory, "Sex Test Runner Gets a Girly Makeover," *Salon*, September 8, 2009, https://www.salon.com/2009/09/08/runner_makeover/.
6. "Caster Semenya: Anatomy of Her Case," *Telegraph* (UK), July 6, 2010.
7. Rick Maese, "Court Rules Olympic Runner Caster Semenya Must Use Hormone-Suppressing Drugs to Compete," *Washington Post*, May 1, 2019.
8. 没有证据表明这些规定是专门针对塞门亚颁布的，国际田联当时还在评估其他情况类似的运动员案例。
9. "IAAF Response to Swiss Federal Tribunal's Decision," World Athletics, Monaco, press release, July 31, 2019, https:// www.worldathletics.org/news/press-release/swiss-federal-tribunal-decision.
10. Jacob Bogage, "Caster Semenya Blocked from Defending 800 Title at Worlds After Swiss Court Reverses Ruling," *Washington Post*, July 30, 2019.
11. David J. Handelsman, Angelica L. Hirschberg, and Stephane Bermon, "Circulating Testosterone as the Hormonal Basis of Sex Differences in Athletic Performance," *Endocrine Reviews* 39, no. 5 (2018): 803–29.
12. "'But Seriously,' Tennis Great John McEnroe Says He's Seeking 'Inner Peace,'" *Weekend Edition Sunday*, National Public Radio, June 25, 2017, https://www.npr.org/2017/06/25/534149646/but-seriously-tennis-great-john-mcenroe-says-hes-seeking-inner-peace.
13. Cindy Boren, "Serena Williams vs. John McEnroe: It's Game, Set, Match

Serena with a Nude Vanity Fair Cover to Boot," *Washington Post*, June 27, 2017.

14. Evan Hilbert, "Serena Williams on Playing Andy Murray: 'I'd Lose 6– 0, 6–0,'" CBS Sports, August 23, 2013.

15. 关于投掷和田径运动能力性别差异发展的全面描述，参见：David J. Epstein, *The Sports Gene: Inside the Science of Extraordinary Athletic Performance* (New York: Current, 2014), 56–74。

16. 杰瑞·托马斯（Jerry Thomas）引用自：Tamar Haspel, "Throw Like a Girl? With Some Practice, You Can Do Better," *Washington Post*, September 10, 2012。

17. Øyvind Sandbakk, Guro Strøm Solli, and Hans Christer Holmberg, "Sex Differences in World-Record Performance: The Influence of Sport Discipline and Competition Duration," *International Journal of Sports Physiology and Performance* 13, no.1 (2018): 2–8; and Beat Knechtle et al., "Women Out-perform Men in Ultra-Distance Swimming: The Manhattan Island Marathon Swim from 1983 to 2013," *International Journal of Sports Physiology and Performance* 9, no. 6 (2014): 913–24.

18. 改编自：David J. Handelsman, "Sex Differences in Athletic Performance Emerge Coinciding with the Onset of Male Puberty," *Clinical Endocrinology* 87, no.1 (2017): 68–72。

19. Sandbakk, Solli, and Holmberg, "Sex Differences in World-Record Performance."

20. "Season Top Lists:100 Meters Men, 100 Meters Women," World Athletics (2019), accessed August15, 2020, https://www.worldathletics.org/records/toplists/sprints/100-metres/outdoor/men/senior/2019?regionType=world&timing=electronic&windReading=regular&page=23&bestResultsOnly=true. 2019 年，约有 8 100 名男运动员和 5 470 名女运动员参加过国际田联在世界各地举办的 100 米短跑项目（既包括不设年龄上限的成年组，也包括 20 岁以下的青少年组），牙买加女选手谢莉-安·弗雷泽-普赖斯创下 10 秒 71 的纪录，美国男选手克里斯蒂安·科尔曼创下 9 秒 76 的纪录。其中，大约 2 100 名成年男选手和 500 名青少年男选手的成绩优于 10 秒 71，比谢莉-安·弗雷泽-普赖斯的成绩好。

21. Fred Dreier, "Q&A: Dr. Rachel McKinnon, Masters Track Champion and Transgender Athlete," VeloNews, October 15, 2018, https://www.velonews.com/news/qa-dr-rachel-mckinnon-masters-track-champion-and-transgender-athlete/.

22. Mindy Millard-Stafford, Ann E. Swanson, and Matthew T. Wittbrodt, "Nature

Versus Nurture: Have Performance Gaps Between Men and Women Reached an Asymptote?," *International Journal of Sports Physiology and Performance* 13, no. 4 (2018): 530–35; Valérie Thibault, Marion Guillaume, Geoffroy Berthelot et al., "Women and Men in Sport Performance: The Gender Gap Has Not Evolved Since 1983," *Journal of Sports Science and Medicine* 9, no. 2 (2010): 214–23; 有人认为，除非男女在体育运动中享有平等的机会和报酬，否则我们无法知道女性体育成绩的极限，参见：Laura Capranica, Maria F. Piacentini, Shona Halson et al., "The Gender Gap in Sport Performance: Equity Influences Equality," *International Journal of Sports Physiology and Performance* 8, no.1 (2013): 99–103。

23. Millard-Stafford et al., "Nature Versus Nurture," *International Journal of Sports Physiology and Performance* 13, no. 4 (2018): 530–535. 关于长期以来奥运会成绩中的性别差异，参见：Thibault et al., "Women and Men in Sports Performance," 214。

24. Beth Jones quoted in Sean Ingle, "Why Calls for Athletes to Compete as a Homogenised Group Should Be Resisted," *Guardian,* December 10, 2017.

25. Rebecca M. Jordan-Young and Katrina Karkazis, "Five Myths About Testosterone," *Washington Post*, October 25, 2019.

26. Jordan-Young and Karkazis, "Five Myths About Testosterone."

27. Anthony C. Hackney and Amy R. Lane, "Low Testosterone in Male Endurance-Trained Distance Runners: Impact of Years in Training," *Hormones* 17, no.1 (2018): 137–39; Javier Alves, Víctor Toro, Gema Barrientos et al., "Hormonal Changes in High-Level Aerobic Male Athletes During a Sports Season," *International Journal of Environmental Research and Public Health* 17, no.16 (2020): 5833; 女性的测试结果可参见：S. Bermon and P. Y. Garnier, "Serum Androgen Levels and Their Relation to Performance in Track and Field: Mass Spectrometry Results from 2127 Observations in Male and Female Elite Athletes," *British Journal of Sports Medicine* 51, no.17 (2017): 1309–14，在大多数田径项目中，睾酮水平与运动表现之间的关系更为一致。

28. 类固醇激素最"经典"的作用机制，也是研究最为全面的作用机制，是直接作用于基因的转录过程，这种机制也叫基因组效应。类固醇还有一种作用机制，即非基因组效应，起效更快，但研究却不够充分。非基因组效应是指类固醇激素和细胞膜上的蛋白受体相互作用，不接触细胞内部——细胞核内或细胞质内的受体，进而影响基因的转录。这是一个很吸引人的研究领域，揭示了类固醇激素快速起效，在更短时间内影响生理和行为的可能机制。速度更快的非基因组效应还可能会影响未来发生的基因组效应。关于类固醇激素（包括雄激素）的非基因组效应，参见：Sandi R. Wilkenfeld, Chenchu Lin, and Daniel E. Frigo, "Communication Between Genomic and Non-Genomic Signaling Events Coordinate Steroid Hormone Actions," *Steroids* 133 (2018): 2-7。

29. Mathis Grossmann, "Utility and Limitations in Measuring Testosterone," in *Testosterone: From Basic to Clinical Aspects*, ed. Alexandre Hohl (Cham, Switzerland: Springer International, 2017), 97-107.

30. 放射免疫分析常常"夸大"女性睾酮水平的另一个原因是，微小的血液粒子经常污染唾液样本，这也会让测得的睾酮水平虚高。参见：Katie T. Kivlighan, Douglas A. Granger, Eve B. Schwartz, Vincent Nelson, Mary Curran, and Elizabeth A. Shirtcliff, "Quantifying Blood Leakage into the Oral Mucosa and Its Effects on the Measurement of Cortisol, Dehydroepiandrosterone, and Testosterone in Saliva," *Hormones and Behavior* 46, no.1 (2004): 39-46。有关放射免疫分析中交叉反应性造成的类固醇激素水平的测量误差和不一致性的更多证据，参见：Frank Z. Stanczyk, Michael M. Cho, David B. Endres, John L. Morrison, Stan Patel, and Richard J. Paulson, "Limitations of Direct Estradiol and Testosterone Immunoassay Kits," *Steroids* 68, no.14 (2003): 1173-78。

31. Keith M. Welker, Bethany Lassetter, Cassandra Brandes et al., "A Comparison of Salivary Testosterone Measurement Using Immunoassays and Tandem Mass Spectrometry," *Psychoneuroendocrinology* 71 (2016): 180-88.

32. David A. Herold and Robert L. Fitzgerald, "Immunoassays for Testosterone in Women: Better Than a Guess?," *Clinical Chemistry* 49, no. 8 (2003): 1250-51.

33. Valérie Moal, Elisabeth Mathieu, Pascal Reyner et al., "Low Serum Testosterone Assayed by Liquid Chromatography Tandem Mass Spectrometry. Comparison with Five Immunoassay Techniques," *Clinica Chimica Acta* 386, no.1 (2007): 12-19.

34. Sari M. van Anders, Zach C. Schudson, Emma C. Abed et al., "Biological Sex, Gender, and Public Policy," *Policy Insights from the Behavioral and Brain Sciences* 4, no. 2 (2017): 194-201.

35. 两性的睾酮水平有重叠的其他类似言论，参见：Katrina Karkazis and Rebecca Jordan-Young, "Debating a Testosterone 'Sex Gap,'" *Science* 348, no. 6237 (2015): 858-60; and Cara Tannenbaum and Sheree Bekker, "Sex, Gender, and Sports," editorial, *BMJ* 364 (2019): 1120。

36. Allison Whitten, "Untangling Gender and Sex in Humans," *Discover*, July 23, 2020.

37. Handelsman, Hirschberg, and Bermon, "Circulating Testosterone as the Hormonal Basis of Sex Differences in Athletic Performance."

38. 就算使用质谱法分析类固醇激素，血液样本也比唾液样本更能准确地测得血

- 320 -　　　　　　　　　　　　　　雄激素：关于冒险、竞争与赢

浆中的睾酮水平，参见：Tom Fiers, Joris Delanghe, Guy T'Sjoen, Eva Van Caenegem, Katrien Wierckx, and Jean-Marc Kaufman, "A Critical Evaluation of Salivary Testosterone as a Method for the Assessment of Serum Testosterone," *Steroids* 86 (2014): 5–9; and B. G. Keevil, P. MacDonald, W. Macdowall, D. M. Lee, F. C. W. Wu, and NATSAL Team. "Salivary Testosterone Measurement by Liquid Chromatography Tandem Mass Spectrometry in Adult Males and Females," *Annals of Clinical Biochemistry* 51, no. 3 (2014): 368–78。

39. Handelsman, Hirschberg, and Bermon, "Circulating Testosterone as the Hormonal Basis of Sex Differences in Athletic Performance," 806.

40. 图片经授权改编自：Doriane L. Coleman, "Sex in Sport," *Law and Contemporary Problems* 80 (2017): 63–126。原始数据来自：Richard V. Clark, Jeffrey Wald, Ronald S. Swerdloff, Christina Wang, Frederick C. W. Wu, Larry D. Bowers, and Alvin M. Matsumoto, "Large Divergence in Testosterone Concentrations Between Men and Women: Frame of Reference for Elite Athletes in Sex-Specific Competition in Sports, a Narrative Review," *Clinical Endocrinology* 90, no.1 (2019): 15–22。

41. Valentina Rodriguez Paris and Michael J. Bertoldo, "The Mechanism of Androgen Actions in PCOS Etiology," *Medical Sciences* (Basel, Switzerland) 7, no. 9 (2019): 1–12.

42. 出于各种非医学原因，有些男人自愿成为宦官，即自愿被阉割。对此现象的评析，参见：Thomas W. Johnson, Michelle A. Brett, Lesley F. Roberts, and Richard J. Wassersug, "Eunuchs in Contemporary Society: Characterizing Men Who Are Voluntarily Castrated (Part I)," *Journal of Sexual Medicine* 4, no. 4 (2007): 930–45。

43. "IAAF Publishes Briefing Notes and Q&A on Female Eligibility Regulations," World Athletics, press release, May 7, 2019, https://www.worldathletics.org/news/press-release/questions-answers-iaaf-female-eligibility-reg.

44. 图片经授权改编自：Coleman, "Sex in Sport"。原始数据来自：Clark et al., "Large Divergence in Testosterone Concentrations Between Men and Women"。

45. Shalender Bhasin, Michael Pencina, Guneet Kaur Jasuju et al., "Reference Ranges for Testosterone in Men Generated Using Liquid Chromatography Tandem Mass Spectrometry in a Community-Based Sample of Healthy Nonobese Young Men in the Framingham Heart Study and Applied to Three Geographically Distinct Cohorts," *Journal of Clinical Endocrinology and Metabolism* 96, no. 8 (2011): 2430–39; and S. Mitchell Harman, E. Jeffrey Metter, Jordan D. Tobin, Jay Pearson, and Marc R. Blackman, "Longitudinal Effects of Aging on Serum Total and Free Testosterone Levels in Healthy Men," *Journal of Clinical Endocrinology and Metabolism* 86, no. 2 (2001): 724–31. 睾酮水平

并不一定总是随着年龄的增长而下降，特别是在非西方、城市化程度较低的社会中，男性的睾酮水平本来就较低。参见：Peter T. Ellison and Catherine Panter-Brick, "Salivary Testosterone Levels Among Tamang and Kami Males of Central Nepal," *Human Biology* 68, no. 6 (1996): 955–65; and Peter T. Ellison, Richard G. Bribiescas, Gillian R. Bentley et al., "Population Variation in Age-Related Decline in Male Salivary Testosterone," *Human Reproduction* 17, no.12 (2002): 3251–53。关于睾酮在男性一生中的作用的概述，参见：Richard G. Bribiescas, "Reproductive Ecology and Life History of the Human Male," *American Journal of Physical Anthropology* 116, no. S33 (2001): 148–76。

46. Ana Paula Abreu and Ursula B. Kaiser, "Pubertal Development and Regulation," *Lancet: Diabetes and Endocrinology* 4, no. 3 (2016): 254–64.

47. Karen L. Herbst and Shalender Bhasin, "Testosterone Action on Skeletal Muscle," *Current Opinion in Clinical Nutrition & Metabolic Care* 7, no. 3 (2004): 271–77; and James G. MacKrell, Benjamin C. Yaden, Heather Bullock et al., "Molecular Targets of Androgen Signaling That Characterize Skeletal Muscle Recovery and Regeneration," *Nuclear Receptor Signaling* 13, no. 1 (2015): 1–19.

48. Phillip Bishop, Kirk Cureton, and Mitchell Collins, "Sex Difference in Muscular Strength in Equally-Trained Men and Women," *Ergonomics* 30, no. 4 (1987): 675–87; and J. C. Wells, "Sexual Dimorphism of Body Composition,"*Best Practice and Research in Clinical Endocrinology and Metabolism* 21, no. 3 (2007): 415–30.

49. 在童年时期，索菲娅和塞缪尔的骨骼生长速度大致相同，且都比较慢（和青春期相比），主要受生长激素和胰岛素样生长因子 1 的影响。负责生成组织的激素发挥主要作用，让婴儿成长为小孩子。进入青春期后，性激素水平激增，将生长激素和胰岛素样生长因子 1 的影响增强，骨骼的生长因此加快。

50. Daniela Merlotti, Luigi Gennari, Stolakis Konstantinos, and Nuti Ranuccio, "Aromatase Activity and Bone Loss in Men," *Journal of Osteoporosis* 2011 (2011), article 230671.

51. Christine Wohlfahrt-Veje, Annette Mouritsen, Casper P. Hagen et al., "Pubertal Onset in Boys and Girls Is Influenced by Pubertal Timing of Both Parents," *Journal of Clinical Endocrinology and Metabolism* 101, no. 7 (2016): 2667–74.

52. 雄激素能积极地改变血红蛋白的水平。有关此效应对男性的影响，参见：Shalender Bhasin, Linda Woodhouse, Richard Casaburi et al., "Testosterone Dose-Response Relationships in Healthy Young Men," *American Journal of Physiology-Endocrinology and Metabolism* 281, no. 6 (2001):

1172–81。跨性别者在做变性治疗的过程中，会服用或阻断睾酮导致睾酮水平发生大幅改变，其影响参见：Denise Chew, Jemma Anderson, Katrina Williams, Tamara May, and Kenneth Pang, "Hormonal Treatment in Young People with Gender Dysphoria: A Systematic Review," *Pediatrics* 141, no. 4 (2018): e20173742。

53. Rebecca M. Jordan-Young and Katrina Karkazis, *Testosterone: An Unauthorized Biography* (Cambridge, MA: Harvard University Press, 2019), 289 (my emphasis).

54. 对巴辛实验的重复：Joel S. Finkelstein, Hang Lee, Sherri-Ann Burnett-Bowie et al., "Gonadal Steroids and Body Composition, Strength, and Sexual Function in Men," *New England Journal of Medicine* 369, no.11 (2013): 1011–22。亦可参见：Stefan M. Pasiakos, Claire E. Berryman, J. Philip Karl et al., "Effects of Testosterone Supplementation on Body Composition and Lower-Body Muscle Function During Severe Exercise-and Diet-Induced Energy Deficit: A Proof-of-Concept, Single Centre, Randomised, Double-Blind, Controlled Trial," *EBioMedicine* 46 (2019): 411–22。

55. S. Bermon, P. Y. Garnier, L. Hirschberg et al., "Serum Androgen Levels in Elite Female Athletes," *Journal of Clinical Endocrinology and Metabolism* 99, no.11 (2014): 4328–35.

56. Handelsman, Hirschberg, and Bermon, "Circulating Testosterone as the Hormonal Basis of Sex Differences in Athletic Performance."

57. Magnus Hagmar, Bo Berglund, Kerstin Brismar, and Angelica L. Hirschberg, "Hyperandrogenism May Explain Reproductive Dysfunction in Olympic Athletes," *Medicine and Science in Sports and Exercise* 41, no. 6 (2009): 1241–48.

58. Doug Mills, "Caster Semenya Loses Case to Compete as a Woman in All Races," *New York Times*, May 1, 2019. 符合国际田联对性发育异常的相关规定的运动员必须拥有 XY 性染色体、睾丸，且睾酮水平必须在典型男性范围内，参见："IAAF Publishes Briefing Notes and Q&A on Female Eligibility Regulations"。

59. 关于体育运动中性别测试的历史（另附一份针对"运动员性别"的提案），参见：Joanna Harper, "Athletic Gender," *Law and Contemporary Problems* 80, no. 4 (2017): 98–110。

60. Deborah Larned, "The Femininity Test: A Woman's First Olympic Hurdle," *Womensports* 3 (1976): 8, as cited in V. Heggie, "Testing Sex and Gender in Sports; Reinventing, Reimagining and Reconstructing Histories," *Endeavour* 34, no. 4 (December 2010): 157–63.

61. Anna Wiik, Tommy R. Lundberg, Eric Rullman et al., "Muscle Strength, Size and Composition Following 12 Months of Gender-Affirming Treatment in Transgender Individuals," *Journal of Clinical Endocrinology and Metabolism* 105, no. 3 (2019): e805–e813.

62. Court of Arbitration for Sport, Executive Summary, retrieved August 15, 2020, https://www.tas-cas.org/fileadmin/user_upload/CAS_Executive_Summary5794_.pdf, 2.

63. Court of Arbitration for Sport, Executive Summary, 6.

第六章 鹿角与攻击性：竞争与选择

1. "Red Deer," Isle of Rum website, Isle of Rum Community Trust, updated January 2020, http://www.isleofrum.com/wildlifedeer.php.

2. 马鹿的某些特征和习性使得雄鹿相对容易守护一群雌鹿。首先，它们的栖息地在陆地上，而非空中或水中。对动物来说，二维空间比三维空间更容易守护资源，这就是鱼类或鸟类很少有庞大"后宫"的原因，想象一下鱼类和鸟类有多少种方式偷偷溜进同类的群体吧！其次，雌鹿容易聚在一起，如果成员不聚拢，那么守护这个群体是很难的。关于二维空间和三维空间如何影响性选择，参见：David Puts, "Beauty and the Beast: Mechanisms of Sexual Selection in Humans," *Evolution and Human Behavior* 31 (May 1, 2010): 157–75。

3. T. H. Clutton-Brock, S. D. Albon, R. M. Gibson, and F. E. Guinness, "The Logical Stag: Adaptive Aspects of Fighting in Red Deer (*Cervus elaphus* L.)," *Animal Behaviour* 27 (1979): 211–25.

4. Clutton-Brock et al., "The Logical Stag."

5. 关于雄鹿之间争斗的描述，包括威胁评估、矛盾升级阶段和打斗成本，参见这本分析拉姆岛的精彩著作：Tim H. Clutton-Brock, Fiona E. Guinness, and Steve D. Albon, *Red Deer: Behavior and Ecology of Two Sexes* (Chicago: University of Chicago Press, 1982), 128–39。

6. Clutton-Brock et al., "The Logical Stag."

7. 吼叫的重要性：David Reby, Karen McComb, Bruno Cargnelutti et al., "Red Deer Stags Use Formants as Assessment Cues During Intrasexual Agonistic Interactions," *Proceedings of the Royal Society B: Biological Sciences* 272, no.1566 (2005): 941–47。

8. Clutton-Brock et al., "The Logical Stag," 218–19.

9. 雄鹿的鹿角插在一起后很少拔不出来，不然两头雄鹿可能都会饿死。Rebecca

Nagy, "Fighting Bucks Get Their Horns Stuck Together," *Roaring Earth*, n.d., https://roaring.earth/fighting-bucks-get-stuck/.

10. 相对雄鹿来说，繁殖成功的雌鹿在更长的繁殖年限中获利较少。

11. R. M. Gibson and F. E. Guinness, "Differential Reproduction Among Red Deer (*Cervus elaphus*) Stags on Rhum," *Journal of Animal Ecology* 49, no.1 (1980): 199–208; and Roger Lewin, "Red Deer Data Illuminate Sexual Selection," *Science* 218, no. 4578 (1982): 1206-8. 在每个繁殖季，一个"后宫"中的所有雌鹿并不一定都会怀孕，"后宫"的成员也不是整个繁殖季都很稳定的。

12. 智慧 11 自 2019 年以来的繁殖记录来自我与拉姆岛基地的负责人约瑟芬·彭伯顿的个人交流。

13. 不管什么性别，统治地位并不总能提高繁殖成效，它只是多种繁殖策略中的一种。参见：Marlene Zuk, *Sexual Selections: What We Can and Can't Learn About Sex from Animals* (Berkeley: University of California Press, 2002), 124-28。

14. Clutton-Brock, Guinness, and Albon, *Red Deer*, 121–22.

15. 关于不同季节睾丸大小的变化，参见：A. F. Malo, E. R. S. Roldan, J. J. Garde et al., "What Does Testosterone Do for Red Deer Males?," *Proceedings of the Royal Society B: Biological Sciences* 276, no.1658 (2008): 971–80。关于睾酮水平与睾丸重量的变化，参见：G. A. Lincoln, "The Seasonal Reproductive Changes in the Red Deer Stag (*Cervus elaphus*)," *Journal of Zoology* 163, no.1 (1971): 105–23; and G. A. Lincoln and R. N. B. Kay, "Effects of Season on the Secretion of LH and Testosterone in Intact and Castrated Red Deer Stags (*Cervus elaphus*)," *Journal of Reproduction and Fertility* 55, no.1 (1979): 75–80。

16. Benjamin D. Charlton, David Reby, and Karen McComb, "Female Red Deer Prefer the Roars of Larger Males," *Biology Letters* 3, no.4 (2007): 382–85.

17. S. Gomez, A. J. Garcia, S. Luna et al., "Labeling Studies on Cortical Bone Formation in the Antlers of Red Deer (*Cervus elaphus*)," *Bone* 52, no.1 (2013): 506–15.

18. Malo et al., "What Does Testosterone Do for Red Deer Males?"; and Gomez et al., "Labeling Studies on Cortical Bone Formation."

19. E. Gaspar-López, T. Landete-Castillejos, J. A. Estevez et al., "Seasonal Variations in Red Deer (*Cervus elaphus*) Hematology Related to Antler Growth and Biometrics Measurements," *Journal of Experimental Zoology Part A: Ecological Genetics and Physiology* 315, no. 4 (2011): 242–49; and David Granville Thomas, "The Hormonal Control of Hair Growth in the Red Deer (*Cervus elaphus*)" (PhD diss., University College London, 1997).

20. Malo et al., "What Does Testosterone Do for Red Deer Males?"

21. Mark L. Wolraich, David B. Wilson, and J. Wade White, "The Effect of Sugar on Behavior or Cognition in Children: A Meta-Analysis," *JAMA* 274, no. 20 (1995): 1617–21.

22. G. A. Lincoln, Fiona Guinness, and R. V. Short, "The Way in Which Testosterone Controls the Social and Sexual Behavior of the Red Deer Stag (*Cervus elaphus*)," *Hormones and Behavior* 3, no. 4 (1972): 375–96.

23. 对于雄性的交配权竞争激烈的物种（如马鹿），性选择会强烈地作用于雄性个体，但它也能作用于雌性个体。有关概述，参见：T. H. Clutton-Brock and Elise Huchard, "Social Competition and Selection in Males and Females," *Philosophical Transactions of the Royal Society B: Biological Sciences* 368, no.1631 (2013): 20130074。

24. T. H. Clutton-Brock and G. A. Parker, "Potential Reproductive Rates and the Operation of Sexual Selection," *Quarterly Review of Biology* 67, no.4 (1992): 437–56.

　　关于性选择的详细综述，参见：David C. Geary, *Male, Female: The Evolution of Human Sex Differences,* 3rd ed. (Washington, DC: American Psychological Association, 2021), 67–140。

　　对解释性别差异（两性亲代投资存在差异导致的终极结果）最重要的文献之一，参见：Robert Trivers, "Parental Investment and Sexual Selection," in *Sexual Selection and the Descent of Man*, 1871–1971, ed. Bernard Campbell, 136–79 (New York: Aldine de Gruyter, 1972)。

　　关于亲代投资的性别差异如何塑造繁殖策略，参见：Donald Symons, *The Evolution of Human Sexuality* (New York: Oxford University Press, 1979), 23–25。

　　并非所有雌性哺乳动物都在体内孕育后代。鸭嘴兽和4种针鼹等单孔类动物产卵。但单孔类动物也有哺乳动物的共同特点，即产奶来哺育幼崽。哺乳动物也会使用多种多样的繁殖策略，例如，红颈瓣蹼鹬雌鸟在产卵后会让"丈夫"全权照护雏鸟，而自己则加入激烈的"配偶争夺战"。总的来说，具有繁殖能力的雌雄个体比例等生态环境因素，严重影响着繁殖策略中性别差异的性质和程度，相关概述参见：Clutton-Brock and Parker, "Potential Reproductive Rates and the Operation of Sexual Selection"。

25. Charles Darwin, *On the Origin of Species by Means of Natural Selection, Or Preservation of Favoured Races in the Struggle for Life* (London: John Murray, 1859), 87–88.

26. 许多物种的雄性个体也进化出了适应性，参与到了交配权的竞争中，有些物种公开进行身体攻击，有些物种则使用更被动的策略，如让多个雄性个体将精子留在生殖道中，再选择"最好的"（隐秘选择）。雌性个体可能根据基因质量、资源供应能力或亲代投资来选择配偶。关于此现象的概述，参见：Kimberly A. Rosvall, "Intrasexual Competition in Females: Evidence for Sexual Selection?," *Behavioral Ecology* 22, no. 6 (2011): 1131–40。

27. Darwin, *On the Origin of Species*, 88. 我要重申，从达尔文时代以来，科学家就不只对雌性选择配偶做了记录，也记录了雌性在交配权竞争中发挥着积极作用。

28. 达尔文写给阿萨·格雷的信，1860 年 4 月 3 日。剑桥大学达尔文通信项目，信件第 2743 号。https://www.darwinproject.ac.uk/letter/DCP-LETT-2743.xml.

29. Charles Darwin, *The Descent of Man, and Selection in Relation to Sex*, 2 vols. (New York: D. Appleton, 1871), vol.1, 422.

30. 雌性在性选择中发挥的作用一开始遭到抵制，最终才得到理解。关于这段历史的简述，参见：Zuk, *Sexual Selections*, 7–10。

31. 关于雌性动物使用攻击性战术的实例，参见：Zuk, *Sexual Selections*, 128–30。

32. Jeffrey A. French, Aaryn C. Mustoe, Jon Cavanaugh, and Andrew K. Birnie,"The Influence of Androgenic Steroid Hormones on Female Aggression in 'Atypical' Mammals," *Philosophical Transactions of the Royal Society B: Biological Sciences* 368, no.1631 (2013): 1–10.

33. Stephen E. Glickman, Gerald R. Cunha, Christine M. Drea, Alan J. Conley, and Ned J. Place, "Mammalian Sexual Differentiation: Lessons from the Spotted Hyena," *Trends in Endocrinology and Metabolism* 17, no. 9 (2006): 349–56. 雌性斑鬣狗分娩、排尿、在交配时被雄性的阴茎插入，都是通过一个小孔进行的，该孔位于阴蒂的顶端，其阴蒂的形状与阴茎相似。斑鬣狗是唯一一种没有阴道口的哺乳动物。

34. T. H. Clutton-Brock, S. J. Hodge, G. Spong et al., "Intrasexual Competition and Sexual Selection in Cooperative Mammals," *Nature* 444, no. 7122 (2006): 1065–68.

35. Michael C. Moore, "Testosterone Control of Territorial Behavior: Tonic-Release Implants Fully Restore Seasonal and Short-Term Aggressive Responses in Free-Living Castrated Lizards," *General and Comparative Endocrinology* 70, no. 3 (1988): 450–59.

36. Michael C. Moore and Catherine A. Marler, "Effects of Testosterone Manipulations on Nonbreeding Season Territorial Aggression in Free-Living Male Lizards, *Sceloporus jarrovi*," *General and Comparative Endocrinology* 65, no. 2 (1987): 225–32.

37. Michael C. Moore, "Elevated Testosterone Levels During Nonbreeding-Season Territoriality in a Fall-Breeding Lizard, *Sceloporus jarrovi*," *Journal of Comparative Physiology A* 158, no. 2 (1986): 159–63. 关于睾酮水平随季节

的变化，参见：Moore and Marler, "Effects of Testosterone Manipulations"。夏季是强棱蜥建立领地范围的时间，它们的攻击性还未上升到峰值。关于睾酮对这段时间的领地侵略性的控制作用，参见：Moore, "Testosterone Control of Territorial Behavior," 457。

38. 强棱蜥，和其他许多季节性繁殖的动物一样，受环境因素的影响很大，包括雄性同类、温度、日照时长等。

39. John C. Wingfield, Sharon E. Lynn, and Kiran K. Soma, "Avoiding the 'Costs' of Testosterone: Ecological Bases of Hormone Behavior Interactions," *Brain, Behavior and Evolution* 57, no. 5 (2001): 239–51.

40. John C. Wingfield, Robert E. Hegner, Alfred M. Dufty, and Gregory F. Ball, "The 'Challenge Hypothesis': Theoretical Implications for Patterns of Testosterone Secretion, Mating Systems, and Breeding Strategies," *American Naturalist* 136, no. 6 (1990): 829–46.

41. Wingfield, Lynn, and Soma, "Avoiding the 'Costs' of Testosterone."

42. John C. Wingfield, Marilyn Ramenofsky, Robert E. Hegner, and Gregory F. Ball, "Whither the Challenge Hypothesis?," *Hormones and Behavior* 123 (2020): 104588.

43. Peter T. Ellison, *On Fertile Ground: A Natural History of Human Reproduction* (Cambridge, MA: Harvard University Press, 2009), 260.

第七章 暴力的男人：攻击性的性别差异

1. 人类可能已经进化出了一种特殊的机制，可以迅速评估一个人战斗或拥有资源的能力，参见：Aaron Sell, Leda Cosmides, John Tooby, Daniel Sznycer, Christopher von Rueden, and Michael Gurven, "Human Adaptations for the Visual Assessment of Strength and Fighting Ability from the Body and Face," *Proceedings of the Royal Society B: Biological Sciences* 276, no.1656 (2009): 575–84。

2. Daemon Fairless, *Mad Blood Stirring: The Inner Lives of Violent Men* (Toronto: Random House Canada, 2018), 4–7.

3. American Psychological Association, "Harmful Masculinity and Violence," *In the Public Interest* newsletter, September 2018, https://www.apa.org/pi/about/newsletter/2018/09/harmful-masculinity.

4. Matthew Gutmann, "Testosterone Is Widely, and Wildly, Misunderstood," *Psyche* newsletter, Aeon, March 10, 2020, https://aeon.co/ideas/testosterone-is-widely-and-sometimes-wildly-misunderstood.

5. Peter Landesman, "A Woman's Work," *New York Times*, September 15, 2002.

6. 关于女性对亲密伴侣施加身体暴力的比例和类型的概述，参见：Helen Gavin and Theresa Porter, *Female Aggression* (Hoboken, NJ: John Wiley and Sons, 2014), 64–68。

7. John Archer, "Sex Differences in Aggression Between Heterosexual Partners: A Meta-Analytic Review," *Psychological Bulletin* 126, no. 5 (2000): 651–80; Sherry L. Hamby, "Measuring Gender Differences in Partner Violence: Implications from Research on Other Forms of Violent and Socially Undesirable Behavior," *Sex Roles* 52, no.11–12 (2005): 725–42; and Murray A. Straus, "Dominance and Symmetry in Partner Violence by Male and Female University Students in 32 Nations," *Children and Youth Services Review* 30, no. 3 (2008): 252–75.

8. Leonardo Christov-Moore, Elizabeth A. Simpson, Gino Coudé, Kristina Grigaityte, Marco Iacobini, and Pier Francesco Ferrari, "Empathy: Gender Effects in Brain and Behavior," *Neuroscience and Biobehavioral Reviews* 46, pt.4 (2014): 604–27.

9. Margo Wilson and Martin Daly, "Lethal and Nonlethal Violence Against Wives and the Evolutionary Psychology of Male Sexual Proprietariness," in *Rethinking Violence Against Women*, ed. Russell Dobash (Thousand Oaks, CA: Sage, 1998), 224; Chelsea M. Spencer and Sandra M. Stith, "Risk Factors for Male Perpetration and Female Victimization of Intimate Partner Homicide: A Meta-Analysis," *Trauma, Violence, and Abuse* 21, no. 3 (2020): 527–40.

10. 女性杀害亲密伴侣的原因：Wilson and Daly, "Lethal and Nonlethal Violence Against Wives"；Nancy C. Jurik and Russ Winn, "Gender and Homicide: A Comparison of Men and Women Who Kill," *Violence and Victims* 5, no. 4 (1990): 227–42; Kenneth Polk and David Ranson, "The Role of Gender in Intimate Homicide," *Australian and New Zealand Journal of Criminology* 24, no.1 (1991): 15–24; Lisa D. Brush, "Violent Acts and Injurious Outcomes in Married Couples: Methodological Issues in the National Survey of Families and Households," *Gender and Society* 4, no.1 (1990): 56–67; Shilan Caman, Katarina Howner, Marianne Kristiansson, and Joakim Sturup, "Differentiating Male and Female Intimate Partner Homicide Perpetrators: A Study of Social, Criminological and Clinical Factors," *International Journal of Forensic Mental Health* 15, no.1 (2016): 26–34。

11. John Archer and Sarah M. Coyne, "An Integrated Review of Indirect, Relational, and Social Aggression," *Personality and Social Psychology Review*

9, no. 3 (2005): 212–30. 关于从进化的角度看语言如何允许个人信息（八卦）在社会上传播并影响当事人声誉的，参见：Richard Wrangham, *The Goodness Paradox: The Strange Relationship Between Virtue and Violence in Human Evolution* (New York: Pantheon, 2019), 135–36。

关于女性攻击性与竞争的类型和可能的神经内分泌介质的概述，参见：Thomas F. Denson, Siobhan M. O'Dean, Khandis R. Blake, and Joanne R. Beames, "Aggression in Women: Behavior, Brain and Hormones," *Frontiers in Behavioral Neuroscience* 12 (2018): 81。

12. 关于女性偏好间接暴力而非直接（身体）暴力的证据，参见：Joyce F. Benenson, Henry Markovits, Brittany Hultgren, Tuyet Nguyen, Grace Bullock, and Richard Wrangham, "Social Exclusion: More Important to Human Females Than Males," *PLoS One* 8, no. 2 (2013): e55851; Joyce F. Benenson, Henry Markovits, Melissa Emery Thompson, and Richard W. Wrangham, "Under Threat of Social Exclusion, Females Exclude More Than Males," *Psychological Science* 22, no. 4 (2011): 538–44; and Steven Arnocky and Tracy Vaillancourt, "Sexual Competition Among Women: A Review of the Theory and Supporting Evidence," in *The Oxford Handbook of Women and Competition*, ed. Maryanne L. Fisher, 25–39 (New York: Oxford University Press, 2017)。

13. 关于激素与女性攻击性的关系，参见：Kristina O. Smiley, Sharon R. Lady-man, Papillon Gustafson, David R. Grattan, and Rosemary S. E. Brown, "Neuroendocrinology and Adaptive Physiology of Maternal Care," *Current Topics in Behavioral Neuroscience* 43 (2019): 161–210。与男性一样，女性攻击性的表现取决于生理和环境因素，生理和环境因素似乎比性别本身对攻击性的神经内分泌调节有更大的影响。对这一现象的评析，参见：Natalia Duque-Wilckens and Brian C. Trainor, "Behavioral Neuroendocrinology of Female Aggression," in *Oxford Research Encyclopedias*: Neuroscience, 1–55 (New York: Oxford University Press, 2017)。

14. John Archer, "Sex Differences in Aggression in Real-World Settings: A Meta-Analytic Review," *Review of General Psychology* 8, no. 4 (2004): 291–322.

15. Richard W. Wrangham, "Two Types of Aggression in Human Evolution," *Proceedings of the National Academy of Sciences* 115, no. 2 (2018): 245–53; and A. Siegel and J. Victoroff, "Understanding Human Aggression: New Insights from Neuroscience," *International Journal of Law and Psychiatry* 32, no. 4 (2009): 209–15.

16. Wrangham, "Two Types of Aggression in Human Evolution." 战争是一个例外，它是有计划地发动的，因此是"主动的"。

17. Justin M. Carré, Cheryl M. McCormick, and Ahmad R. Hariri, "The Social

Neuroendocrinology of Human Aggression," *Psychoneuroendocrinology* 36, no. 7 (2011): 935–44; and Wrangham, *The Goodness Paradox*.

18. 参见: Wenfeng Zhu, Xiaolin Zhou, and Ling-Xiang Xia, "Brain Structures and Functional Connectivity Associated with Individual Differences in Trait Proactive Aggression," *Scientific Reports* 9, no. 1 (2019): 1–12; Jilly Naaijen, Leandra M. Mulder, Shahrzad Ilbegi et al., "Specific Cortical and Subcortical Alterations for Reactive and Proactive Aggression in Children and Adolescents with Disruptive Behavior," *Neuroimage: Clinical* 27 (2020): 102344; and Meghan E. Flanigan and Scott J. Russo, "Recent Advances in the Study of Aggression," *Neuropsychopharmacology* 44, no. 2 (2019): 241–44。

19. Mark A. Schmuckler, "What Is Ecological Validity? A Dimensional Analysis," *Infancy* 2, no. 4 (2001): 419–36.

20. United Nations Office on Drugs and Crime, "Global Study on Homicide 2019," Booklet 1: Executive Summary, 2019, 22, https://www.unodc.org/unodc/en/data-and-analysis/global-study-on-homicide.html.

21. 男性的亲密伴侣暴力的进化上的解释: James Alan Fox and Emma E. Fridel, "Gender Differences in Patterns and Trends in US Homicide, 1976–2015," *Violence and Gender* 4, no. 2 (2017): 37–43; and Margo Wilson and Martin Daly, "Coercive Violence by Human Males Against Their Female Partners," in *Sexual Coercion in Primates and Humans: An Evolutionary Perspective on Male Aggression Against Females*, ed. Martin N. Muller and Richard W. Wrangham, 271–91(Cambridge, MA: Harvard University Press, 2009)。

　　女人杀害女人的案例很少。和男性一样，女性的异性受害者往往是她们的亲密伴侣。与男性相比，女性的谋杀犯罪率在不同国家之间的差异很小。男性的犯罪率有很大的下降空间，但女性的犯罪率本来就已经很低了，因此难以进一步下降。综上所述，谋杀案非常罕见的国家（如新加坡和瑞士），其谋杀犯罪率的性别差异小于谋杀犯罪率较高的国家（如南非和委内瑞拉）。参见: "Global Study on Homicide 2019," United Nations Office on Drugs and Crime, Booklet 2: Homicide: Extent, Patterns, Trends and Criminal Justice Response, 2019。

22. Kirsten J. Russell and Christopher J. Hand, "Rape Myth Acceptance, Victim Blame Attribution and Just World Beliefs: A Rapid Evidence Assessment," *Aggression and Violent Behavior* 37 (2017): 153–60.

23. Federal Bureau of Investigation, "Table 42: Arrests by Sex," FBI 2018 Crime in the United States, Criminal Justice Information Services Division, n.d., https://ucr.fbi.gov/crime-in-the-u.s/2018/crime-in-the-u.s.-2018/topic-

pages/tables/table-42.

24. Markku Heiskanen and Anni Lietonen, "Crime and Gender: A Study on How Men and Women Are Represented in International Crime Statistics," publication series no. 85, European Institute for Crime Prevention and Control, Helsinki, 2016, 59, https://www.heuni.fi/material/attachments/heuni/reports/Ast1S7Egx/Crime_and_gender_taitto.pdf. 亦可参见：United Nations Office on Drugs and Crime, "Global Study on Homicide 2019," Booklet 1: Executive Summary, 2019, 22, https://www.unodc.org/unodc/en/data-and-analysis/global-study-on-homicide.html。

    针对全世界暴力和攻击性性别差异的全面的荟萃分析，参见：Archer, "Sex Differences in Aggression in Real World Settings"。

    关于诈骗行为的性别差异，参见：Bruce Dorris, *Report to the Nations: 2018 Global Study on Occupational Fraud and Abuse*, Association of Certified Fraud Examiners (2018), https://s3-us-west-2.amazonaws.com/acfepublic/2018-report-to-the-nations.pdf。

25. John Archer, "The Reality and Evolutionary Significance of Human Psychological Sex Differences," *Biological Reviews* 94, no. 4 (2019): 1389.

26. Robert L. Cieri, Steven E. Churchill, Robert G. Franciscus, Jingzhi Tan, and Brian Hare, "Craniofacial Feminization, Social Tolerance, and the Origins of Behavioral Modernity," *Current Anthropology* 55, no. 4 (2014): 419–43.

27. Phillip L. Walker, "A Bioarchaeological Perspective on the History of Violence," *Annual Review of Anthropology* 30, no.1 (2001): 587; and Patricia Lambert, "Patterns of Violence in Prehistoric Hunter-Gatherer Societies of Coastal Southern California," in *Troubled Times: Violence and Warfare in the Past*, ed. David W. Frayer and Debra L. Martin, 87–89 (London: Routledge, 1998).

28. Nicole Hess, Courtney Helfrecht, Edward Hagen, Aaron Sell, and Barry Hewlett, "Interpersonal Aggression Among Aka Hunter-Gatherers of the Central African Republic," *Human Nature* 21, no. 3 (2010): 330–54.

29. Haider J. Warraich and Robert M. Califf, "Differences in Health Outcomes Between Men and Women: Biological, Behavioral, and Societal Factors," *Clinical Chemistry* 65, no. 1 (2019): 19–23.

30. 关于玩耍行为的性别差异，以及玩耍行为与激素的关系，参见：Melissa Hines, Mihaela Constantinescu, and Debra Spencer, "Early Androgen Exposure and Human Gender Development," *Biology of Sex Differences* 6, no. 3 (2015); Vickie L. Pasterski, Mitchell E. Geffner, Caroline Brain, Peter Hindmarsh, Charles Brook, and Melissa Hines, "Prenatal Hormones and Postnatal Socialization by Parents as Determinants of Male-Typical Toy Play in Girls with

Congenital Adrenal Hyperplasia," *Child Development* 76, no.1 (2005): 264–78; D. Spencer, V. Pasterski, S. Neufeld et al., "Prenatal Androgen Exposure and Children's Aggressive Behavior and Activity Level," *Hormones and Behavior* 96 (2017): 156–65; Sheri A. Berenbaum, "Beyond Pink and Blue: The Complexity of Early Androgen Effects on Gender Development," *Child Development Perspectives* 12, no. 1 (2018): 58–64; and Sheri A. Berenbaum and Adriene M. Beltz, "Sexual Differentiation of Human Behavior: Effects of Prenatal and Pubertal Organizational Hormones," *Frontiers in Neuroendocrinology* 32, no. 2 (2011): 183–200。

31. Dale C. Spencer, "Narratives of Despair and Loss: Pain, Injury and Masculinity in the Sport of Mixed Martial Arts," *Qualitative Research in Sport, Exercise and Health* 4, no.1 (2012): 117–37; and Robert O. Deaner and Brandt A. Smith, "Sex Differences in Sports Across 50 Societies," *Cross-Cultural Research* 47, no. 3 (2013): 268–309.

32. 针对心理方面的性别差异的全面评析，参见：Archer, "The Reality and Evolutionary Significance of Human Psychological Sex Differences"。关于电子游戏偏好的性别差异，参见：Kristen Lucas and John L. Sherry, "Sex Differences in Video Game Play: A Communication-Based Explanation," *Communication Research* 31, no. 5 (2004): 499–523; and Melissa Terlecki, Jennifer Brown, Lindsey Harner-Steciw et al., "Sex Differences and Similarities in Video Game Experience, Preferences, and Self-Efficacy: Implications for the Gaming Industry," *Current Psychology* 30, no.1 (2011): 22–33。关于暴力幻想，参见：Susan Pollak and Carol Gilligan, "Images of Violence in Thematic Apperception Test Stories," *Journal of Personality and Social Psychology* 42, no.1 (1982): 159–67; and Limor Goldner, Rachel Lev-Wiesel, and Guy Simon, "Revenge Fantasies After Experiencing Traumatic Events: Sex Differences," *Frontiers in Psychology* 10 (2019), article 886。

33. 男性与女性的繁殖成效因婚姻制度等因素而存在巨大差异。在一夫多妻制（尽管只有一小部分男性能拥有多个妻子）或连续一夫一妻制的社会中，性别差异最大。参见：Gillian R. Brown, Kevin N. Laland, and Monique Borgerhoff Mulder, "Bateman's Principles and Human Sex Roles," *Trends in Ecology and Evolution* 24, no. 6 (2009): 297–304。

34. Brown, Laland, and Borgerhoff Mulder, "Bateman's Principles and Human Sex Roles."

35. 一夫多妻制中的男性，特别是妻子较多的男性，更可能是繁殖的赢家。参见：Mhairi A. Gibson and Ruth Mace, "Polygyny, Reproductive Success and Child Health in Rural Ethiopia: Why Marry a Married Man?," *Journal of Biosocial Science* 39, no. 2 (2007): 287–303。一夫多妻制在历史上非常普遍（85% 的社

会文化是一夫多妻制的），但真正发生的频率很低，只有 7%～14% 的男性拥有多个妻子。然而，实行一夫多妻制的社会未婚、不稳定、对生活不满意的男性更多，由于未婚的女性越来越少，他们的繁殖前景越来越差，成了繁殖的失败者。这种现象导致了男性暴力事件的高发。相比之下，实行一夫一妻制的社会，男性之间的暴力事件减少，性别平等程度提高，导致经济生产率提高。这可能与男性婚后和育后睾酮水平下降有关。

36. 关于与婚配、育儿相关的社会规范与各种程度的暴力行为之间关系的评价，参见：Joseph Henrich, Robert Boyd, and Peter J. Richerson, "The Puzzle of Monogamous Marriage," *Philosophical Transactions of the Royal Society B: Biological Sciences* 367, no.1589 (2012): 657–69。

37. Carré, McCormick, and Hariri, "The Social Neuroendocrinology of Human Aggression." 非人动物的证据表明，社会威胁，如对地位、声誉、资源或配偶的威胁，会增加高水平睾酮（或其代谢产物）环境中发生反应性攻击的概率。男性的神经系统很可能产生了类似的适应性进化，这是反应性（或前摄性）攻击行为表达的基础。参见：Wrangham, "Two Types of Aggression in Human Evolution"。

38. 睾酮水平的变化不仅取决于一个男人的身份是伴侣还是积极的父亲，还取决于与活动、饮食、亲代投资相关的社会规范。单身、睾酮水平更高的男性（尤其是在一夫多妻制的社会中），与更高程度的暴力更相关。关于社会文化与生物学特征如何紧密相关的评价，参见：Joseph Henrich, *The Weirdest People in the World: How the West Became Psychologically Peculiar and Particularly Prosperous* (New York: Farrar, Straus and Giroux, 2020), 268–83。

39. Martin N. Muller and Richard W. Wrangham, "Dominance, Aggression and Testosterone in Wild Chimpanzees: A Test of the 'Challenge Hypothesis,'" *Animal Behaviour* 67, no.1 (2004): 113–23.

40. Martie G. Haselton and Kelly Gildersleeve, "Can Men Detect Ovula-tion?," *Current Directions in Psychological Science* 20, no. 2 (2011): 87–92; Geoffrey Miller, Joshua M. Tybur, and Brent D. Jordan, "Ovulatory Cycle Effects on Tip Earnings by Lap Dancers: Economic Evidence for Human Estrus?," *Evolution and Human Behavior* 28, no. 6 (2007): 375–81; Saul L. Miller and Jon K. Maner, "Scent of a Woman: Men's Testosterone Responses to Olfactory Ovulation Cues," *Psychological Science* 21, no. 2 (2010): 276–83. 关于女性在整个月经周期中生理特征和行为特征相关变化（这可能也是排卵的信号）的研究，亦可参见：Steven W. Gangestad and Martie G. Hasel-ton, "Human Estrus: Implications for Relationship Science," *Current Opinion in Psychology* 1 (2015): 45–51。

41. 为什么人类女性进化出了"隐秘排卵"的能力，而其他灵长目动物却要"宣扬"自己排卵，这一点尚不明确。一种主要的理论认为，隐瞒生育能力最强的时间可以增加后代的存活率。婴儿在出生时相对无助，需要父母的精心照顾。如果男人不能（潜意识地）察觉到女人的排卵期，那他就更有动力和性伴侣保持关系，增加受精机会，同时在性伴侣可能最有生育能力的时候，把其他潜在伴侣拒之门外。如此形成的强大而持久的社会关系和配对关系可以让男人和女人都受益，增加了男性对后代的亲代投资，从而增加后代的存活率。参见：David C. Geary and Mark V. Flinn, "Evolution of Human Parental Behavior and the Human Family," *Parenting* 1, no.1-2 (2001): 5-61。对关于隐秘排卵的一系列相互矛盾的理论的评述，参见：Beverly I. Strassmann, "Sexual Selection, Paternal Care, and Concealed Ovulation in Humans," *Ethology and Sociobiology* 2, no.1 (1981): 31-40。

42. Ryan Schacht, Helen E. Davis, and Karen L. Kramer, "Patterning of Paternal Investment in Response to Socioecological Change," *Frontiers in Ecology and Evolution* 6 (2018), article 142.

43. 有伴侣或初为人父的男性，其睾酮水平是否降低取决于很多因素，包括对伴侣和后代的投资等，且不同因素影响的程度从微弱到中等，参见：Nicholas M. Grebe, Ruth E. Sarafin, Chance R. Strenth, and Samuele Zilioli, "Pair-Bonding, Fatherhood, and the Role of Testosterone: A Meta-Analytic Review," *Neuroscience and Biobehavioral Reviews* 98 (2019): 221-33。相关评价亦可参见：Peter B. Gray, Timothy S. McHale, and Justin M. Carré, "A Review of Human Male Field Studies of Hormones and Behavioral Reproductive Effort," *Hormones and Behavior* 91 (2017): 52-67。更多信息，参见：Lee T. Gettler, Thomas W. McDade, Alan B. Feranil, and Christopher W. Kuzawa, "Longitudinal Evidence That Fatherhood Decreases Testosterone in Human Males," *Proceedings of the National Academy of Sciences* 108, no. 39 (2011): 16194-99; and Christopher W. Kuzawa, Lee T. Gettler, Martin N. Muller, Thomas W. McDade, and Alan B. Feranil, "Fatherhood, Pairbonding and Testosterone in the Philippines," *Hormones and Behavior* 56, no. 4 (2009): 429-35。有伴侣且有更大兴趣"出轨"的男性，其睾酮水平更高。参见：Matthew McIntyre, Steven W. Gangestad, Peter B. Gray et al., "Romantic Involvement Often Reduces Men's Testosterone Levels—But Not Always: The Moderating Role of Extrapair Sexual Interest," *Journal of Personality and Social Psychology* 91, no. 4 (2006): 642-51。

44. 关于睾酮如何调节"生命史"，即生长、代谢、繁殖（包括交配和育儿）等的平衡的，参见：Richard G. Bribiescas, "Reproductive Ecology and Life History of the Human Male," *American Journal of Physical Anthropology* 116, no. S33 (2001): 148-76。

45. 关于高社会地位和进取动力带来的好处：Joey T. Cheng, Jessica L. Tracy, and Joseph Henrich, "Pride, Personality, and the Evolutionary Foundations of Human Social Status," *Evolution and Human Behavior* 31, no. 5 (2010): 334–47; and Christopher Von Rueden, Michael Gurven, and Hillard Kaplan, "Why Do Men Seek Status? Fitness Payoffs to Dominance and Prestige," *Proceedings of the Royal Society B: Biological Sciences* 278, no. 1715 (2011): 2223–32。人类男性在解决冲突方面比女性更有效率，这可能是因为男性群体规模更大，统治等级更严格：Joyce F. Benenson and Richard W. Wrangham, "Cross-Cultural Sex Differences in Post-Conflict Affiliation Following Sports Matches," *Current Biology* 26, no.16 (2016): 2208–12; and Chris Von Rueden, Sarah Alami, Hillard Kaplan, and Michael Gurven, "Sex Differences in Political Leadership in an Egalitarian Society," *Evolution and Human Behavior* 39, no. 4 (2018): 402–11。

46. 狩猎采集部落的规模：Wrangham, *The Goodness Paradox*, 154–55; and Frank W. Marlowe, "Hunter-Gatherers and Human Evolution," *Evolutionary Anthropology* 14, no. 2 (2005): 54–67。

47. 在规模更大的社会中对他人的了解：Kim R. Hill, Brian M. Wood, Jacopo Baggio, A. Magdalena Hurtado, and Robert T. Boyd, "Hunter-Gatherer Inter-Band Interaction Rates: Implications for Cumulative Culture," *PloS One* 9, no. 7 (2014): e102806。

48. 一天内睾酮水平的降幅：Michael J. Diver, Komal E. Imtiaz, Aftab M. Ahmad, Jiten P. Vora, and William D. Fraser, "Diurnal Rhythms of Serum Total, Free and Bioavailable Testosterone and of SHBG in Middle-Aged Men Compared with Those in Young Men," *Clinical Endocrinology* 58, no. 6 (2003): 710–17。

49. Robert O. Deaner, Shea M. Balish, and Michael P. Lombardo, "Sex Differences in Sports Interest and Motivation: An Evolutionary Perspective," *Evolutionary Behavioral Sciences* 10, no. 2 (2016): 73.

50. Paul C. Bernhardt, James M. Dabbs Jr., Julie A. Fielden, and Candice D. Lutter, "Testosterone Changes During Vicarious Experiences of Winning and Losing Among Fans at Sporting Events," *Physiology and Behavior* 65, no.1 (1998): 59–62.

51. John C. Wingfield, Marilyn Ramenofsky, Robert E. Hegner, and Gregory F. Ball, "Whither the Challenge Hypothesis?," *Hormones and Behavior* 123 (2020): 104588; and Donna L. Maney, "The Challenge Hypothesis: Triumphs and Caveats," *Hormones and Behavior* 123 (2020): 104663. 对相关文献的评析，参见：Joe Herbert, *Testosterone: Sex, Power, and the Will to Win* (New York:

Oxford University Press, 2015), 109–29。

52. Rui F. Oliveira, Marco Lopes, Luis A. Carneiro, and Adelino V. M. Canário, "Watching Fights Raises Fish Hormone Levels," *Nature* 409, no. 6819 (2001): 475.

53. M. B. Solomon, M. C. Karom, A. Norvelle, C. A. Markham, W. D. Erwin, and K. L. Huhman, "Gonadal Hormones Modulate the Display of Conditioned Defeat in Male Syrian Hamsters," *Hormones and Behavior* 56, no. 4 (2009): 423–28.

54. Oliver C. Schultheiss, Kenneth L. Campbell, and David C. McClelland, "Implicit Power Motivation Moderates Men's Testosterone Responses to Imagined and Real Dominance Success," *Hormones and Behavior* 36, no. 3 (1999): 234–41; and Shawn N. Geniole and Justin M. Carré, "Human Social Neuroendocrinology: Review of the Rapid Effects of Testosterone," *Hormones and Behavior* 104 (2018): 192–205.

55. Christoph Eisenegger, Robert Kumsta, Michael Naef, Jörg Gromoll, and Markus Heinrichs, "Testosterone and Androgen Receptor Gene Polymorphism Are Associated with Confidence and Competitiveness in Men," *Hormones and Behavior* 92 (2017): 93–102.

56. Merlin G. Butler and Ann M. Manzardo, "Androgen Receptor (AR) Gene CAG Trinucleotide Repeat Length Associated with Body Composition Measures in Non-Syndromic Obese, Non-Obese and Prader-Willi Syndrome Individuals," *Journal of Assisted Reproduction and Genetics* 32, no. 6 (2015): 909–15.

57. M. G. Packard, A. H. Cornell, and G. M. Alexander, "Rewarding Affective Properties of Intra-Nucleus Accumbens Injections of Testosterone," *Behavioral Neuroscience* 111, no.1 (1997): 219–24; and Jeffrey Parrilla-Carrero, Orialis Figueroa, Alejandro Lugo et al., "The Anabolic Steroids Testosterone Propionate and Nandrolone, but Not 17alpha-Methyltestosterone, Induce Conditioned Place Preference in Adult Mice," *Drug and Alcohol Dependence* 100, no. 1–2 (2009): 122–27.

58. Tertia D. Purves-Tyson, Samantha J. Owens, Kay L. Double, Reena Desai, David J. Handelsman, and Cynthia S. Weickert, "Testosterone Induces Molecular Changes in Dopamine Signaling Pathway Molecules in the Adolescent Male Rat Nigrostriatal Pathway," *PloS One* 9, no. 3 (2014): e91151; and Cheryl A. Frye, "Some Rewarding Effects of Androgens May Be Mediated by Actions of Its 5α-Reduced Metabolite 3α-Androstanediol," *Pharmacology, Biochemistry, and Behavior* 86, no. 2 (2007): 354–67.

59. M. A. de Souza Silva, C. Mattern, B. Topic, T. E. Buddenberg, and J. P. Huston, "Dopaminergic and Serotonergic Activity in Neostriatum and

注释 - *337* -

Nucleus Accumbens Enhanced by Intranasal Administration of Testosterone," *European Neuropsychopharmacology* 19, no.1 (2009): 53–63.

60. Shawn N. Geniole, Tanya L. Procyshyn, Nicole Marley et al., "Using a Psychopharmacogenetic Approach to Identify the Pathways Through Which—and the People for Whom—Testosterone Promotes Aggression,"*Psychological Science* 30, no. 4 (2019): 481–94.

61. Robert M. Sapolsky, *The Trouble with Testosterone: And Other Essays on the Biology of the Human Predicament* (New York: Scribner, 1998).

62. Baris O. Yildirim and Jan J. L. Derksen, "A Review on the Relationship Between Testosterone and the Interpersonal/Affective Facet of Psychopathy," *Psychiatry Research* 197, no. 3 (2012): 181–98.

63. Katy Vincent, Catherine Warnaby, Charlotte J. Stagg, Jane Moore, Stephen Kennedy, and Irene Tracy, "Brain Imaging Reveals That Engagement of Descending Inhibitory Pain Pathways in Healthy Women in a Low Endogenous Estradiol State Varies with Testosterone," *Pain* 154, no. 4 (2013): 515–24; and J. C. Choi, Y. H. Park, S. K. Park et al., "Testosterone Effects on Pain and Brain Activation Patterns," *Acta Anaesthesiologica Scandinavica* 61, no. 6 (2017): 668–75.

64. Justin M. Carré, Susan K. Putnam, and Cheryl M. McCormick, "Testosterone Responses to Competition Predict Future Aggressive Behaviour at a Cost to Reward in Men," *Psychoneuroendocrinology* 34, no. 4 (2009): 561–70.

65. A. F. Dixson and J. Herbert, "Testosterone, Aggressive Behavior and Dominance Rank in Captive Adult Male Talapoin Monkeys (*Miopithecus talapoin*)," *Physiology and Behavior* 18, no. 3 (1977): 539–43.

66. Sapolsky, *The Trouble with Testosterone*, 154.

67. Kim Post, "Sapolsky Gives Lecture on Violence, Human Behavior," *Triangle*, Drexel University student newspaper, April 21, 2017, https://www.thetriangle.org/news/sapolsky-gives-lecture-violence-human-behavior/.

68. N. A. Bridges, P. C. Hindmarsh, P. J. Pringle, D. R. Matthews, and C. G. D. Brook, "The Relationship Between Endogenous Testosterone and Gonadotrophin Secretion," *Clinical Endocrinology* 38, no. 4 (1993): 373–78.

69. Robert M. Sapolsky, "Stress-Induced Elevation of Testosterone Concentrations in High Ranking Baboons: Role of Catecholamines," *Endocrinology* 118, no. 4 (1986):1630–35; and Kathleen V. Casto and David A. Edwards, "Testosterone, Cortisol, and Human Competition," *Hormones and Behavior* 82 (2016): 21–37.

70. C. D. Foradori, M. J. Weiser, and R. J. Handa, "Non-Genomic Actions of Andro-

gens," *Frontiers in Neuroendocrinology* 29, no. 2 (2008): 169–81; and Cynthia A. Heinlein and Chawnshang Chang, "The Roles of Androgen Receptors and Androgen-Binding Proteins in Nongenomic Androgen Actions," *Molecular Endocrinology* 16, no.10 (2002): 2181–87.

71. 关于睾酮对非人雌性动物攻击性的作用，参见第六章。

72. 有些研究者担心女性在很大程度上被排除在这些研究之外，他们说得对，关注男性赢者输者效应的研究明显更多。这种明显的忽视很可能是因为过去在女性群体中发现赢者输者效应的努力大多失败了。对女性睾酮的研究是复杂的，部分原因是之前讨论过的测定女性睾酮水平存在困难，女性睾酮水平随月经周期和节育状况的变化而变化，这些因素也必须被我们考虑在内。研究人员希望获得积极的结果，这样他们才能有论文发表。我并不赞同将女性排除在此类研究之外，但女性参与度下降的原因是可以理解的。

73. Shawn N. Geniole, Brian M. Bird, Erika L. Ruddick, and Justin M. Carré, "Effects of Competition Outcome on Testosterone Concentrations in Humans: An Updated Meta-Analysis," *Hormones and Behavior* 92 (2017): 37–50; and K. V. Casto, D. A. Edwards, M. Akinola, C. Davis, and P. H. Mehta, "Testosterone Reactivity to Competition and Competitive Endurance in Men and Women," *Hormones and Behavior* 123 (2020): 104655.

74. Casto et al., "Testosterone Reactivity to Competition."

75. E. Barel, S. Shahrabani, and O. Tzischinsky, "Sex Hormone/Cortisol Ratios Differentially Modulate Risk-Taking in Men and Women," *Evolutionary Psychology* 15, no.1 (2017): 1–10; and Pranjal H. Mehta, Amanda C. Jones, and Robert A. Josephs, "The Social Endocrinology of Dominance: Basal Testosterone Predicts Cortisol Changes and Behavior Following Victory and Defeat," *Journal of Personality and Social Psychology* 94, no. 6 (2008): 1078–93.

76. Fairless, *Mad Blood Stirring*, 1.

77. 引用于：R. E. Nisbett, *Culture of Honor: The Psychology of Violence in the South* (Boulder, CO: Westview, 1996; Abingdon, UK: Taylor and Francis, 2018), 2。

78. Steven Pinker, *The Better Angels of Our Nature: Why Violence Has Declined* (New York: Penguin, 2012), ch.3, 104.

第八章　兴奋起来：睾酮与性冲动

1. James R. Wilson, Robert E. Kuehn, and Frank A. Beach, "Modification in the Sexual Behavior of Male Rats Produced by Changing the Stimulus Female," *Journal of Comparative and Physiological Psychology* 56, no. 3

(1963): 636.

2. 关于柯立芝效应的更多信息，参见：David M. Buss, *The Evolution of Desire*, rev. ed. (New York: Basic Books, 2003), 80; also Susan M. Hughes, Toe Aung, Marissa A. Harrison, Jack N. LaFayette, and Gordon G. Gallup Jr., "Experimental Evidence for Sex Differences in Sexual Variety Preferences: Support for the Coolidge Effect in Humans," *Archives of Sexual Behavior* (May 21, 2020), https://doi.org/10.1007/s10508-020-01730-x。

3. James G. Pfaus, "Dopamine: Helping Males Copulate for at Least 200 Million Years: Theoretical Comment on Kleitz-Nelson et al. (2010)," *Behavioral Neuroscience* 124, no. 6 (2010): 877–80.

4. M. Dean Graham and James G. Pfaus, "Differential Regulation of Female Sexual Behaviour by Dopamine Agonists in the Medial Preoptic Area," *Pharmacology, Biochemistry, and Behavior* 97, no. 2 (2010): 284–92.

5. Catriona Wilson, George C. Nomikos, Maria Collu, and Hans C. Fibiger, "Dopaminergic Correlates of Motivated Behavior: Importance of rive," *Journal of Neuroscience* 15, no. 7 (1995): 5169–78.

6. Raúl G. Paredes and Berenice Vazquez, "What Do Female Rats Like About Sex? Paced Mating," *Behavioural Brain Research* 105, no.1 (1999): 117–27.

7. Dennis F. Fiorino, Ariane Coury, and Anthony G. Phillips, "Dynamic Changes in Nucleus Accumbens Dopamine Efflux During the Coolidge Effect in Male Rats," *Journal of Neuroscience* 17, no.12 (1997): 4849–55.

8. 关于激素和神经递质在协调交配必需的动机和运动中的作用（以协调睾酮的缓慢作用和多巴胺、血清素的快速作用）的评述，参见：Elaine M. Hull, John W. Muschamp, and Satoru Sato, "Dopamine and Serotonin: Influences on Male Sexual Behavior," *Physiology and Behavior* 83, no. 2 (2004): 291–307。

9. Pfaus, "Dopamine: Helping Males Copulate."

10. 高浓度睾酮能使神经系统在胎儿期和青春期做好准备，以便多巴胺水平在恰当的时机、在大脑恰当的位置升高，激励雄性动物在成年后追求性刺激。睾酮和多巴胺协同作用，有助于确保生物从发育到性成熟的每一步都有所回报，而不只性行为本身有回报。睾酮影响神经回路，在性刺激出现时，能让大脑促进性行为相关的脑区（内侧视前区）内的多巴胺水平上升。当雄性通过视觉或嗅觉感知到有生育能力的雌性时，高浓度睾酮能提高内侧视前区的多巴胺水平，增加雄性做出许多必要行为的可能性，达成探寻、追求、交配的目的。它会"尝到甜头"的！而且，睾酮对神经系统的影响不会在其消失在血液中的那一刻瞬间消失。根据物种的不同，这种影响可以持续几周，甚至更久。雄鼠在被阉割几周之后会对交配行为失去兴趣。但是，如果你把它和发情的雌性放在一起，并向其正确的脑区注射多巴胺，就算很长时间没有接触睾酮，雄鼠

雄激素：关于冒险、竞争与赢

也能再次对雌鼠的信号做出反应，并表现出很想交配的样子。如此看来，睾酮似乎为多巴胺发挥功能创造了神经条件，并激励和奖励性行为，特别是寻找新的性伴侣。参见：Margaret R. Bell and Cheryl L. Sisk, "Dopamine Mediates Testosterone Induced Social Reward in Male Syrian Hamsters," *Endocrinology* 154, no. 3 (2013): 1225–34。

11. John Archer, "The Reality and Evolutionary Significance of Human Psychological Sex Differences," *Biological Reviews* 94, no. 4 (2019): 1381–415.

12. L. Liu, J. Kang, X. Ding, D. Chen, Y. Zhou, and H. Ma, "Dehydroepiandrosterone-Regulated Testosterone Biosynthesis via Activation of the Erk1/2 Signaling Pathway in Primary Rat Leydig Cells," *Cellular Physiology and Biochemistry* 36, no. 5 (2015): 1778–92.

13. Athanasios Antoniou-Tsigkos, Evangelia Zapanti, Lucia Ghizzoni, and George Mastorakos, "Adrenal Androgens," *Endo Text*, January 5, 2019, https://www.ncbi.nlm.nih.gov/books/NBK278929/. 男性的肾上腺雄激素约占睾酮总量的 5%，因此其对男性化的作用不明显。但是女性的肾上腺雄激素占睾酮总量的相当大一部分，具体多少取决于女性处在月经周期的哪个阶段，最高时可达 2/3。在月经周期中期，当卵巢释放到血液中的睾酮增加时，肾上腺雄激素贡献的睾酮就会相对减少（降至约 40%）。

14. Benjamin C. Campbell, "Adrenarche and Middle Childhood," *Human Nature* 22, no. 3 (2011): 327.

15. Peter B. Gray, "Evolution and Human Sexuality," *American Journal of Physical Anthropology* 152 (2013): 94–118.

16. 这里的年龄数据来自美国的数据库，年龄方面的性别差异各国均有，但确切年龄的差异很大。来自非西方国家的青春期数据显示了高度的自然变化。参见如下实例：Rebecca Sear, Paula Sheppard, and David A. Coall, "Cross-Cultural Evidence Does Not Support Universal Acceleration of Puberty in Father-Absent Households," *Philosophical Transactions of the Royal Society B* 374, no.1770 (2019): 20180124。

17. 关于女孩更早进入青春期，以及进化上对此的解释：Natalie V. Motta-Mena and David A. Puts, "Endocrinology of Human Female Sexuality, Mating, and Reproductive Behavior," *Hormones and Behavior* 91 (2017):19–35。

18. J. Dennis Fortenberry, "Puberty and Adolescent Sexuality," *Hormones and Behavior* 64, no. 2 (2013): 280–87; and Margaret R. Bell, "Comparing Postnatal Development of Gonadal Hormones and Associated Social Behaviors in Rats, Mice, and Humans," *Endocrinology* 159, no. 7 (2018): 2596–613.

19. 青少年性行为的趋势因社会经济地位、种族和社会规范而有显著差异。Stephen T. Russell, "Conceptualizing Positive Adolescent Sexuality

Development," *Sexuality Research and Social Policy* 2, no. 3 (2005): 4.

20. Peter T. Ellison, "Endocrinology, Energetics, and Human Life History: A Synthetic Model," *Hormones and Behavior* 91 (2017): 97–106.

21. 从胎儿期到青春期结束，人类和非人动物的睾酮水平变化：Bell, "Comparing Postnatal Development of Gonadal Hormones." Hormone levels on p. 2598。

22. 人们认为男性青春期是第二次组织发育的时期，最初在围产期得到发育的神经组织，在青春期将得到进一步塑造。睾酮将专门作用于这些组织，激活男性性行为。参见：Kalynn M. Schulz, Heather A. Molenda-Figueira, and Cheryl L. Sisk, "Back to the Future: The Organizational-Activational Hypothesis Adapted to Puberty and Adolescence," *Hormones and Behavior* 55, no. 5 (2009): 597–604。

23. Ruth Mazo Karras, "Active/Passive, Acts/Passions: Greek and Roman Sexualities," *American Historical Review* 105, no. 4 (2000): 1250–65.

24. Max Bearak and Darla Cameron, "Here Are the 10 Countries Where Homosexuality May Be Punished by Death," *Washington Post*, June 16, 2016.

25. Joyce J. Endendijk, Anneloes L. van Baar, and Maja Deković, "He Is a Stud, She Is a Slut! A Meta-Analysis on the Continued Existence of Sexual Double Standards," *Personality and Social Psychology Review* 24, no. 2 (2020): 163–90; Derek A. Kreager and Jeremy Staff, "The Sexual Double Standard and Adolescent Peer Acceptance," *Social Psychology Quarterly* 72, no. 2 (2009): 143–64.

26. 最成功的农民比最不成功的农民成功得多，但这种差异在狩猎采集群体中小得多。参见：Laura Betzig, "Means, Variances, and Ranges in Reproductive Success: Comparative Evidence," *Evolution and Human Behavior* 33, no. 4 (2012): 309–17。

27. Ewen Callaway, "Genghis Khan's Genetic Legacy Has Competition," *Nature*, January 23, 2015.

28. Razib Khan, "1 in 200 Men Are Direct Descendants of Genghis Khan," *Discover*, August 5, 2010. 另参见：Shao-Qing Wen et al., "Molecular Genealogy of Tusi Lu's Family Reveals Their Paternal Relationship with Jochi, Genghis Khan's Eldest Son," *Journal of Human Genetics* 64, no. 8 (2019): 815–20。

29. Ny MaGee, "Popular Angolan Polygamist Who Had 156 Children from 49 Wives Dies at 73," Lee Bailey's Eurweb, May 1, 2020, https://eurweb.com/2020/05/01/popular-angolan-polygamist-who-had-156-children-from-49-wives-dies-at-73/.

30. 关于男性参与育儿时后代的存活率提高的评述，参见：David C. Geary, *Male, Female: The Evolution of Human Sex Differences*, 3rd ed. (Washington, DC:

American Psychological Association, 2021), 83–88。

31. 关于女性繁殖策略多样性和复杂性的论述，参见：Elizabeth Cashdan, "Women's Mating Strategies," *Evolutionary Anthropology: Issues, News, and Reviews* 5, no. 4 (1996): 134–43; and Steven W. Gangestad and Jeffry A. Simpson, "Toward an Evolutionary History of Female Sociosexual Variation," *Journal of Personality* 58, no.1 (1990): 69–96。

32. David M. Buss and David P. Schmitt, "Mate Preferences and Their Behavioral Manifestations," *Annual Review of Psychology* 70 (2019): 77–110; Archer, "The Reality and Evolutionary Significance of Human Psychological Sex Differences"; and J. Michael Bailey, Steven Gaulin, Yvonne Agyei, and Brian A. Gladue, "Effects of Gender and Sexual Orientation on Evolutionarily Relevant Aspects of Human Mating Psychology," *Journal of Personality and Social Psychology* 66, no. 6 (1994): 1081.

33. Ryan Schacht and Karen L. Kramer, "Are We Monogamous? A Review of the Evolution of Pair-Bonding in Humans and Its Contemporary Variation Cross-Culturally," *Frontiers in Ecology and Evolution* 7, no. 230 (2019).

34. Steve Stewart-Williams, *The Ape That Understood the Universe: How the Mind and Culture Evolve* (Cambridge: Cambridge University Press, 2018), 75–77. 人类性行为的性别差异相对小，至少与其他大多数物种相比是小的。从进化的角度来解释这一问题，是因为人类婴儿的生产成本较高，需要投入大量的时间和精力，而且男性的参与能提高后代的存活率。父亲的亲代投资导致攻击性和交配竞争等特征的性别差异逐渐缩小。关于性和亲密关系，男性和女性产生了许多共同的欲望——他们都寻求与有吸引力的伴侣建立长期关系，尽管有时会"出轨"，有时会自慰，或观看色情片。

对随意性行为的偏好存在性别差异并不意味着女性不表达对随意性行为的渴望（或不进行随意性行为）。随意性行为可以是女性适应性繁殖策略的一环。进化生物学家、灵长类动物学家萨拉·赫迪一直想要了解雌性在推动生物进化过程中的作用。赫迪认为，女性喜欢随意性行为还是有承诺的性行为，"不仅取决于女性的性别，或者其'本质'特征，还取决于生态、人口、历史状况，甚至取决于即刻的内分泌环境和面临的各种选择"。Sarah Blaffer Hrdy, *The Woman That Never Evolved* (Cambridge, MA: Harvard University Press, 1999), xxiii. 其他人也观察到，拥有多个性伴侣可能带来繁殖方面的好处，例如，更容易"交换"到更优质的供养者，或从性伴侣那里得到更多资源，最终使后代受益。参见：Bailey et al., "Effects of Gender and Sexual Orientation on Evolutionarily Relevant Aspects of Human Mating Psychology"; and Heidi Greiling and David M. Buss, "Women's Sexual Strategies: The Hidden Dimension of Extra-Pair Mating," *Personality and Individual Differences* 28, no. 5 (2000): 929–63。

35. Richard A. Lippa, "Sex Differences in Sex Drive, Sociosexuality, and Height Across 53 Nations: Testing Evolutionary and Social Structural Theories," *Archives of Sexual Behavior* 38, no. 5 (2009): 631–51. 利帕的研究重现了其他几项大规模跨文化研究的结果：David P. Schmitt, "Universal Sex Differences in the Desire for Sexual Variety: Tests from 52 Nations, 6 Continents, and 13 Islands," *Journal of Personality and Social Psychology* 85, no.1 (2003): 85。

36. 群体差异的大小可以通过多种方式衡量，包括常见的"Cohen's d"，或者更直观的共同语言效应量。我在这里使用的就是后者，其原理是根据群体中任何个体拥有特定特征的概率来衡量群体差异。参见：Lippa, "Sex Differences in Sex Drive"; and Stewart-Williams, *The Ape That Understood the Universe*, 75–79。

37. 关于对随意性行为偏好的性别差异以及跨文化研究结果的可靠性证据的评述，参见：Geary, *Male*, Female 203-7。与利帕"性欲的性别差异"结论类似，关于社会性性行为指数的跨文化性别差异的可靠研究，参见：Schmitt, "Universal Sex Differences in the Desire for Sexual Variety"; and Lee Ellis, "Identifying and Explaining Apparent Universal Sex Differences in Cognition and Behavior," *Personality and Individual Differences* 51, no. 5 (2011): 552–61。亦可参见：Bailey et al., "Effects of Gender and Sexual Orientation on Evolutionarily Relevant Aspects of Human Mating Psychology"。

38. Marco Del Giudice, David A. Puts, David C. Geary, and David P. Schmitt, "Sex Differences in Brain and Behavior: Eight Counterpoints," *Psychology Today*, April 8, 2019, https://www.psychologytoday.com/us/blog/sexual-personalities/201904/sex-differences-in-brain-and-behavior-eight-counterpoints; and David P. Schmitt, "Can We Trust What Men and Women Reveal in Sex Surveys?," *Psychology Today*, July 11, 2017, https://www.psychologytoday.com/us/blog/sexual-personalities/201707/can-we-trust-what-men-and-women-reveal-sex-surveys.

39. 阴茎体积描记器的测量结果与主观的性兴奋程度高度相关，阴道光体积描记器虽能反映女性的性唤起程度，却与主观的性兴奋程度没那么相关。Kelly D. Suschinsky, Martin L. Lalumière, and Meredith L. Chivers, "Sex Differences in Patterns of Genital Sexual Arousal: Measurement Artifacts or True Phenomena?," *Archives of Sexual Behavior* 38, no. 4 (2009): 559–73.

40. 关于柯立芝效应在人类（尽可能接近人类的动物）身上存在的证据，参见：Hughes et al., "Experimental Evidence for Sex Differences in Sexual Variety Preferences"。

41. Hughes et al., "Experimental Evidence for Sex Differences in Sexual Variety Preferences"; Elisa Ventura-Aquino, Alonso Fernández-Guasti, and Raúl

G. Paredes, "Hormones and the Coolidge Effect," *Molecular and Cellular Endocrinology* 467 (2018): 42–48.

42. 男性偏好可视的性刺激，关于这一现象的进化起源的概述和讨论，参见：Donald Symons, *The Evolution of Human Sexuality* (New York: Oxford University Press, 1979), 170–84。

43. 关于男性对无附加条件的性行为的偏好，参见：Richard A. Lippa, "The Preferred Traits of Mates in a Cross-National Study of Heterosexual and Homosexual Men and Women: An Examination of Biological and Cultural Influences," *Archives of Sexual Behavior* 36, no. 2 (2007): 193–208; J. Michael Bailey, *The Man Who Would Be Queen: The Science of Gender-Bending and Transsexualism* (Washington, DC: Joseph Henry Press, 2003), 92; Stewart-Williams, *The Ape That Understood the Universe*, 78–84。关于使用"约炮网站"的性别差异，参见：Jana Hackathorn and Brien K. Ashdown, "The Webs We Weave: Predicting Infidelity Motivations and Extradyadic Relationship Satisfaction," *Journal of Sex Research* (April 6, 2020): 1–13。

44. 用于治疗的睾酮阻滞剂的效用：Evan Ng, Henry H. Woo, Sandra Turner et al., "The Influence of Testosterone Suppression and Recovery on Sexual Function in Men with Prostate Cancer: Observations from a Prospective Study in Men Undergoing Intermittent Androgen Suppression," *Journal of Urology* 187, no. 6 (2012): 2162–67。我在第九章中详细分析了跨性别群体改变睾酮水平的影响。关于这一现象的评述，参见：Mats Holmberg, Stefan Arver, and Cecilia Dhejne, "Supporting Sexuality and Improving Sexual Function in Transgender Persons," *Nature Reviews Urology* 16, no. 2 (2019): 121–39。

45. Peter B. Gray, Timothy S. McHale, and Justin M. Carré, "A Review of Human Male Field Studies of Hormones and Behavioral Reproductive Effort," *Hormones and Behavior* 91 (2017): 52–67.

46. Anne E. Storey, Carolyn J. Walsh, Roma L. Quinton, and Katherine E. Wynne-Edwards, "Hormonal Correlates of Paternal Responsiveness in New and Expectant Fathers," *Evolution and Human Behavior* 21, no. 2 (2000): 79–95; Peter B. Gray, J. C. Parkin, and M. E. Samms-Vaughan, "Hormonal Correlates of Human Paternal Interactions: A Hospital-Based Investigation in Urban Jamaica," *Hormones and Behavior* 52, no. 4 (2007): 499–507; Lee T. Gettler, Patty X. Kuo, and Sonny Agustin Bechayda, "Fatherhood and Psychobiology in the Philippines: Perspectives on Joint Profiles and Longitudinal Changes of Fathers' Estradiol and Testosterone," *American Journal of Human Biology* 30, no. 6 (2018): e23150.

47. 对男性在育儿过程中神经内分泌系统发生的变化的全面评析，包括催产素、抗利尿激素、皮质醇和睾酮的潜在参与，参见：Sari M. van Anders, Richard M. Tolman, and Gayatri Jainagaraj, "Examining How Infant Interactions Influence Men's Hormones, Affect, and Aggression Using the Michigan Infant Nurturance Simulation Paradigm," *Fathering* 12, no. 2 (2014): 143。

48. Martin N. Muller, Frank W. Marlowe, Revocatus Bugumba, and Peter T. Ellison, "Testosterone and Paternal Care in East African Foragers and Pastoralists," *Proceedings of the Royal Society B: Biological Sciences* 276, no.1655 (2009): 347–54.

49. Peter B. Gray, Chi-Fu Jeffrey Yang, and Harrison G. Pope Jr., "Fathers Have Lower Salivary Testosterone Levels Than Unmarried Men and Married Non-Fathers in Beijing, China," *Proceedings of the Royal Society B: Biological Sciences* 273, no.1584 (2006): 333–39. 菲律宾的"新手爸爸"的睾酮水平会下降，尤其是当他们直接参与育儿时：Lee T. Gettler, Thomas W. McDade, Alan B. Feranil, and Christopher W. Kuzawa, "Longitudinal Evidence That Fatherhood Decreases Testosterone in Human Males," *Proceedings of the National Academy of Sciences* 108, no. 39 (2011): 16194–99。另参见：Gray, McHale, and Carré, "A Review of Human Male Field Studies of Hormones and Behavioral Reproductive Effort"。

　　然而，男性的亲子关系和睾酮水平之间的关系并不是一直存在的，参见：Peter B. Gray, Jody Reece, Charlene Coore-Desai et al., "Testosterone and Jamaican Fathers," *Human Nature* 28, no. 2 (2017): 201–18。

50. Van Anders, Tolman, and Jainagaraj, "Examining How Infant Interactions Influence Men's Hormones, Affect, and Aggression."

51. 所有雌激素都从雄激素转化而来，但作为雌激素的前体，睾酮并不能直接作用于细胞，而必须通过雄激素受体改变细胞的活性。

52. Maurand Cappelletti and Kim Wallen, "Increasing Women's Sexual Desire: The Comparative Effectiveness of Estrogens and Androgens," *Hormones and Behavior* 78 (2016): 178–93; and Beverly G. Reed, Laurice Bou Nemer, and Bruce R. Carr, "Has Testosterone Passed the Test in Premenopausal Women with Low Libido? A Systematic Review," *International Journal of Women's Health* 8 (2016): 599.

53. Ann Kathryn Korkidakis and Robert L. Reid, "Testosterone in Women: Measurement and Therapeutic Use," *Journal of Obstetrics and Gynaecology Canada* 39, no. 3 (2017): 124–30; and Laurence M. Demers, "Androgen Deficiency in Women; Role of Accurate Testosterone Measurements," *Maturitas* 67, no.1 (2010): 39–45.

54. Edward O. Laumann, Alfredo Nicolosi, Dale B. Glasser, Anthony Paik, Clive

Gingell, E. Moreira, and Tianfu Wang, "Sexual Problems Among Women and Men Aged 40–80 Y: Prevalence and Correlates Identified in the Global Study of Sexual Attitudes and Behaviors," *International Journal of Impotence Research* 17, no.1 (2005): 39–57. 关于美国女性性欲减退的趋势：Reed, Nemer, and Carr, "Has Testosterone Passed the Test in Premenopausal Women with Low Libido?" 关于性欲减退（性欲低下的同时伴有压力）的趋势，参见：Shalender Bhasin and Rosemary Basson, "Sexual Dysfunction in Men and Women," in *Williams Textbook of Endocrinology*, 787 (Philadelphia: Elsevier Saunders, 2011)。

55. Raymond C. Rosen, Jan L. Shifren, Brigitta U. Monz, Dawn M. Odom, Patricia A. Russo, and Catherine B. Johannes, "Epidemiology: Correlates of Sexually Related Personal Distress in Women with Low Sexual Desire," *Journal of Sexual Medicine* 6, no. 6 (June 2009): 1549–60.

56. Sheryl A. Kingsberg and Terri Woodard, "Female Sexual Dysfunction: Focus on Low Desire," *Obstetrics and Gynecology* 125, no. 2 (2015): 477–86; and Cappelletti and Wallen, "Increasing Women's Sexual Desire."

57. Richard G. Bribiescas, *How Men Age: What Evolution Reveals About Male Health and Mortality* (Princeton, NJ: Princeton University Press, 2018), 122.

58. Cappelletti and Wallen, "Increasing Women's Sexual Desire."

59. 研究人员对女性绝经后卵巢能否继续产生足量激素，使其（尤其是雄激素）发挥生理意义尚有争议。女性绝经后，其肾上腺能继续产生少量雄激素。参见：Mario Vicente Giordano, Paula Almeida Galvão Ferreira, Luiz Augusto Giordano, Sandra Maria Garcia de Almeida, Vinícius Cestari do Amaral, Tommaso Simoncini, Edmund Chada Baracat, Mario Gáspare Giordano, and José Maria Soares Júnior, "How Long Is the Ovary Relevant for Synthesis of Steroids After Menopause?," *Gynecological Endocrinology* 34, no. 6 (2018): 536–39; and Fernand Labrie, "All Sex Steroids Are Made Intracellularly in Peripheral Tissues by the Mechanisms of Intracrinology After Menopause," *Journal of Steroid Biochemistry and Molecular Biology* 145 (2015): 133–38。

60. 关于女性绝经后类固醇激素的水平，参见：Robin Haring, Anke Hannemann, Ulrich John et al., "Age Specific Reference Ranges for Serum Testosterone and Androstenedione Concentrations in Women Measured by Liquid Chromatography-Tandem Mass Spectrometry," *Journal of Clinical Endocrinology and Metabolism* 97, no. 2 (2012): 408–15。

61. Kingsberg and Woodard, "Female Sexual Dysfunction: Focus on Low Desire"; and Cappelletti and Wallen, "Increasing Women's Sexual Desire."

62. Amy B. Wisniewski, Claude J. Migeon, Heino F. L. Meyer-Bahlburg et al., "Complete Androgen Insensitivity Syndrome: Long-Term Medical, Surgical, and Psychosexual Outcome," *Journal of Clinical Endocrinology and Metabolism* 85, no. 8 (2000): 2664–69.

63. Bailey et al., "Effects of Gender and Sexual Orientation on Evolutionarily Relevant Aspects of Human Mating Psychology"; and Archer, "The Reality and Evolutionary Significance of Human Psychological Sex Differences."

64. Sheryl A. Kingsberg, Anita H. Clayton, and James G. Pfaus, "The Female Sexual Response: Current Models, Neurobiological Underpinnings and Agents Currently Approved or Under Investigation for the Treatment of Hypoactive Sexual Desire Disorder," *CNS Drugs* 29, no. 11 (2015): 915–33.

65. Simon LeVay, *Gay, Straight, and the Reason Why: The Science of Sexual Orientation* (Oxford: Oxford University Press, 2011), 119.

66. P. Södersten, "Lordosis Behaviour in Male, Female and Androgenized Female Rats," *Journal of Endocrinology* 70, no. 3 (1976): 409–20.

67. 参见：LeVay, *Gay, Straight, and the Reason Why*, 31。矛盾的是，在许多动物（至少包括食肉动物和啮齿动物）体内，胎儿期雄激素对神经系统施加的许多雄性化作用是通过雌激素的作用发生的。在胎儿期，这些动物的睾丸产生的雄激素可大量转化为雌激素，但非人灵长目动物和人类却不是这样的。这一结论有许多证据支持：首先，不能产生雌激素的男性也可以完全发生雄性化作用，能够表现出典型的男性行为模式、兴趣和性偏好；其次，CAIS 患者（具有 XY 性染色体，对雌激素敏感但对雄激素不敏感）通常表现出女性特征。

68. LeVay, *Gay, Straight, and the Reason Why*, 62; Lee Ellis, Malini Ratnasingam, and Mary Wheeler, "Gender, Sexual Orientation, and Occupational Interests: Evidence of Their Interrelatedness," *Personality and Individual Differences* 53, no.1 (2012): 64–69; and Richard A. Lippa, "Sex Differences and Sexual Orientation Differences in Personality: Findings from the BBC Internet Survey," *Archives of Sexual Behavior* 37, no.1 (2008): 173–87.

69. LeVay, *Gay, Straight, and the Reason Why*, 43–48; Michel Anteby, Carly Knight, and András Tilcsik, "There May Be Some Truth to the 'Gay Jobs' Stereotype," *LSE Business Review*, London School of Economics, January 18, 2016, https:// blogs.lse.ac.uk/businessreview/2016/01/18/there-may-be-some-truth-to-the-gay-jobs-stereotype/; and András Tilcsik, Michel Anteby, and Carly R. Knight, "Concealable Stigma and Occupational Segregation: Toward a Theory of Gay and Lesbian Occupations," *Administrative Science Quarterly* 60, no. 3 (2015): 446–81.

70. J. Michael Bailey, Paul A. Vasey, Lisa M. Diamond, S. Marc Breedlove,

Eric Vilain, and Marc Epprecht, "Sexual Orientation, Controversy, and Science," *Psychological Science in the Public Interest* 17, no. 2 (2016): 45–101.

71. Melissa Hines, "Prenatal Endocrine Influences on Sexual Orientation and on Sexually Differentiated Childhood Behavior," *Frontiers in Neuroendocrinology* 32, no. 2 (2011): 170–82.

72. Richard Green, *The "Sissy Boy Syndrome" and the Development of Homosexuality* (New Haven, CT: Yale University Press, 1987), 12.

73. 引述于: Hines, "Prenatal Endocrine Influences on Sexual Orientation and on Sexually Differentiated Childhood Behavior"。另参见: Melissa Hines, Vickie Pasterski, Debra Spencer et al., "Prenatal Androgen Exposure Alters Girls' Responses to Information Indicating Gender-Appropriate Behaviour," *Philosophical Transactions of the Royal Society B: Biological Sciences* 371, no. 1688 (2016): 20150125; and Green, *The "Sissy Boy Syndrome*," ch. 4。

74. Sheri A. Berenbaum, "Beyond Pink and Blue: The Complexity of Early Androgen Effects on Gender Development," *Child Development Perspectives* 12, no.1 (2018): 58–64.

75. 关于 CAH 和性取向: Melissa Hines, Mihaela Constantinescu, and Debra Spencer, "Early Androgen Exposure and Human Gender Development," *Biology of Sex Differences* 6, no. 3 (2015); and general population rate: LeVay, *Gay, Straight, and the Reason Why*, 8–9。

76. Martina Jürgensen, Olaf Hiort, Paul-Martin Holterhus, and Ute Thyen, "Gender Role Behavior in Children with XY Karyotype and Disorders of Sex Development," *Hormones and Behavior* 51, no. 3 (2007): 443–53; and Hines, Constantinescu, and Spencer, "Early Androgen Exposure and Gender Development."

77. 在非灵长目动物的神经系统内,睾酮使神经系统雄性化的过程是:首先,在神经细胞内转化成雌激素,然后通过雌激素受体发挥作用。(睾酮使生殖器男性化靠的是直接与雄激素受体相互作用)。它也能与雄激素受体直接发生作用进而作用于神经系统。而人类和非人灵长目动物,其雄激素的直接作用(通过雄激素受体)似乎最为主要,并未明确观察到其转化为雌激素。

　　来自非人灵长目动物的证据也表明,大脑的不同分区发生分化的时间可能略有不同,最终使不同类型的行为雄性化。性行为和竞争(攻击)行为的雄性化具有各自不同的关键期。罗伯特·戈伊利用猴子做过一个经典实验,对此观点做了很好的证明: R. W. Goy, F. B. Bercovitch, and M. C. McBrair, "Behavioral Masculinization Is Independent of Genital Masculinization in Prenatally Androgenized Female Rhesus Macaques," *Hormones and Behavior* 22, no. 4

(1988): 552–71。

78. 请注意：女性胎儿的一部分睾酮来自肾上腺，另一部分来自母体的血液，而男性胎儿的睾酮几乎都来自睾丸。

79. Dennis McFadden, "On Possible Hormonal Mechanisms Affecting Sexual Orientation," *Archives of Sexual Behavior* 46, no. 6 (2017): 1609–14.

80. S. Marc Breedlove, "Minireview: Organizational Hypothesis: Instances of the Fingerpost," *Endocrinology* 151, no. 9 (2010): 4116–22.

81. 关于指长比和同性恋的综述：LeVay, *Gay, Straight, and the Reason Why*, 71–74。

82. Cheryl M. McCormick and Justin M. Carré, "Facing Off with the Phalangeal Phenomenon and Editorial Policies: A Commentary on Swift-Gallant, Johnson, Di Rita and Breedlove (2020)," *Hormones and Behavior* 120 (2020): 104710.

83. LeVay, *Gay, Straight, and the Reason Why*, 74.

84. Anthony F. Bogaert and Scott Hershberger, "The Relation Between Sexual Orientation and Penile Size," *Archives of Sexual Behavior* 28, no. 3 (1999): 213–21. 该论文的两位作者均为睾酮理论的支持者，并提出了其他解释。关于对此研究的质疑，参见：LeVay, *Gay, Straight, and the Reason Why*, 126。

85. 睾酮影响男性取向的一个可能是，胎儿的睾酮水平在胎儿发育的大部分时间都是正常的，但在与性取向有关的神经回路发育的关键时期异常变高或变低了。另一个可能是，胎儿的睾酮水平始终正常，但不同人的相关脑区对睾酮的反应不同。还有一个可能是，不同人与性取向相关的基因转录效率不同。或许，睾酮根本就不会影响性取向，而是基因本身或基因表达导致了差异。"亲哥效应"是一个经过广泛调查的理论，其内容为一个男性是同性恋的可能性随着他拥有的亲哥哥数量的增加而增加。其背后的原因可能是先出生的男性胎儿能影响母亲子宫内的环境，使后出生的男性胎儿更可能是同性恋。参见：Ray Blanchard, James M. Cantor, Anthony F. Bogaert, S. Marc Breedlove, and Lee Ellis, "Interaction of Fraternal Birth Order and Handedness in the Development of Male Homosexuality," *Hormones and Behavior* 49, no. 3 (2006): 405–14; and Charles E. Roselli, "Neurobiology of Gender Identity and Sexual Orientation," *Journal of Neuroendocrinology* 30, no. 7 (2018): e12562。关于性取向的科学，还有一本书的综合论述，参见：LeVay, *Gay, Straight, and the Reason Why*。

86. Andrew Sullivan, "#MeToo and the Taboo Topic of Nature," *New York Magazine*, January 19, 2018.

87. Bailey et al., "Effects of Gender and Sexual Orientation on Evolutionarily Relevant Aspects of Human Mating Psychology."

88. 有 30%～50% 的同性恋男性处于亲密关系之中，但处于亲密关系之中的同性恋女性可达 75%。Bailey, *The Man Who Would Be Queen*, 87; and Christopher Carpenter and Gary J. Gates, "Gay and Lesbian Partnership: Evidence from California," *Demography* 45, no. 3 (2008): 573–90.

89. Andrew Sullivan in Spencer Kornhaber, "Cruising in the Age of Consent," *Atlantic*, July 2019.

90. Bailey, *The Man Who Would Be Queen*, 87.

第九章　睾酮与性别改变

1. "Testosterone: Act Two, Infinite Gent," *This American Life*, August 30, 2002, https://www.thisamericanlife.org/220/transcript.

2. American Psychological Association, "Guidelines for Psychological Practice with Transgender and Gender Nonconforming People," *American Psychologist* 70, no. 9 (2015): 832–64.

    特别说明：美国心理学会的指南将生理性别定义为"出生时指定的性别"。这个术语的使用频率越来越高，但我拒绝使用，因为它容易造成混淆。首先，"出生时指定的性别"这个术语错误地暗示一个人的性别是可以任意"指定"的。其次，在极少数情况下，一个人的生理性别也可能与其"出生时指定的性别"不同。例如，性发育异常（如 5α-还原酶缺乏症）患者，其"出生时指定的性别"可能为女性，但实际上的生理性别为男性。这些个体将来可能认同其生理性别，也可能认同"出生时指定的性别"。这两个概念不可混为一谈，但都很有用。

3. Esther L. Meerwijk and Jae M. Sevelius, "Transgender Population Size in the United States: A Meta-Regression of Population-Based Probability Samples," *American Journal of Public Health* 107, no. 2 (2017): e1–e8; and Kenneth J. Zucker, "Epidemiology of Gender Dysphoria and Transgender Identity," *Sexual Health* 14, no. 5 (2017): 404–11. 英国没有可靠的数据，但政府预估出了大致的数字，参见：https://assets.publishing.service.gov.uk/government/uploads/system/uploads/attachment_data/file/721642/GEO-LGBT-factsheet.pdf。

4. American Psychological Association, "Guidelines for Psychological Practice with Transgender and Gender Nonconforming People," 2–3.

5. 这样的焦虑情绪不一定等同于性别焦虑，我举出这些例子只是为了帮助读者想象罹患性别焦虑的感受。

6. Jeanette Jennings and Jazz Jennings, "Trans Teen Shares Her Story," *Pediatrics in Review* 37, no. 3 (2016): 99–100.

7. Kenneth J. Zucker, Anne A. Lawrence, and Baudewijntje P. C. Kreu-kels, "Gender Dysphoria in Adults," *Annual Review of Clinical Psychology* 12 (2016): 217–47; and K. J. Zucker, "Gender Identity Disorder in Children and Adolescents," *Annual Review of Clinical Psychology* 1 (2005): 467–92.

8. 关于性别焦虑的解决方法，参见：Kenneth J. Zucker, "The Myth of Persis-tence: Response to 'A Critical Commentary on Follow-up Studies and "Desist-ance" Theories About Transgender and Gender Non-Conforming Children' by Temple Newhook et al. (2018)," *International Journal of Transgender-ism* 19, no. 2 (2018): 231–45。

9. American Society of Plastic Surgeons, "Gender Confirmation Surger-ies," 2020, https://www.plasticsurgery.org/reconstructive-procedures/gender-confirmation-surgeries.

   关于跨性别激素的新研究，参见：India I. Pappas, Wendy Y. Craig, Lindsey V. Spratt, and Daniel I. Spratt, "Testosterone (T) and Estradiol (E2) Therapy Alone Can Suppress Gonadal Function in Transgender Patients," *Costas T. Lambrew Research Retreat* 2020, 47, https://knowledgeconnection.maine-health.org/lambrew-retreat-2020/47。

10. National Health Service (UK), "Referrals to the Gender Identity Development Service (GIDS) Level Off in 2018–19," Tavistock and Portman NHS Foundation Trust, June 28, 2019, https://tavistockand-portman.nhs.uk/about-us/news/stories/referrals-gender-identity-development-service-gids-level-2018-19/.

11. 在美国，医保对跨性别服务（如激素治疗、变性手术等）的覆盖范围有很大不同。个人就医的相关政策详情，参见：Human Rights Campaign, "Finding Insurance for Transgender-Related Healthcare," August 1, 2015, https://www.hrc.org/resources/finding-insurance-for-transgender-related-health-care。在英国，国民医疗服务体系有时能报销跨性别服务，但接受者必须符合特定的条件，且治疗的等待期很长。更多信息，参见：National Health Service, "Gender Dysphoria: Treatment," May 28, 2020, https://www.nhs.uk/conditions/gender-dysphoria/treatment/。

12. Gloria R. Mora and Virendra B. Mahesh, "Autoregulation of the Androgen Receptor at the Translational Level: Testosterone Induces Accumulation of Androgen Receptor mRNA in the Rat Ventral Prostate Polyribosomes," *Steroids* 64, no. 9 (1999): 587–91.

13. Buck Angel, "About," 2020, https://buckangel.com/pages/about-us.

14. 将小分子合成大分子的激素称为合成代谢激素，将大分子分解成小分子的激素称为分解代谢激素。

15. Peter T. Ellison, "Endocrinology, Energetics, and Human Life History: A Synthetic Model," *Hormones and Behavior* 91 (2017): 97–106.

16. Teresa L. D. Hardy, Jana M. Rieger, Kristopher Wells, and Carol A. Boliek, "Acoustic Predictors of Gender Attribution, Masculinity–Femininity, and Vocal Naturalness Ratings Amongst Transgender and Cisgender Speakers," *Journal of Voice* 34, no. 2 (2020): 300; Teresa L. D. Hardy, Carol A. Boliek, Daniel Aalto, Justin Lewicke, Kristopher Wells, and Jana M. Rieger, "Contributions of Voice and Nonverbal Communication to Perceived Masculinity-Femininity for Cisgender and Transgender Communicators," *Journal of Speech, Language, and Hearing Research* 63, no. 4 (2020): 931–47; and Adrienne B. Hancock, Julianne Krissinger, and Kelly Owen, "Voice Perceptions and Quality of Life of Transgender People," *Journal of Voice* 25, no. 5 (2011): 553–58.

17. 关于嗓音的低沉程度与繁殖成效（附带对性吸引力的评析），参见：Coren L. Apicella, David R. Feinberg, and Frank W. Marlowe, "Voice Pitch Predicts Reproductive Success in Male Hunter-Gatherers," *Biology Letters* 3, no. 6 (2007): 682–84。关于嗓音质量与性取向，参见：Simon LeVay, *Gay, Straight, and the Reason Why: The Science of Sexual Orientation* (Oxford: Oxford University Press, 2011)。睾酮也能预示男性嗓音的低沉程度：James M. Dabbs Jr., and Alison Mallinger, "High Testosterone Levels Predict Low Voice Pitch Among Men," *Personality and Individual Differences* 27, no. 4 (1999): 801–4。

18. 参见：David Azul, Ulrika Nygren, Maria Södersten, and Christiane Neuschaefer-Rube, "Transmasculine People's Voice Function: A Review of the Currently Available Evidence," *Journal of Voice* 31, no. 2 (2017): 261。

19. Rahel M. Büttler, Jiska S. Peper, Eveline A. Crone, Eef G. W. Lentjes, Marinus A. Blankenstein, and Annemieke C. Heijboer, "Reference Values for Salivary Testosterone in Adolescent Boys and Girls Determined Using Isotope-Dilution Liquid-Chromatography Tandem Mass Spectrometry (Id-Lc–Ms/Ms)," *Clinica Chimica Acta* 456 (2016): 15–18; and David J. Handelsman, Angelica L. Hirschberg, and Stephane Bermon, "Circulating Testosterone as the Hormonal Basis of Sex Differences in Athletic Performance," *Endocrine Reviews* 39, no. 5 (2018): 803–29.

20. Eric P. Widmaier, Hershel Raff, and Kevin T. Strang, *Vander's Human Physiology: The Mechanisms of Body Function*, 14th ed. (New York: McGraw-Hill, 2015), 443.

21. Scott-Robert Newman, John Butler, Elizabeth H. Hammond, and Steven D. Gray, "Preliminary Report on Hormone Receptors in the Human Vocal Fold,"

Journal of Voice 14, no.1 (2000): 72–81. 关于青春期声带发育的评析，参见：Diana Markova, Louis Richer, Melissa Pangelinan, Debora H. Schwartz, Gabriel Leonard, Michel Perron, G. Bruce Pike et al., "Age-and Sex-Related Variations in Vocal-Tract Morphology and Voice Acoustics During Adolescence," *Hormones and Behavior* 81 (2016): 84–96。

22. Graham F. Welch, David M. Howard, and John Nix, *The Oxford Handbook of Singing* (Oxford: Oxford University Press, 2019), 24–25.

23. W. T. Fitch and J. Giedd, "Morphology and Development of the Human Vocal Tract: A Study Using Magnetic Resonance Imaging," *Journal of the Acoustical Society of America* 106, no. 3 pt. 1 (1999): 1511–22. 喉头在颈部的位置会降低的哺乳动物其实很少，马鹿是其中一种，这种进化的形成似乎是为了在交配权竞争中恐吓对手：W. T. Fitch and D. Reby, "The Descended Larynx Is Not Uniquely Human," *Proceedings of the Royal Society B: Biological Sciences* 268, no. 1477 (2001): 1669–75。

24. Azul et al., "Transmasculine People's Voice Function."

25. Ulrika Nygren, Agneta Nordenskjöld, Stefan Arver, and Maria Södersten, "Effects on Voice Fundamental Frequency and Satisfaction with Voice in Trans Men During Testosterone Treatment—A Longitudinal Study," *Journal of Voice* 30, no. 6 (2016): 766, e24–e34.

26. Wikipedia, "Adam's Apple," Etymology, retrieved August 15, 2020, https://en.wikipedia.org/wiki/Adam's_apple#Etymology.

27. Merriam-Webster, "Why Is It Called an 'Adam's Apple'? It's Not the Reason You Think," Merriam-Webster.com, Word History, https://www.merriam-webster.com/words-at-play/why-is-it-called-an-adams-apple-word-history.

28. Lee Coleman, Mark Zakowski, Julian Gold, and Sivam Ramanathan, "Functional Anatomy of the Airway," in Carin A. Hagberg, *Benumof and Hagberg's Airway Management*, 3rd ed., 3–20 (Philadelphia: W. B. Saunders, 2013).

29. Neal S. Beckford, Dan Schaid, Stewart R. Rood, and Bruce Schanbacher, "Androgen Stimulation and Laryngeal Development," *Annals of Otology, Rhinology and Laryngology* 94, no. 6 (1985): 634–40.

30. Bridget Alex, "Why Humans Lost Their Hair and Became Naked and Sweaty," *Discover*, January 7, 2019, https://www.discovermagazine.com/planet-earth/why-humans-lost-their-hair-and-became-naked-and-sweaty.

31. Bridget Alex, "What Happened When Humans Became Hairless," *Discover*, August 13, 2019, https://www.discovermagazine.com/planet-earth/what-happened-when-humans-became-hairless. 引用的是澳大利亚昆士兰大学的人类学家巴纳比·迪克森的原话。

32. E. J. Giltay and L. J. G. Gooren, "Effects of Sex Steroid Deprivation/Administration on Hair Growth and Skin Sebum Production in Transsexual Males and Females," *Journal of Clinical Endocrinology and Metabolism* 85, no. 8 (2000): 2913–21.

33. Yi Gao, Toby Maurer, and Paradi Mirmirani, "Understanding and Addressing Hair Disorders in Transgender Individuals," *American Journal of Clinical Dermatology* 19, no. 4 (2018): 517–27.

34. Guido Giovanardi, "Buying Time or Arresting Development? The Dilemma of Administering Hormone Blockers in Trans Children and Adolescents," *Porto Biomedical Journal* 2, no. 5 (2017): 153–56.

35. Wassim Chemaitilly, Christine Trivin, Luis Adan, Valérie Gall, Christian Sainte-Rose, and Raja Brauner, "Central Precocious Puberty: Clinical and Laboratory Features," *Clinical Endocrinology* 54, no. 3 (2001): 289–94.

36. 参见图 5-5。

37. D. I. Spratt, L. S. O'Dea, D. Schoenfeld, J. Butler, P. N. Rao, and W. F. Crowley Jr., "Neuroendocrine-Gonadal Axis in Men: Frequent Sampling of LH, FSH, and Testosterone," *American Journal of Physiology* 254, no. 5, pt.1 (1988): E658–66.

　　与女性相比，男性的促性腺激素释放激素"脉冲"频率相对恒定，女性的"脉冲"频率随月经周期不同阶段的变化而变化。参见：Nancy Reame, Sue Ellyn Sauder, Robert P. Kelch, and John C. Marshall, "Pulsatile Gonadotropin Secretion During the Human Menstrual Cycle: Evidence for Altered Frequency of Gonadotropin-Releasing Hormone Secretion," *Journal of Clinical Endocrinology and Metabolism* 59, no. 2 (1984): 328–37。

38. Sarah-Jayne Blakemore, Stephanie Burnett, and Ronald E. Dahl, "The Role of Puberty in the Developing Adolescent Brain," *Human Brain Mapping* 31, no.6 (2010): 926–33.

39. Caroline Salas-Humara, Gina M. Sequeira, Wilma Rossi, and Cherie Priya Dhar, "Gender Affirming Medical Care of Transgender Youth," *Current Problems in Pediatric and Adolescent Health Care* 49, no. 9 (2019): 100683.

40. 叫停青春期对情绪发展有着不为人知的影响：Christopher Richards, Julie Maxwell, and Noel McCune, "Use of Puberty Blockers for Gender Dysphoria: A Momentous Step in the Dark," *Archives of Disease in Childhood* 104, no. 6 (2019): 611–12。

41. 为了维持跨性别激素的作用，服用者必须终生服药：Martin den Heijer, Alex Bakker, and Louis Gooren, "Long Term Hormonal Treatment for Transgender People," *BMJ* 359 (2017)。关于变性过程中激素和手术的作用的简短评析：

Jens U. Berli, Gail Knudson, Lin Fraser, Vin Tangpricha, Randi Ettner, Frederic M. Ettner, Joshua D. Safer et al., "What Surgeons Need to Know About Gender Confirmation Surgery When Providing Care for Transgender Individuals: A Review," *JAMA Surgery* 152, no. 4 (2017): 394–400。

42. 我们不知道这种现象的原因。一个可能是，选择使用阻滞剂的人是无论是否使用阻滞剂都会接受激素治疗的人。也就是说，这些人渴望变性，服用阻滞剂只是他们变性道路上的一步，这条路是他们无论如何都会走的。另一个可能是，服用阻滞剂能增加人们选择变性的可能性。这一点得到了证据的支持。有证据显示，大多数重度性别焦虑的青少年，随着青春期的发展，会越来越接受生理性别。10～13岁的发育期似乎是青少年巩固性别认同的一个特别关键的时期，因为人们正是在这一时期开始感受到性吸引力，可能会第一次感受朦胧的爱情。对许多人来说，坠入爱河或把自己认同为同性恋，接受甚至享受自己发育到性成熟的身体，可以减少甚至消除性别焦虑。同理，如果青春期只会增加一个人的性别焦虑（就像艾伦，他经历了女性青春期），那么这种经历就会增强一个人对变性的渴望，使其下定决心。遗憾的是，没有任何测试可以提前告诉我们哪些年轻人会最终接受自己的生理性别，使性别焦虑自愈，哪些人不会。参见：Richards, Maxwell, and McCune, "Use of Puberty Blockers for Gender Dysphoria"。

43. Timothy C. Lai, Rosalind McDougall, Debi Feldman, Charlotte V. Elder, and Ken C. Pang, "Fertility Counseling for Transgender Adolescents: A Review," *Journal of Adolescent Health* 66, no. 6 (2020): 658–65; Natnita Mattawanon, Jessica B. Spencer, David A. Schirmer, and Vin Tangpricha, "Fertility Preservation Options in Transgender People: A Review," *Reviews in Endocrine and Metabolic Disorders* 19, no. 3 (2018): 231–42; and D. Schlager, W. G. Lee, E. Williamson, R. Wafa, D. J. Ralph, and P. Sangster, "Fertility Preservation and Sperm Quality in Adolescent Transgender Patients Prior to Hormonal Treatment," *European Urology Open Science* 19 (2020): e533.

44. Catherine Butler and Anna Hutchinson, "Debate: The Pressing Need for Research and Services for Gender Desisters/ Detransitioners," *Child and Adolescent Mental Health* 25, no. 1 (2020): 45–47.

45. Van Slothouber, "(De) Trans Visibility: Moral Panic in Mainstream Media Reports on De/Retransition," *European Journal of English Studies* 24, no.1 (2020): 89–99.

46. 关于性别焦虑患者的性取向，参见：Anne A. Lawrence, "Sexual Orientation Versus Age of Onset as Bases for Typologies (Subtypes) for Gender Identity Disorder in Adolescents and Adults," *Archives of Sexual Behavior* 39, no. 2 (2010): 514–45。

47. 睾酮水平的提升与情绪的提振有关：Michael Zitzmann, "Testosterone, Mood, Behaviour and Quality of Life," *Andrology* (July 13, 2020): 1–8。

48. 像斯特拉和卡利斯蒂一样，在服用跨性别激素后，性吸引模式发生变化的情况并不罕见：Matthias K. Auer, Johannes Fuss, Nina Höhne, Günter K. Stalla, and Caroline Sievers, "Transgender Transitioning and Change of Self-Reported Sexual Orientation," *PLoS One* 9, no.10 (2014): e110016。

49. Mats Holmberg, Stefan Arver, and Cecilia Dhejne, "Supporting Sexuality and Improving Sexual Function in Transgender Persons," *Nature Reviews Urology* 16, no. 2 (2019): 121–39; and Michael S. Irwig, "Testosterone Treatment for Transgender (Trans) Men," in *The Plasticity of Sex*, ed. Marianne J. Legato, 137–57 (Amsterdam: Elsevier, 2020).

50. 关于围绕跨性别女性性取向变化的采访，参见：Shoshana Rosenberg, P. J. Matt Tilley, and Julia Morgan, "'I Couldn't Imagine My Life Without It': Australian Trans Women's Experiences of Sexuality, Intimacy, and Gender-Affirming Hormone Therapy," *Sexuality and Culture* 23, no. 3 (2019): 962–77。

51. 跨性别男性（服用睾酮）感到愤怒的频率升高，但情绪表达（包括哭泣）的频率降低，而跨性别女性（阻断睾酮，服用雌激素）情绪表达和哭泣的频率往往会升高。参见：Giovanna Motta, Chiara Crespi, Valentina Mineccia, Paolo Riccardo Brustio, Chiara Manieri, and Fabio Lanfranco, "Does Testosterone Treatment Increase Anger Expression in a Population of Transgender Men?," *Journal of Sexual Medicine* 15, no.1 (2018): 94–101; and Justine Defreyne, Guy T'Sjoen, Walter Pierre Bouman, Nicola Brewin, and Jon Arcelus, "Prospective Evaluation of Self-Reported Aggression in Transgender Persons," *Journal of Sexual Medicine* 15, no. 5 (2018): 768–76。

52. Linden Crawford, "One Year on Testosterone," opinion, *New York Times*, June 18, 2020.

53. Miranda A. L. Van Tilburg, Marielle L. Unterberg, and Ad J. J. M. Vinger-hoets, "Crying During Adolescence: The Role of Gender, Menarche, and Em-pathy," *British Journal of Developmental Psychology* 20, no. 1 (2002): 77–87.

54. Johannes Fuss, Rainer Hellweg, Eva Van Caenegem, Peer Briken, Günter K. Stalla, Guy T'Sjoen, and Matthias K. Auer, "Cross-Sex Hormone Treatment in Male-to-Female Transsexual Persons Reduces Serum Brain-Derived Neurotrophic Factor (BDNF)," *European Neuropsychopharmacology* 25, no. 1 (2015): 95–99.

55. John Archer, "The Reality and Evolutionary Significance of Human Psycho-logical Sex Differences," *Biological Reviews* 94, no. 4 (2019): 1381–415.

56. 有些论文称男性的攻击性确实会随着睾酮水平的提升而变化，这种变化

往 往 符 合 人 们 的 预 测 ， 影 响 并 不 大 ， 还 会 受 到 社 会 和 性 格 因 素 的 影 响 。 Zitzmann, "Testosterone, Mood, Behaviour and Quality of Life."

57. 人类男性摄入高浓度睾酮后，愤怒程度并不一定提升：R. Tricker, R. Casaburi, T. W. Storer, B. Clevenger, N. Berman, A. Shirazi, and S. Bhasin, "The Effects of Supraphysiological Doses of Testosterone on Angry Behavior in Healthy Eugonadal Men—A Clinical Research Center Study," *Journal of Clinical Endocrinology and Metabolism* 81, no. 10 (1996): 3754-58。同样地，愤怒程度不会因为用医学手段抑制了睾酮水平而改变。尽管人类的行为受到激素的显著影响，但相对非人动物而言，我们在某种程度上是"自由"的，社会、认知、文化和心理因素对行为的调节也起着更大的作用。因此，非人动物体内睾酮水平的巨变，可能会对其行为产生更大的影响，正如我们在第七章中讨论过的实例，注射了高浓度睾酮的侏长尾猴，对地位更低的"下属"展现了更强的攻击性。

58. Kenneth J. Zucker, "Adolescents with Gender Dysphoria: Reflections on Some Contemporary Clinical and Research Issues," *Archives of Sexual Behavior* 48, 1983–1992 (2019): 1986.

第十章　睾酮时刻：男性社会角色的再审视

1. CBS News, "'Know My Name': Author and Sexual Assault Survivor Chanel Miller's Full 60 *Minutes* Interview," August 9, 2020, https://www.cbsnews. com/news/chanel-miller-full-60-minutes-interview-know-my-name-author-brock-turner-sexual-assault-survivor-2020-08-09/.

2. Lindsey Bever, "The Swedish Stanford Students Who Rescued an Unconscious Sexual Assault Victim Speak Out," *Washington Post*, June 8, 2016; and Scott Herhold, "Thanking Two Stanford Students Who Subdued Campus Sex Assault Suspect," opinion, *Mercury News*, March 21, 2016, https://www. mercurynews.com/2016/03/21/herhold-thanking-two-stanford-students-who-subdued-campus-sex-assault-suspect/.

3. Elle Hunt, "'20Minutes of Action': Father Defends Stanford Student Son Convicted of Sexual Assault," *Guardian*, June 5, 2016.

4. Chanel Miller, *Know My Name: A Memoir* (New York: Viking, 2019), 343, 349.

5. Maggie Astor, "California Voters Remove Judge Aaron Persky, Who Gave a 6-Month Sentence for Sexual Assault," *New York Times*, June 6, 2018.

6. Carnegie Hero Fund Commission, "15 Named Carnegie Heroes for Acts

of Extraordinary Heroism," June 22, 2020, https:// www.carnegiehero.org/ awardee_pr/15-named-carnegie-heroes-for-acts-of-extraordinary-heroism/.

7. 关于在极限运动中取得过斐然成绩的女人，参见：Toby，"5 Most Badass Female Extreme Sports Athletes," Liftoff Adventure, March 12, 2019, https:// liftoffadventure.com/most-badass-female-extreme-sports-athletes/。

   关于冲动、冒险和寻求刺激的性别差异（男性明显更多），参见：Marcus Roth, Jörg Schumacher, and Elmar Brähler, "Sensation Seeking in the Community: Sex, Age and Sociodemographic Comparisons on a Representative German Population Sample," *Personality and Individual Differences* 39, no. 7 (2005): 1261–71; Flizabeth P. Shulman, K. Paige Harden, Jason M. Chein, and Laurence Steinberg, "Sex Differences in the Developmental Trajectories of Impulse Control and Sensation-Seeking from Early Adolescence to Early Adulthood," *Journal of Youth and Adolescence* 44, no. 1 (2015): 1–17; Marvin Zuckerman, Sybil B. Eysenck, and Hans J. Eysenck, "Sensation Seeking in England and America: Cross-Cultural, Age, and Sex Comparisons," *Journal of Consulting and Clinical Psychology* 46, no. 1 (1978): 139; and Catharine P. Cross, De-Laine M. Cyrenne, and Gillian R. Brown, "Sex Differences in Sensation-Seeking: A Meta-Analysis," *Scientific Reports* 3, no. 1 (2013): 1–5。

8. Miller, *Know My Name*, 357.

9. Ronan Farrow, "From Aggressive Overtures to Sexual Assault: Harvey Weinstein's Accusers Tell Their Stories," *New Yorker*, October 10, 2017.

10. Louis C.K., "Louis C.K. Responds to Accusations: 'These Stories Are True,'" *New York Times*, November 10, 2017.

11. 虽然"我也是"运动一直是改变性侵犯和性骚扰文化的一股强大力量，但它有时也形同"猎巫"——并非所有被指控的男性都有罪。记者埃米莉·约夫记录过一些被错误指控的个人及指控带给他们的职业后果：Emily Yoffe, "I'm Radioactive," *Reason Magazine*, October 2019。

12. Steven Pinker, *Enlightenment Now: The Case for Reason, Science, Humanism, and Progress* (New York: Penguin, 2018), 220–21.

13. Robert Plomin, *Blueprint: How DNA Makes Us Who We Are* (Cambridge, MA: MIT Press, 2019), ix.

14. David C. Page, Rebecca Mosher, Elizabeth M. Simpson, Elizabeth M. C. Fisher, Graeme Mardon, Jonathan Pollack, Barbara McGillivray et al., "The Sex-Determining Region of the Human Y Chromosome Encodes a Finger Protein," *Cell* 51, no. 6 (1987): 1091–104.

15. Kristin R. Lamont and Donald J. Tindall, "Androgen Regulation of Gene Expression," *Advances in Cancer Research* 107 (2010): 137–62.

16. Steve Stewart-Williams, *The Ape That Understood the Universe: How the Mind and Culture Evolve* (Cambridge: Cambridge University Press, 2018), 109.

17. Peggy Orenstein, as quoted in Isaac Chotiner, "Can Masculinity Be Redeemed?," *New Yorker*, January 20, 2020.

18. Sarah Ditum, "Review: *Testosterone Rex* by Cordelia Fine: The Question of Men's and Women's Brains," *Guardian*, January 18, 2017.

19. Ditum, "Review: *Testosterone Rex* by Cordelia Fine."

20. Lynn Neary, "How 'Born This Way' Was Born: An LGBT Anthem's Pedigree," American Anthem, on *All Things Considered*, National Public Radio, January 30, 2019, https://www.npr.org/2019/01/30/687683804/lady-gaga-born-this-way-lgbt-american-anthem.

21. Sheri Berenbaum, "Biology: Born This Way?," *Science* 355, no. 6322 (2017): 254.

22. Matthew S. Lebowitz, "The Implications of Genetic and Other Biological Explanations for Thinking About Mental Disorders," *Hastings Center Report* 49 (2019): S82–S87.

23. Kurt Greenbaum, "Steroid Defense Rejected, Jury Finds Suspect Guilty of Murder," *Sun Sentinel*, June 8, 1988, https://www.sun-sentinel.com/news/fl-xpm-1988-06-08-8802030649-story.html.

24. 对此问题的解答（以及热情洋溢的解释），参见：Robert M. Sapolsky, *Behave: The Biology of Humans at Our Best and Worst* (New York: Penguin, 2017), 580–613。

25. Suzanna Danuta Walters, "Why Can't We Hate Men?," *Washington Post*, June 8, 2018.

26. Joseph Henrich, *The Secret of Our Success: How Culture Is Driving Human Evolution, Domesticating Our Species, and Making Us Smarter* (Princeton, NJ: Princeton University Press, 2017).